电网企业劳模培训系列教材

智能变电站继电保护验收

国网浙江省电力有限公司　组编

中国电力出版社
CHINA ELECTRIC POWER PRESS

内 容 提 要

本书是“电网企业劳模培训系列教材”之《智能变电站继电保护验收》分册，采用“章—项目—任务”结构进行编写，以劳模跨区培训对象所需掌握专业知识要点、技能要领两个层次进行编排，包括公共部分验收，220kV 线路、母线、主变等保护装置验收，110kV 主变、备自投保护装置验收，智能终端和合并单元装置验收，线路间隔、110kV 主变间隔、备自投整组联动等内容。

本书可供智能变电站继电保护验收专业人员学习参考。

图书在版编目（CIP）数据

智能变电站继电保护验收／国网浙江省电力有限公司组编．—北京：中国电力出版社，2019.5（2023.11重印）

（电网企业劳模培训系列教材）

ISBN 978-7-5198-2920-9

Ⅰ．①智…　Ⅱ．①国…　Ⅲ．①智能系统－变电所－继电保护－工程验收－技术培训－教材　Ⅳ．①TM63

中国版本图书馆 CIP 数据核字（2019）第 016526 号

出版发行：中国电力出版社
地　　址：北京市东城区北京站西街 19 号（邮政编码 100005）
网　　址：http://www.cepp.sgcc.com.cn
责任编辑：穆智勇（010-63412336）
责任校对：黄　蓓　郝军燕
装帧设计：王英磊　赵姗姗
责任印制：石　雷

印　　刷：固安县铭成印刷有限公司
版　　次：2019 年 5 月第一版
印　　次：2023 年 11 月北京第二次印刷
开　　本：710 毫米 ×980 毫米　16 开本
印　　张：15.75
字　　数：218 千字
印　　数：2001—2500 册
定　　价：63.00 元

丛书序

国网浙江省电力有限公司在国家电网公司领导下，以努力超越、追求卓越的企业精神，在建设具有卓越竞争力的世界一流能源互联网企业的征途上砥砺前行。建设一支爱岗敬业、精益专注、创新奉献的员工队伍是实现企业发展目标、践行“人民电业为人民”企业宗旨的必然要求和有力支撑。

国网浙江公司为充分发挥公司系统各级劳模在培训方面的示范引领作用，基于劳模工作室和劳模创新团队，设立劳模培训工作站，对全公司的优秀青年骨干进行培训。通过严格管理和不断创新发展，劳模培训取得了丰硕成果，成为国网浙江公司培训的一块品牌。劳模工作室成为传播劳模文化、传承劳模精神，培养电力工匠的主阵地。

为了更好地发扬劳模精神，打造精益求精的工匠品质，国网浙江公司将多年劳模培训积累的经验、成果和绝活，进行提炼总结，编制了《电网企业劳模培训系列教材》。该丛书的出版，将对劳模培训起到规范和促进作用，以期加强员工操作技能培训和提升供电服务水平，树立企业良好的社会形象。丛书主要体现了以下特点：

一是专业涵盖全，内容精尖。丛书定位为劳模培训教材，涵盖规划、调度、运检、营销等专业，面向具有一定专业基础的业务骨干人员，内容力求精练、前沿，通过本教材的学习可以迅速提升员工技能水平。

二是图文并茂，创新展现方式。丛书图文并茂，以图说为主，结合典型案例，将专业知识穿插在案例分析过程中，深入浅出，生动易学。除传统图文外，创新采用二维码链接相关操作视频或动画，激发读者的阅读兴趣，以达到实际、实用、实效的目的。

三是展示劳模绝活，传承劳模精神。“一名劳模就是一本教科书”，丛书对劳模事迹、绝活进行了介绍，使其成为劳模精神传承、工匠精神传播的载体和平台，鼓励广大员工向劳模学习，人人争做劳模。

丛书既可作为劳模培训教材，也可作为新员工强化培训教材或电网企业员工自学教材。由于编者水平所限，不到之处在所难免，欢迎广大读者批评指正！

最后向付出辛勤劳动的编写人员表示衷心的感谢！

丛书编委会

前言

本书的出版旨在传承电力劳模“吃苦耐劳，敢于拼搏，勇于争先，善于创新”的工匠精神，满足一线员工跨区培训的需求，从而达到培养高素质技能人才队伍的目的。

继电保护作为保障电力设备安全和防止及限制电力系统长时间大面积停电的最基本、最重要、最有效的技术手段，为保障电力系统安全稳定运行发挥了重要作用。近年来，智能变电站相关新技术的大量应用，对继电保护专业人员提出了新的技术要求。智能变电站继电保护调试、验收、运行、维护、缺陷处理等工作内容与传统变电站有很大的区别，却又是生产人员必须熟练掌握的重要工作内容。本书紧密结合现场，围绕智能变电站继电保护验收工作，系统性介绍了智能变电站公共部分，并以线路保护、主变保护、母线保护、合并单元、智能终端以及备自投为例，采用任务描述、知识要点、技能要领等方式，详细介绍各类设备验收所需的检验内容与要求，并在第二章 220kV 线路保护装置验收、第五章 110kV 主变保护装置验收和第八章合并单元装置验收的内容中配备相关操作视频。本书通过文本与视频的动静结合，内容讲解更加生动，有利于提高变电站调试、验收人员标准化作业水平，提升变电站验收质量，推进继电保护专业管理向精益化转变。

本书可供智能变电站调试人员、设备运维人员和安全生产管理人员使用，亦可作为电力行业入职新员工培训学习参考资料。

限于编写时间和编者水平，不足之处在所难免，敬请各位读者批评指正。

编者

2019 年 5 月

目录

丛书序

前言

第一章　公共部分验收 …… 1

任务一　设备外观检查 …… 2

任务二　接地检查 …… 3

任务三　光衰耗测试 …… 5

第二章　220kV线路保护装置验收 …… 7

项目一　220kV线路保护（CSC-103B）装置验收 …… 8

任务一　模拟量检查 …… 9

任务二　开入量检查 …… 12

任务三　定值核对及功能校验 …… 13

项目二　220kV线路保护（NSR-303A-DA-G）装置验收 …… 24

任务一　模拟量检查 …… 25

任务二　开入量检查 …… 28

任务三　定值核对及功能校验 …… 30

项目三　220kV线路保护（PSL-603UA）装置验收 …… 39

任务一　模拟量检查 …… 40

任务二　开入量检查 …… 43

任务三　定值核对及功能校验 …… 45

项目四　220kV线路保护（PCS-931A-DA-G）装置验收 …… 51

任务一　模拟量检查 …… 52

任务二　开入量检查 …… 54

任务三　定值核对及功能校验 …… 56

第三章　220kV 母线保护装置验收 ………………………………… 65
任务一　模拟量检查 ……………………………………………… 66
任务二　开入量检查 ……………………………………………… 66
任务三　定值核对及功能校验 …………………………………… 69
第四章　220kV 主变保护装置验收 ………………………………… 79
项目一　220kV 主变保护（NSR-378T2-DA-G）装置验收 ……… 80
任务一　模拟量检查 ……………………………………………… 81
任务二　开关量检查 ……………………………………………… 83
任务三　定值核对及功能校验 …………………………………… 84
项目二　220kV 主变保护（PST-1200U-220）装置验收 ………… 95
任务一　模拟量检查 ……………………………………………… 96
任务二　开关量检查 ……………………………………………… 101
任务三　定值核对及功能校验 …………………………………… 103
项目三　220kV 主变保护（PCS-978T2-DA-G）装置验收 ……… 113
任务一　模拟量检查 ……………………………………………… 114
任务二　开关量检查 ……………………………………………… 117
任务三　定值核对及功能校验 …………………………………… 118
第五章　110kV 主变保护（PCS-978T1-DA-G）装置验收 ……… 129
任务一　模拟量检查 ……………………………………………… 130
任务二　开入量检查 ……………………………………………… 135
任务三　定值核对及功能校验 …………………………………… 137
第六章　110kV 备自投装置验收 …………………………………… 151
任务一　模拟量检查 ……………………………………………… 152
任务二　开关量输入检查 ………………………………………… 158
任务三　定值核对及功能校验 …………………………………… 160
第七章　智能终端装置验收 ………………………………………… 167
任务一　开入量检查 ……………………………………………… 168

任务二　开出量检查 …… 170
任务三　功能校验 …… 173
第八章　合并单元装置验收 …… 179
任务一　报文性能检查 …… 180
任务二　时间性能检验 …… 182
任务三　采样精度校验 …… 185
任务四　开关量及软件版本信息检查 …… 188
第九章　线路间隔整组联动 …… 193
任务一　电压电流回路检查 …… 194
任务二　开关传动试验 …… 196
任务三　母差联动试验 …… 196
任务四　检修机制检查 …… 198
任务五　开关防跳试验 …… 200
任务六　开关三相不一致功能试验 …… 201
任务七　整组试验 …… 202
第十章　110kV 主变间隔整组联动 …… 205
任务一　传动试验 …… 206
任务二　整组试验 …… 208
任务三　主变间隔检修机制检查 …… 211
第十一章　备自投整组联动 …… 215
任务一　整组联动试验 …… 216
任务二　检修机制检查 …… 223
附录　仿真系统与保护装置网络联系 …… 227
附录 A　220kV 仿真系统 …… 228
附录 B　220kV 保护装置网络联系 …… 230
附录 C　110kV 仿真系统 …… 233
附录 D　110kV 保护装置网络联系 …… 235

继电保护劳模工作站

国网浙江省电力有限公司杭州供电公司继电保护劳模工作站秉承“下基层、接地气、找问题、干实事”的原则，以劳模创新工作室为平台，以提升继电保护专业人员岗位胜任能力和职业发展能力为主旨，结合公司“常规变电站二次设备培训基地及智能变电站二次设备现场教学点”，整合继电保护技术专家和骨干力量，开展符合电网运行实际需要的继电保护员工跨区域培训，提升继电保护从业人员技术能力和管理水平的提升。

工作站通过多元化的培训模式，目前已完成1000余人次的继电保护技术培训，打造了一支紧跟新技术发展潮流、年龄层次合理、技术技能高超、拉得出打得响的继电保护专业队伍，在保障电网的安全稳定运行的同时也培育出一批青年技术专家。

第一章

公共部分验收

【项目描述】

本项目包含设备外观检查、接地检查、光衰耗测试等内容。

任务一 设备外观检查

【任务描述】

本任务主要讲解二次设备、设备铭牌、标识标牌、接线检查等内容验收要求。通过对二次设备、设备铭牌、标识标牌、接线检查相关验收要求和规范的阐述，使现场验收人员了解设备外观检查的原则，熟悉验收项目和内容。

【知识要点】

（1）二次设备外观检查。

（2）设备铭牌检查。

（3）标识标牌检查。

（4）接线检查。

【技能要领】

一、二次设备外观检查

站控层设备、间隔层设备、过程层设备及辅助设备设备型号、数量与设计清单一致，设备调度命名、标识齐全规范、清晰、无损坏。

二、设备铭牌检查

设备铭牌内容正确、字迹清晰，且符合国家相关标准。

三、标识标牌检查

（1）保护屏柜前后应有标识，装置对应的空气开关、切换把手、复归按钮和压板标识正确齐全。

（2）电缆标牌应齐全正确、字迹清晰，须有电缆编号、芯数、截面及起点和终点。

（3）尾纤标识齐全、正确，应注明两端设备、端口名称、接口类型。光缆须有编号、芯数、截面及起点和终点。

四、接线检查

（1）二次回路的电缆应使用屏蔽电缆，严禁使用电缆内的备用芯替代屏蔽层接地，且备用芯应用备用芯帽套好。

（2）严禁交直流电缆混用、交直流辅节点混用。保护用电缆与电力电缆不得同层敷设。

（3）二次电缆的屏蔽层应使用截面不小于 4mm^2 多股铜质软导线可靠连接至接地铜排上。

（4）二次接线连接牢固、接触良好，红外测温无异常发热现象。端子排电流、电压连接片应牢靠，端子紧固。

（5）同一端子并接电缆不应超过 2 根。不同截面的电缆不应并接于同一端子。

（6）端子排上不同相别电流、电压端子间有隔离措施。正负电源之间至少隔一个空端子。跳、合闸端子的上下方不应设置正电源端子。

（7）尾纤、尾缆布置合理，无挤压。光纤连接应呈自然弯曲，弯曲直径不应小于 100mm。尾纤接头连接应牢靠，不应有松动、虚接现象。

（8）每根光缆中备用芯不少于 20%，且最少不低于 2 芯。备用光纤端口应戴防尘帽。

任务二　接地检查

【任务描述】

本任务主要讲解变电站二次系统、保护屏柜、户外端子箱、二次电缆等相关设备以及交流二次回路等二次接地遵循的原则。通过对二次接地原则的描述，使现场验收人员了解二次接地检查内容。

【知识要点】

（1）屏柜接地。

（2）设备外壳接地。

（3）电缆屏蔽层接地。

【技能要领】

一、屏柜接地措施检查

（1）应在主控室、保护室、敷设二次电缆的沟道、开关场的就地端子箱及保护用结合滤波器等处，使用截面不小于 $100mm^2$ 的裸铜排（缆）敷设等电位接地网，且等电位接地网与主接地网须紧密连接。

（2）在主控室、保护室柜屏下层的电缆室（或电缆沟道）内，按柜屏布置的方向敷设 $100mm^2$ 的专用铜排（缆），将该专用铜排（缆）首末端连接，形成保护室内的等电位接地网。保护室内的等电位接地网与厂、站的主接地网只能存在唯一连接点，连接点位置宜选择在电缆竖井处。为保证连接可靠，连接线必须用至少 4 根以上、截面不小于 $50mm^2$ 的铜缆（排）构成共点接地。

（3）分散布置的保护就地站、通信室与集控室之间，应使用截面不小于 $100mm^2$ 的铜缆（排）可靠连接，连接点应设在室内等电位接地网与厂、站主接地网连接处。

（4）静态保护和控制装置的屏柜下部应设有截面不小于 $100mm^2$ 的接地铜排。屏柜上装置的接地端子应用截面不小于 $4mm^2$ 的多股铜线与接地铜排相连。接地铜排应用截面不小于 $50mm^2$ 的铜缆与保护室内的等电位接地网相连。

（5）沿二次电缆的沟道敷设截面不少于 $100mm^2$ 的铜排（缆），并在保护室（控制室）及开关场的就地端子箱处与主接地网紧密连接，保护室

（控制室）的连接点宜设在室内等电位接地网与厂、站主接地网连接处。

二、装置外壳接地

装置外壳应采用黄绿接地软线可靠接地，接地线截面不小于 $4mm^2$。

三、电缆屏蔽层接地

二次电缆的屏蔽层应使用截面不小于 $4mm^2$ 多股铜质黄绿软导线可靠连接至电缆屏蔽层接地铜排上。

任务三 光衰耗测试

【任务描述】

本任务主要讲解光衰耗测试方法以及注意事项。通过对光衰耗测试方法和要求的介绍，使现场验收人员了解智能变电站光衰耗验收标准，掌握光纤衰耗验收方法。

【知识要点】

（1）光衰耗测试要求。

（2）光衰耗测试方法。

【技能要领】

一、检验内容及要求

（1）检查光纤回路的衰耗是否正常。

（2）光波长 1310nm 光纤：光纤发送功率－20～－14dBm；光接收灵敏度－31～－14dBm。

（3）光波长 850nm 光纤：光纤发送功率－19～－10dBm；光接收灵敏度－24～－10dBm。

（4）清洁光纤端口，并检查备用接口有无防尘帽。

（5）1310nm 和 850nm 光纤回路（包括光纤熔接盒）的衰耗不应大于 3dB。

二、光功率检查

（1）检验方法一：用待测光纤连接发送端口的发送功率减去接收端口的接收功率，即得到待测光纤的衰耗。

（2）检验方法二：首先用一根尾纤跳线（衰耗小于 0.5dB）连接光源和光功率计，光功率计记录下此时的光源发送功率，见图 1-1。

图 1-1 光源功率测试方法（一）

然后将待测试光纤分别连接光源和光功率计，记录下此时光功率计的功率值。用光源发送功率减去此时光功率计功率值，得到测试光纤的衰耗值，见图 1-2。

图 1-2 光源功率测试方法（二）

第二章

220kV线路保护装置验收

项目一

220kV线路保护（CSC-103B）装置验收

【项目描述】

本项目包含模拟量检查、开关量检查、定值核对及功能校验等内容。本项目编排以 DL/T 995—2006《继电保护和电网安全自动装置检验规程》、Q/GDW 1809—2012《智能变电站继电保护校验规程》为依据，并融合了变电二次现场作业管理规范和实际作业情况等内容。通过本项目的学习，了解线路保护的工作原理，熟悉保护装置的内部回路，掌握常规校验项目。

任务一 模拟量检查

【任务描述】

本任务主要讲解模拟量检查内容。通过运用 SCD 可视化查看软件对 SV 虚端子进行检查，了解装置采样 SVLD 逻辑节点的基本构成，熟悉保护装置与合并单元之间的虚端子连接方式；熟练使用手持光数字测试仪（或常规模拟量测试仪）对保护装置进行加量，了解零漂检查、模拟量幅值线性度检验、模拟量相位特性检验的意义和操作流程。

【知识要点】

（1）虚端子回路的检查。

（2）保护装置模拟量查看及采样特性检查。

【技能要领】

一、虚端子回路检查

根据设计虚端子表，运用 SCD 可视化查看软件检查 SV 和 GOOSE 虚端子连线有没有错位、少连或者多连的情况。如果合并单元模型文件中没有或错连所需的 SV 采样量、智能终端模型文件中没有或错连所需的 GOOSE 信息，则均需更改 SCD 文件。通过 SCD 可视化查看软件检查虚端子连接情况如图 2-1 所示。

PL2201A 220kV钱春4091线第一套保护

LD PISV 采样值　LN LLN0: General　下移　上移　删除　设置端口　视图

	外部信号	外部信号描述	接收	内部信号	内部信号描述
1	ML2201AMU/LLN0.DelayTRtg	220kV钱春4091线第一套合并单元/额定延迟时间		PISV/SVINGGIO1.SvIn	MU额定延时
2	ML2201AMU/TCTR1.Amp	220kV钱春4091线第一套合并单元/5P保护电流A相1		PISV/SVINGGIO10.SvIn	保护A相电流Ia1
3	ML2201AMU/TCTR1.AmpChB	220kV钱春4091线第一套合并单元/5P保护电流A相2		PISV/SVINGGIO11.SvIn	保护A相电流Ia2
4	ML2201AMU/TCTR2.Amp	220kV钱春4091线第一套合并单元/5P保护电流B相1		PISV/SVINGGIO12.SvIn	保护B相电流Ib1
5	ML2201AMU/TCTR2.AmpChB	220kV钱春4091线第一套合并单元/5P保护电流B相2		PISV/SVINGGIO13.SvIn	保护B相电流Ib2
6	ML2201AMU/TCTR3.Amp	220kV钱春4091线第一套合并单元/5P保护电流C相1		PISV/SVINGGIO14.SvIn	保护C相电流Ic1
7	ML2201AMU/TCTR3.AmpChB	220kV钱春4091线第一套合并单元/5P保护电流C相2		PISV/SVINGGIO15.SvIn	保护C相电流Ic2
8	ML2201AMU/TVTR2.Vol	220kV钱春4091线第一套合并单元/保护电压A相1		PISV/SVINGGIO2.SvIn	保护A相电压Ua1
9	ML2201AMU/TVTR2.VolChB	220kV钱春4091线第一套合并单元/保护电压A相2		PISV/SVINGGIO3.SvIn	保护A相电压Ua2
10	ML2201AMU/TVTR3.Vol	220kV钱春4091线第一套合并单元/保护电压B相1		PISV/SVINGGIO4.SvIn	保护B相电压Ub1
11	ML2201AMU/TVTR3.VolChB	220kV钱春4091线第一套合并单元/保护电压B相2		PISV/SVINGGIO5.SvIn	保护B相电压Ub2
12	ML2201AMU/TVTR4.Vol	220kV钱春4091线第一套合并单元/保护电压C相1		PISV/SVINGGIO6.SvIn	保护C相电压Uc1
13	ML2201AMU/TVTR4.VolChB	220kV钱春4091线第一套合并单元/保护电压C相2		PISV/SVINGGIO7.SvIn	保护C相电压Uc2
14	ML2201AMU/TVTR8.Vol	220kV钱春4091线第一套合并单元/同期电压1		PISV/SVINGGIO8.SvIn	同期电压Ux1
15	ML2201AMU/TVTR8.VolChB	220kV钱春4091线第一套合并单元/同期电压2		PISV/SVINGGIO9.SvIn	同期电压Ux2

图 2-1　虚端子表截图

二、模拟量采样检查

（一）零漂检查

1. 测试方法

（1）退出保护装置的 SV 接收软压板。

（2）查看装置显示的电流、电压零漂值。

2. 合格判据

要求 5min 内电流通道采样值应小于 0.5A（TA 额定值 5A）或 0.1A（TA 额定值 1A），电压通道采样值应小于 0.5V。

3. 测试实例

电压零漂实例如图 2-2 所示。

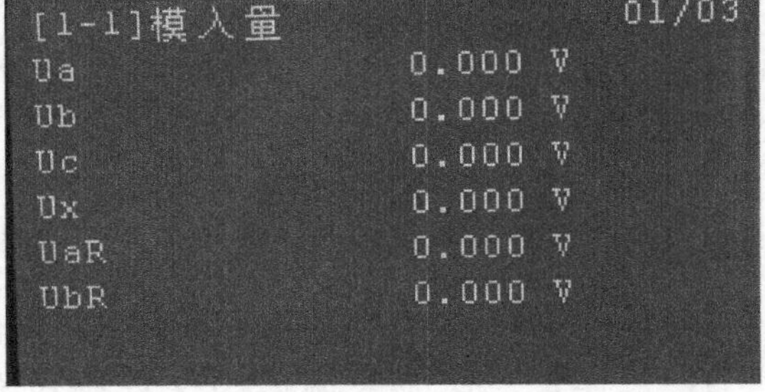

[1-1]模入量　01/03

Ua	0.000 V
Ub	0.000 V
Uc	0.000 V
Ux	0.000 V
UaR	0.000 V
UbR	0.000 V

图 2-2　查看间隔的电压零漂

（二）幅值特性检验

1. 测试方法

（1）投 SV 接收软压板。

（2）在交流电压测试时可以用测试仪为保护装置输入电压，用同时加对称正序三相电压方法检验采样数据，交流电压分别为 1、5、30、60V。

（3）在电流测试时可以用测试仪为保护装置输入电流，用同时施加对称正序三相电流方法检验采样数据，电流分别为 $0.05I_n$、$0.1I_n$、$2I_n$、$5I_n$。

2. 合格判据

检查保护测量和启动测量的交流量采样精度，比较测试仪上所加的交流量（见图 2-3）和保护装置上显示的交流量（见图 2-4），其误差应小于±5%。

通道	幅值	相角	频率	步长
Ua1	30.000V	0.000°	50.000Hz	0.500V
Ub1	30.000V	-120.000°	50.000Hz	0.000V
Uc1	30.000V	120.000°	50.000Hz	0.000V
Ux1	0.000V	0.000°	50.000Hz	0.000V
Ia1	2.000A	-30.000°	50.000Hz	0.000A
Ib1	2.000A	-150.000°	50.000Hz	0.000A
Ic1	2.000A	90.000°	50.000Hz	0.000A
Ix1	0.000A	0.000°	50.000Hz	0.000A

图 2-3 测试仪上所加的交流量

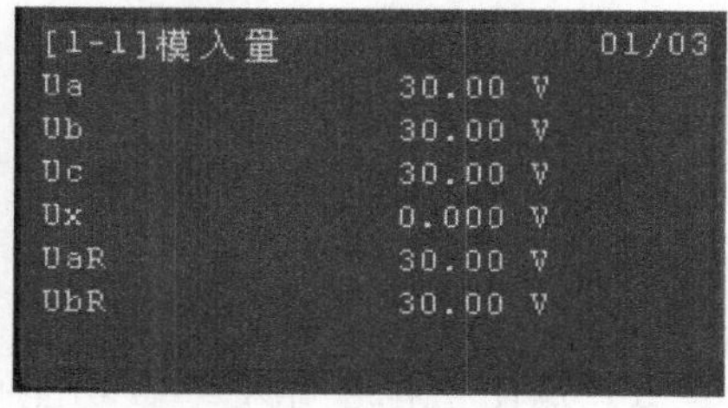

图 2-4 保护装置上显示的交流量

（三）相位特性检验

1. 测试方法

（1）投 SV 接收软压板。

（2）通过测试仪加入 $0.1I_n$ 电流、U_n 电压值，调节电流、电压相位分别为 0°、120°。

2. 合格判据

要求保护装置的相位显示值与外部测试仪所加值的误差应不大于 3°。

任务二 开入量检查

》【任务描述】

本任务主要讲解开关量检查内容。通过对保护装置硬压板以及面板的操作，了解装置开入开出的原理及功能，掌握手持光数字测试仪模拟被开出对象，对开出量实时侦测功能的使用。

》【知识要点】

（1）开关 TWJ 位置的检查。

（2）母差远跳开入和闭锁重合闸开入检查。

（3）智能终端低气压闭锁重合闸开入，永跳闭锁重合闸开入检查。

（4）硬压板开入量检查。

》【技能要领】

一、开关分相 TWJ 位置检查

测试方法如下：

（1）退出机构三相不一致功能硬压板。

（2）操作断路器，依次检查保护装置各相 TWJ 位置开入，如图 2-5 所示。

二、母差远跳开入和闭锁重合闸开入检查

测试方法如下：

（1）退出母差保护其他支路所有 GOOSE 出口软压板。

（2）投入母差保护对应该支路 GOOSE 出口软压板。

（3）投入线路保护中的远方跳闸 GOOSE 接收软压板。

（4）模拟母线保护故障或母差开出传动。

(5) 检查线路保护远方跳闸开入和闭锁重合闸（简称闭重）开入。

(6) 依次退出（2）、(3) 中的软压板，进行反向逻辑验证。

液晶屏上该间隔母差远跳开入和闭重开入如图 2-6 所示。

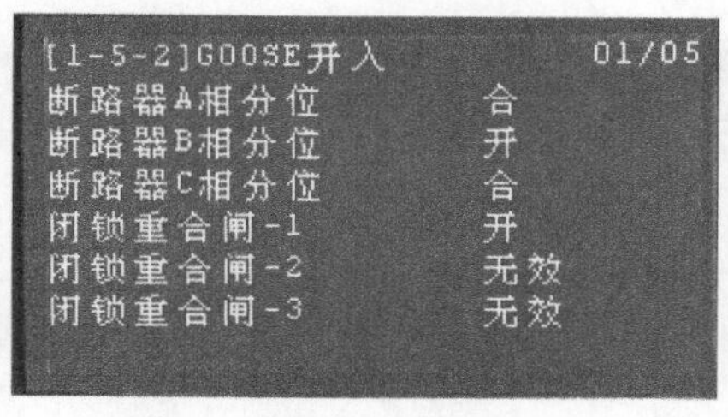

图 2-5 液晶屏上该间隔的开关 TWJ 位置

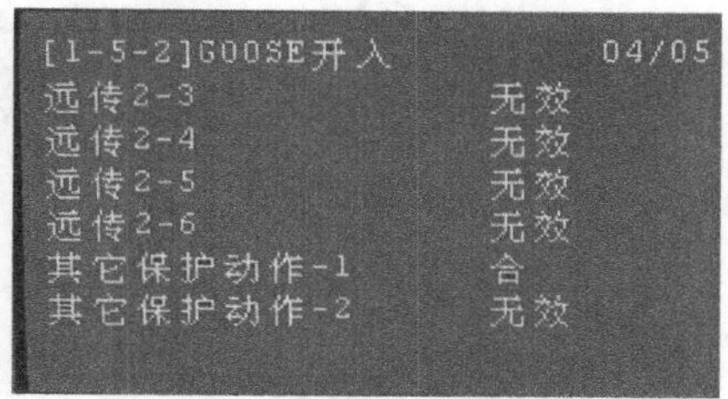

图 2-6 液晶屏上该间隔母差远跳开入和闭重开入

三、智能终端低气压闭锁重合闸开入，永跳闭锁重合闸开入检查

测试方法如下：

(1) 在智能终端端子排处短接相应端子。

(2) 检查线路保护输入低气压闭锁重合闸开入，永跳闭锁重合闸开入。

四、硬压板开入量检查

测试方法如下：

(1) 投、退保护屏上的“远方操作”硬压板。

(2) 投、退“置检修状态”硬压板。

(3) 操作复归按钮。

(4) 查看保护装置是否收到该硬压板或复归按钮的开入信息。

任务三 定值核对及功能校验

【任务描述】

本任务主要讲解定值核对及功能校验内容。通过对保护装置定值功能的使用，熟练掌握查看、修改定值的操作；通过线路保护校验，熟悉线路保护的动作原理及特征，掌握纵差保护、距离保护和零序保护的调试方法。

【知识要点】

（1）定值单核对。
（2）纵联电流差动保护定值校验。
（3）距离保护检验。
（4）快速距离保护校验。
（5）零序过流保护检验。
（6）交流电压回路断线时保护检验。
（7）重合闸功能检验。
（8）双 AD 不一致检查。
（9）过负荷告警检验。

【技能要领】

一、定值核对

将最新的标准整定单与保护装置内定值进行一一核对。

二、纵联电流差动保护定值检验

1. 保护原理

分相电流差动保护和零序电流差动保护动作方程见表 2-1，分相电流差动保护和零序电流差动保护的制动特性。如图 2-7、图 2-8 所示。

表 2-1　分相电流差动保护和零序电流差动保护的动作方程

保护	动作方程	备注
高定值分相电流差动	$I_D > I_H$ $I_D > 0.6I_B$　　$0 < I_D < 3I_H$ $I_D > 0.8I_B - I_H$　　$I_D \geqslant 3I_H$ 式中：$I_D = \lvert(\dot{I}_M - \dot{I}_{MC}) + (\dot{I}_N - \dot{I}_{NC})\rvert$ $I_B = \lvert(\dot{I}_M - \dot{I}_{MC}) - (\dot{I}_N - \dot{I}_{NC})\rvert$	I_D：经电容电流补偿后的差动电流 I_B：经电容电流补偿后的制动电流 $I_H = MAX(I_{DZH}, 2I_C)$ I_{DZH}②为分相差动高定值（注） I_C 为正常运行时的实测电容电流

续表

保护	动作方程	备注
低定值分相电流差动	$I_D > I_L$ $I_D > 0.6I_B \quad 0 < I_D < 3I_L$ $I_D > 0.8I_B - I_L \quad I_D \geqslant 3I_L$ 式中：$I_D = \lvert(\dot{I}_M - \dot{I}_{MC}) + (\dot{I}_N - \dot{I}_{NC})\rvert$ $I_B = \lvert(\dot{I}_M - \dot{I}_{MC}) - (\dot{I}_N - \dot{I}_{NC})\rvert$	I_D：经电容电流补偿后的差动电流 I_B：经电容电流补偿后的制动电流 $I_L = MAX(I_{DZL}, 1.5I_C)$ I_{DZL}③为分相差动低定值 I_C 为正常运行时的实测电容电流 低定值分相电流差动保护带 40ms 延时
零序电流差动	$I_{D0} > I_{CDSet}$① $I_{D0} > 0.75I_{B0}$	I_{D0}④：经电容电流补偿后的零序差动电流 I_{B0}⑤：经电容电流补偿后的零序制动电流 I_{CDSet}：零序差动整定值，按内部高阻接地故障有灵敏度整定； 延时 100ms 动作，选跳；TA 断线时退出。

① 定值单中的“差动动作电流定值”I_{CDSet}为零序差动整定值，应大于一次 240A。

② 分相差动高定值 I_{DZH} 自动取：$\max(I_{CDSet}, \min(1000A, K_2 I_{CDSet}))$，$K_2 = 2$。

③ 分相差动低定值 I_{DZL} 自动取：$\max(I_{CDSet}, \min(800A, K_1 I_{CDSet}))$，$K_1 = 1.5$。

④ $I_{D0} = \lvert[(\dot{I}_{MA} - \dot{I}_{MAC}) + (\dot{I}_{MB} - \dot{I}_{MBC}) + (\dot{I}_{MC} - \dot{I}_{MCC})] + [(\dot{I}_{NA} - \dot{I}_{NAC}) + (\dot{I}_{NB} - \dot{I}_{NBC}) + (\dot{I}_{NC} - \dot{I}_{NCC})]\rvert$

⑤ $I_{B0} = \lvert[(\dot{I}_{MA} - \dot{I}_{MAC}) + (\dot{I}_{MB} - \dot{I}_{MBC}) + (\dot{I}_{MC} - \dot{I}_{MCC})] - [(\dot{I}_{NA} - \dot{I}_{NAC}) + (\dot{I}_{NB} - \dot{I}_{NBC}) + (\dot{I}_{NC} - \dot{I}_{NCC})]\rvert$

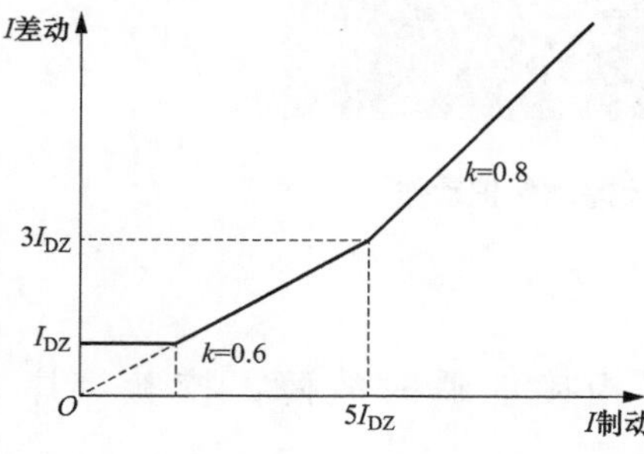

图 2-7 分相电流差动保护制动特性

图 2-8 零序电流差动保护制动特性

2. 分相差动保护测试方法

(1) 用一根尾纤将 103 装置的光发送端和光接收端相连。

(2) 控制字“通道环回试验”投入。

(3) 将本侧、对侧通道识别码改为一致。

(4) 检查通道延时和误码率合格。

（5）投入纵联差动保护功能压板。

（6）投入纵联差动保护控制字，退出其他保护功能控制字。

（7）等重合闸充电，直至“充电”灯亮。

（8）分别模拟 A 相、B 相、C 相单相接地瞬时故障，校验分相差动保护。

（9）分别模拟 AB、BC、CA 相间瞬时故障，校验分相差动保护。

［实例 1］ 以 $m=1.05$ 为例，整定电流 $I_{dz}=0.3$，测试仪所加量 $I=1.05\times0.5I_{dz}$。

在手持式数字测试仪状态序列菜单中，设置主变压器（简称主变）高压侧 A 相电流输出为 0.157A，设置故障持续时间 50ms，查看保护装置面板动作情况，如图 2-9 所示。

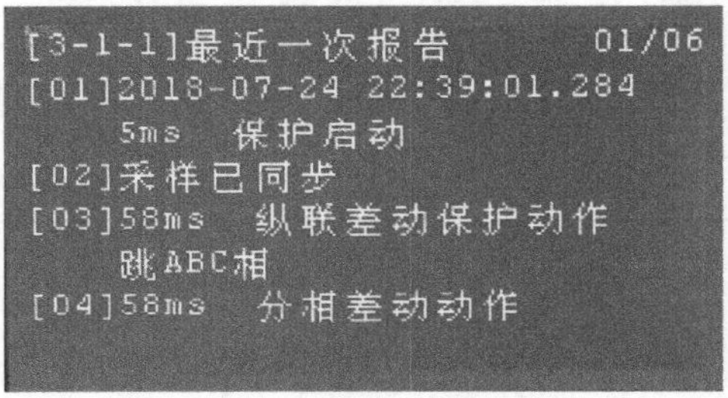

[3-1-1]最近一次报告 01/06
[01]2018-07-24 22:39:01.284
5ms 保护启动
[02]采样已同步
[03]58ms 纵联差动保护动作
跳ABC相
[04]58ms 分相差动动作

图 2-9 分相电流差动保护动作

3. *零序差动保护测试方法*

分别模拟 A 相、B 相、C 相单相接地瞬时故障，校验零序差动保护。

［实例 2］ 以 $m=1.05$ 为例，整定电流 $I_{dz}=0.3$，测试仪所加量 $I=1.05\times0.5I_{dz}$。

在手持式数字测试仪状态序列菜单中，设置主变高压侧 A 相电流输出为 0.157A，设置故障持续时间 150～200ms，如图 2-10 所示，查看保护装置面板动作情况，如图 2-11 所示。

状态2数据

通道	幅值	相角	频率
Ua1	57.000V	0.000°	50.000Hz
Ub1	57.000V	-120.000°	50.000Hz
Uc1	57.000V	120.000°	50.000Hz
Ux1	0.000V	0.000°	50.000Hz
Ia1	0.157A	-80.000°	50.000Hz
Ib1	0.000A	-200.000°	50.000Hz
Ic1	0.000A	40.000°	50.000Hz
Ix1	0.000A	0.000°	50.000Hz

数据 设置 上一状态 下一状态 通道映射 故障计算 谐波设置

图 2-10 测试仪所加量

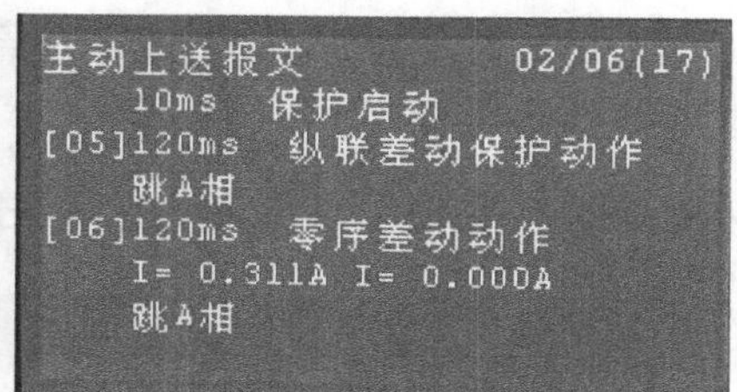

图 2-11 保护动作报文

三、距离保护检验

1. 保护原理

各段距离元件动作特性均为多边形特性，如图 2-12 所示。各段距离元件分别计算 X 分量的电抗值和 R 分量的电阻值。

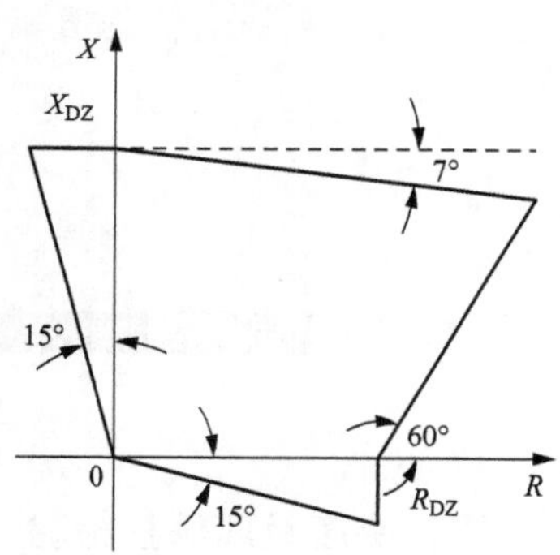

图 2-12 距离保护动作特性

X_{DZ}为阻抗定值折算到 X 的电抗分量；R_{DZ}按躲事故过负荷情况下的负荷阻抗整定，可满足长、短线路的不同要求，提高了短线路允许过渡电阻的能力，以及长线路避越负荷阻抗的能力。选择的多边形上边下倾角（如图 2-12 中的 7°下倾角），可提高躲区外故障情况下的防超越能力。

2. 测试方法

（1）投入各段距离保护和快速距离保护相关控制字。

（2）退出其他保护控制字。

（3）距离Ⅱ段保护在 0.95 倍定值（$m=0.95$）时，应可靠动作；在 1.05 倍定值（$m=1.05$）时，应可靠不动作；在 0.7 倍定值（$m=0.7$）时，测量保护动作时间。

（4）模拟上述反向故障，距离各段保护不动作。

［实例 3］ 测试距离Ⅱ段保护定值和时间。以 $m=0.95$ 为例，接地距离Ⅱ段整定阻抗 $Z_{dz}=33\Omega$，时间 0.5s，测试仪所加量 $Z=0.95\times I_{dz}$。

在手持式数字测试仪阻抗测试菜单中，设置整定阻抗为33Ω，设置零序补偿系数$K=0.5$，设置故障持续时间510ms，如图2-13所示，查看保护装置面板动作情况，如图2-14、图2-15所示。

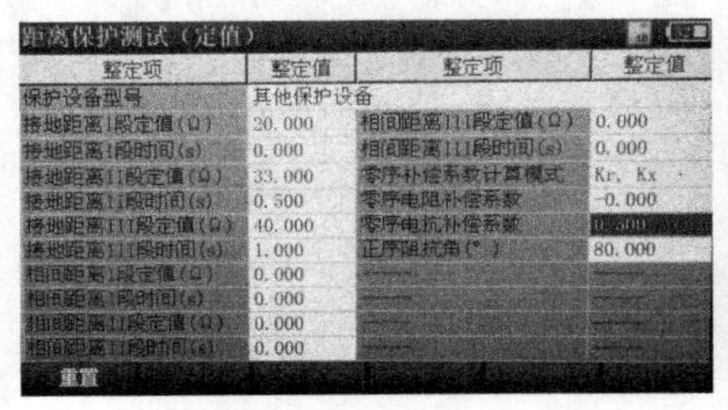

距离保护测试（定值）

整定项	整定值	整定项	整定值
保护设备型号	其他保护设备		
接地距离I段定值(Ω)	20.000	相间距离III段定值(Ω)	0.000
接地距离I段时间(s)	0.000	相间距离III段时间(s)	0.000
接地距离II段定值(Ω)	33.000	零序补偿系数计算模式	Kr, Kx
接地距离II段时间(s)	0.500	零序电阻补偿系数	-0.000
接地距离III段定值(Ω)	40.000	零序电抗补偿系数	0.500
接地距离III段时间(s)	1.000	正序阻抗角(°)	80.000
相间距离I段定值(Ω)	0.000	——	——
相间距离I段时间(s)	0.000	——	——
相间距离II段定值(Ω)	0.000	——	——
相间距离II段时间(s)	0.000	——	——

重置

图2-13 测试仪所加量

[3-1-1]最近一次报告 01/04
[01]2018-07-24 22:12:11.939
3ms 保护启动
[02]采样失步
[03]502ms 接地距离II段动作
X= 30.63Ω R= 5.438Ω
A相 跳A相

图2-14 保护动作报文

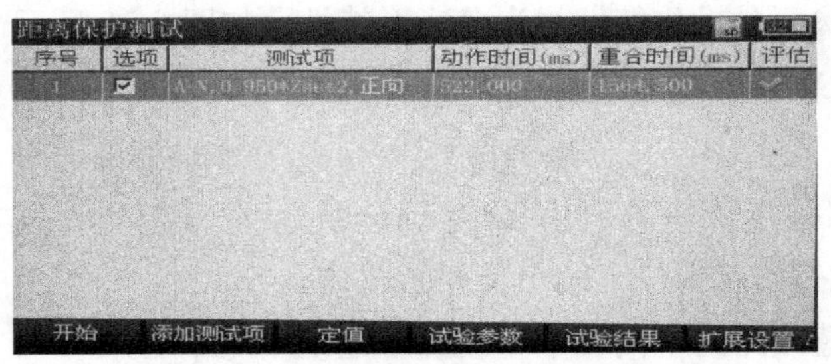

图2-15 动作时间测试

四、快速距离保护检验

1. 保护原理

近处故障时，快速距离保护动作时间不大于15ms。0.7倍距离Ⅰ段整定值以内时，不大于20ms。

2. 测试方法

（1）投入“快速距离保护”控制字。

（2）投入“距离Ⅰ保护段”控制字。

（3）在0.7倍以内定值时，测量距离保护动作时间不大于20ms。

3. 测试实例

以测试快速保护时间为例，取$m=0.7$倍，接地距离Ⅰ段整定阻抗$Z_{dz}=1\Omega$，测试仪所加量$Z=0.7\times I_{dz}$。

在手持式数字测试仪阻抗测试菜单中，设置整定阻抗为 0.7Ω，设置故障电流 1A，如图 2-16 所示，查看保护装置面板动作情况，如图 2-17 所示。

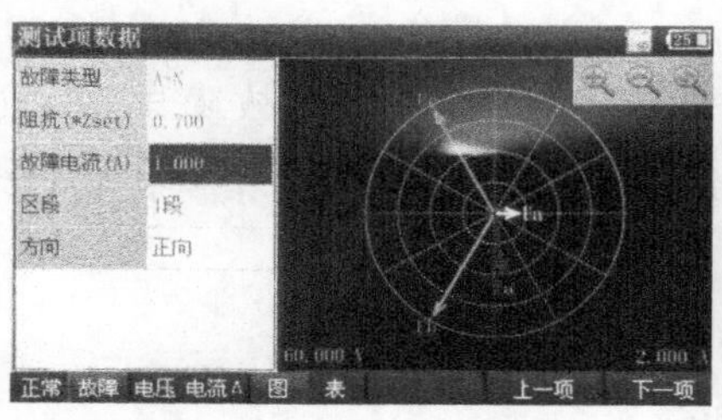

图 2-16 测试仪

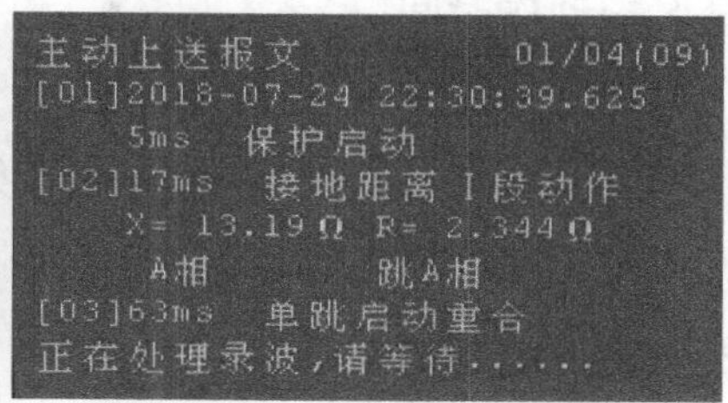

图 2-17 保护动作情况

五、零序过流保护检验

1. 保护原理

零序方向保护也设有正、反两个方向的方向元件，动作区见图 2-18。正向元件的整定值可以整定，反向元件不需整定，灵敏度自动比正向元件高，电流门槛取为正方向的 0.625 倍。

零序正方向动作区为 $18^\circ \leqslant \arg(3I_0/3U_0) \leqslant 180^\circ$；

零序反方向动作区为 $-162^\circ \leqslant \arg(3I_0/3U_0) \leqslant 0^\circ$。

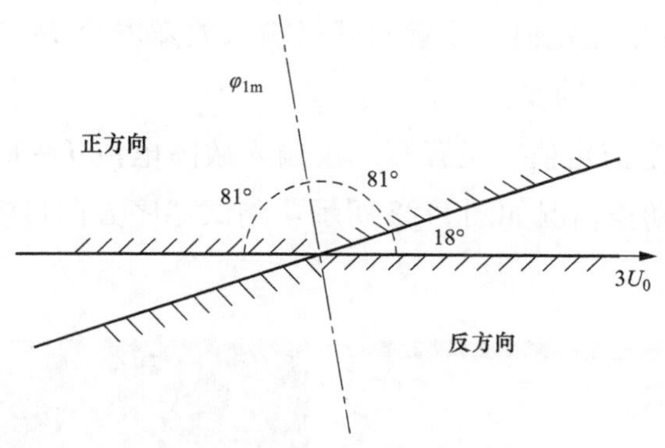

图 2-18 零序方向动作区

2. 测试方法

（1）投入各段零序保护相关控制字。

（2）退出其他保护控制字。

（3）零序Ⅱ段保护在 0.95 倍定值（$m=0.95$）时，应可靠不动作；在 1.05 倍定值（$m=1.05$）时，应可靠动作；在 1.2 倍定值（$m=1.2$）时，测量保护动作时间。

（4）零序过流保护灵敏角和动作区校验：加入单相故障电流，达到 1.05 倍零序电流定值，调整电流角度，满足方向元件开放条件，验证零序过流保护动作边界，计算灵敏角。

3. 测试实例

零序方向过流Ⅱ段定值校验（定值 1A，时间 1s）：

1.05 倍动作电流定值，设置测试仪输入故障电流 $I=1.05I_{dz}=1.05$A（见图 2-19），保护动作情况如图 2-20 所示。

状态2数据

通道	幅值	相角	频率
Ua1	10.000V	-0.000°	50.000Hz
Ub1	57.000V	-120.000°	50.000Hz
Uc1	57.000V	120.000°	50.000Hz
Ux1	0.000V	0.000°	50.000Hz
Ia1	1.050A	-81.000°	50.000Hz
Ib1	0.000A	0.000°	50.000Hz
Ic1	0.000A	0.000°	50.000Hz
Ix1	0.000A	0.000°	50.000Hz

数据 设置 上一状态 下一状态 通道映射 故障计算 谐波设置

图 2-19 测试仪所加量

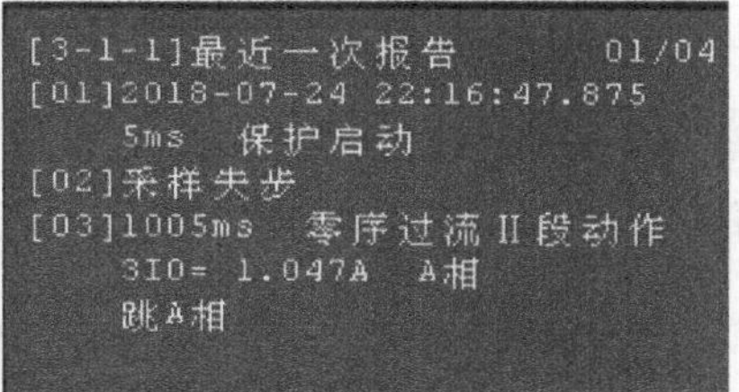

图 2-20 保护动作情况

0.95 倍动作电流定值，设置测试仪输入故障电流 $I=0.95I_{dz}=0.95$A，零序方向过流Ⅱ段不动作。

1.2 倍动作电流定值，设置测试仪输入故障电流 $I=1.2I_{dz}=1.2$A（见图 2-21），保护动作情况如图 2-22 所示，测试零序方向过流Ⅱ段动作时间，如图 2-23 所示。

状态2数据

通道	幅值	相角	频率
Ua1	10.000V	-0.000°	50.000Hz
Ub1	57.000V	-120.000°	50.000Hz
Uc1	57.000V	120.000°	50.000Hz
Ux1	0.000V	0.000°	50.000Hz
Ia1	1.200A	-81.000°	50.000Hz
Ib1	0.000A	0.000°	50.000Hz
Ic1	0.000A	0.000°	50.000Hz
Ix1	0.000A	0.000°	50.000Hz

数据 设置 上一状态 下一状态 通道映射 故障计算 谐波设置

图 2-21 测试仪所加量

[3-1-1]最近一次报告 01/04
[01]2018-07-24 22:20:09.386
4ms 保护启动
[02]采样失步
[03]1003ms 零序过流Ⅱ段动作
3I0= 1.195A A相
跳A相

图 2-22 保护动作情况

开入量动作-1/2

开入量	变位次数	变位1(ms)	变位2(ms)	变位3(ms)
DI1	1	1023.1		
DI2	0			
DI3	0			
DI4	0			
DI5	0			
DI6	0			
DI7	0			
DI8	0			

图 2-23　动作时间测试结果

六、交流电压回路断线时保护检验

测试方法如下：

（1）投入距离或零序保护控制字。

（2）TV 断线过流保护在 0.95 倍定值（$m=0.95$）时，应可靠不动作；在 1.05 倍定值（$m=1.05$）时，应可靠动作；在 1.2 倍定值（$m=1.2$）时，测量保护动作时间。

（3）TV 断线零序过流保护在 0.95 倍定值（$m=0.95$）时，应可靠不动作；在 1.05 倍定值（$m=1.05$）时，应可靠动作；在 1.2 倍定值（$m=1.2$）时，测量保护动作时间。

七、重合闸功能检验

测试方法如下：

（1）投入“单相重合闸”控制字。

（2）模拟开关正常合闸位置，等保护“重合运行”灯亮。

（3）模拟单相瞬时性接地故障，等跳令返回后持续时间超过单相重合闸时间后，保护装置应能重合动作。保护动作情况如图 2-24 所示。

主动上送报文　　02/04(09)
[04]1064ms　重合闸动作
[05]故障相电压
UA= 13.44V UB= 29.25V
UC= 36.50V
[06]故障相电流
IA= 0.566A　IB= 0.000A

图 2-24　保护动作情况

八、双 AD 不一致检查

1. 测试方法

采样双 AD 不一致接线如图 2-25 所示。

（1）用一根尾纤将 103 装置的光发送端和光接收端相连。

保护装置
该通道采样值数据进行畸变放大处理
SV
SV
GOOSE
数字继电保护测试仪

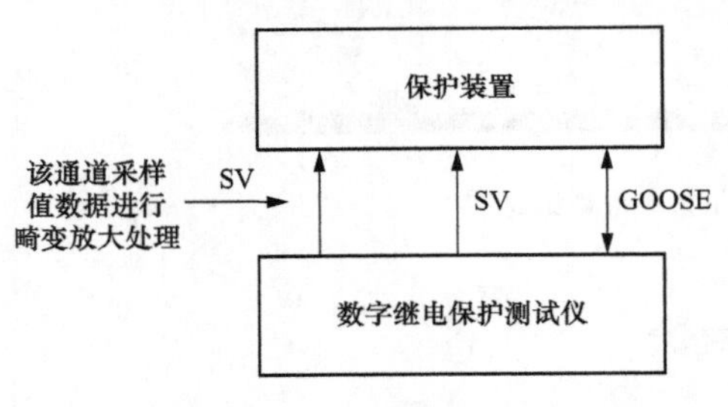

图 2-25 采样双 AD 不一致接线图

（2）控制字“通道环回试验”投入。

（3）将本侧、对侧通道识别码改为一致。

（4）检查通道延时和误码率合格。

（5）投入纵联差动保护功能压板。

（6）投入纵联差动保护控制字，退出其他保护功能控制字。

（7）通过数字继电保护测试仪输入保护测量电流 1.05×0.5 倍差动电流定值的故障电流，启动测量电流 0.95×0.5 倍差动电流定值的故障电流，同时品质位有效，模拟一路采样值出现数据畸变的情况，保护正确不动作。

2. 测试实例

模拟 A 相保护测量电流 1.05×0.5 倍差动电流定值故障电流，启动电流为 0.95×05 倍差动电流定值故障电流，同时 C 相电流数据畸变（见图 2-26）。差动闭锁，装置报双 AD 不一致，模拟量采集错，如图 2-27 所示。

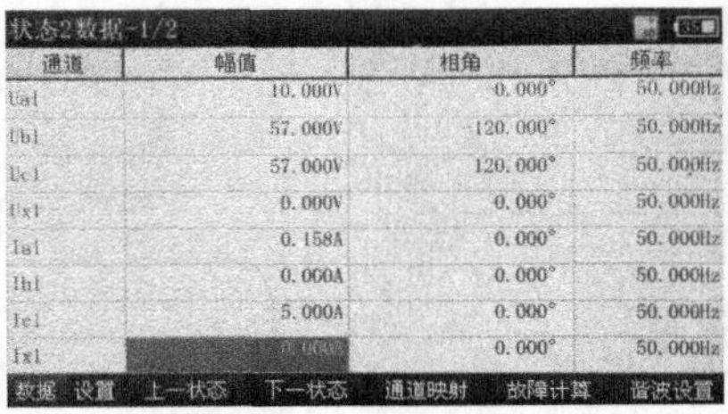

状态2数据-1/2
通道 幅值 相角 频率
Ua1 10.000V 0.000° 50.000Hz
Ub1 57.000V -120.000° 50.000Hz
Uc1 57.000V 120.000° 50.000Hz
Ux1 0.000V 0.000° 50.000Hz
Ia1 0.158A 0.000° 50.000Hz
Ib1 0.000A 0.000° 50.000Hz
Ic1 5.000A 0.000° 50.000Hz
Ix1 0.000° 50.000Hz
数据 设置 上一状态 下一状态 通道映射 故障计算 谐波设置

图 2-26 测试仪所加量

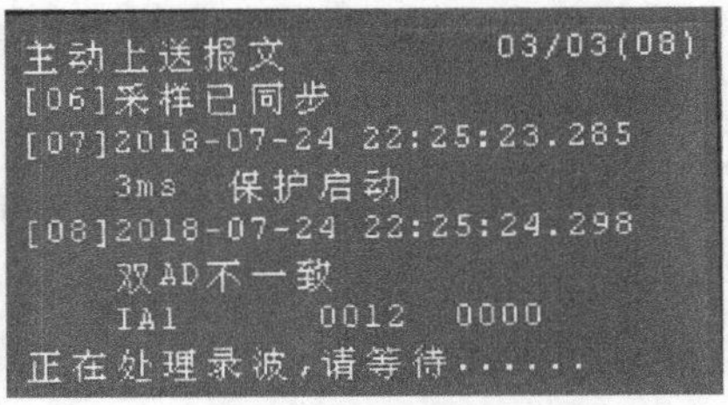

主动上送报文 03/03(08)
[06]采样已同步
[07]2018-07-24 22:25:23.285
3ms 保护启动
[08]2018-07-24 22:25:24.298
双AD不一致
IA1 0012 0000
正在处理录波，请等待......

图 2-27 保护动作情况

九、过负荷保护测试

测试方法如下：

（1）通入 0.95 倍过负荷电流定值的模拟电流，装置无告警。

（2）通入 1.05 倍过负荷电流定值的模拟电流，经 10s 报“过负荷告警”。

项目二

220kV线路保护(NSR-303A-DA-G)装置验收

【项目描述】

本项目包含模拟量检查、开关量检查、定值核对及功能校验等内容。本项目编排以 DL/T 995—2006《继电保护和电网安全自动装置检验规程》、Q/GDW 1809—2012《智能变电站继电保护校验规程》为依据，并融合了变电二次现场作业管理规范的内容，结合实际作业情况等内容。通过本项目的学习，了解线路保护的工作原理，熟悉保护装置的内部回路，掌握常规校验项目。

任务一 模拟量检查

【任务描述】

本任务主要讲解模拟量检查内容。通过运用 SCD 可视化查看软件对 SV 虚端子进行检查，了解装置采样 SVLD 逻辑节点的基本构成，熟悉保护装置与合并单元之间的虚端子连接方式；熟练使用手持光数字测试仪（或常规模拟量测试仪）对保护装置进行加量，了解零漂检查、模拟量幅值线性度检验、模拟量相位特性检验的意义和操作流程。

【知识要点】

（1）虚端子回路检查。

（2）保护装置模拟量查看及采样特性检查。

【技能要领】

一、虚端子回路检查

根据设计虚端子表，运用 SCD 检查 SV 虚端子连线有没有错位、少连或者多连的情况。如果合并单元模型文件中没有或错连所需的 SV 采样量，则均需更改 SCD 文件。通过配置工具检查虚端子配置情况，如图 2-28

所示。

FL2202A 220kV塘畹4092线第一套线路保护

PISV:过程层SV　LLN0 LLN0

	外部信号	外部信号描述	接收	内部信号	内部信号描述
1	ML2202AMU/LLN0.DelayTRtg	220kV塘畹4092线第一套合并单元/额定延迟时间		PISV/SVINGGIO1.DelayTRtg	MU额定延时
2	ML2202AMU/TCTR1.Amp	220kV塘畹4092线第一套合并单元/5P保护电流A相1		PISV/SVINGGIO1.SvIn9	保护A相电流Ia1
3	ML2202AMU/TCTR1.AmpChB	220kV塘畹4092线第一套合并单元/5P保护电流A相2		PISV/SVINGGIO1.SvIn10	保护A相电流Ia2
4	ML2202AMU/TCTR2.Amp	220kV塘畹4092线第一套合并单元/5P保护电流B相1		PISV/SVINGGIO1.SvIn11	保护B相电流Ib1
5	ML2202AMU/TCTR2.AmpChB	220kV塘畹4092线第一套合并单元/5P保护电流B相2		PISV/SVINGGIO1.SvIn12	保护B相电流Ib2
6	ML2202AMU/TCTR3.Amp	220kV塘畹4092线第一套合并单元/5P保护电流C相1		PISV/SVINGGIO1.SvIn13	保护C相电流Ic1
7	ML2202AMU/TCTR3.AmpChB	220kV塘畹4092线第一套合并单元/5P保护电流C相2		PISV/SVINGGIO1.SvIn14	保护C相电流Ic2
8	ML2202AMU/TVTR2.Vol	220kV塘畹4092线第一套合并单元/保护电压A相1		PISV/SVINGGIO1.SvIn1	保护A相电压Ua1
9	ML2202AMU/TVTR2.VolChB	220kV塘畹4092线第一套合并单元/保护电压A相2		PISV/SVINGGIO1.SvIn2	保护A相电压Ua2
10	ML2202AMU/TVTR3.Vol	220kV塘畹4092线第一套合并单元/保护电压B相1		PISV/SVINGGIO1.SvIn3	保护B相电压Ub1
11	ML2202AMU/TVTR3.VolChB	220kV塘畹4092线第一套合并单元/保护电压B相2		PISV/SVINGGIO1.SvIn4	保护B相电压Ub2
12	ML2202AMU/TVTR4.Vol	220kV塘畹4092线第一套合并单元/保护电压C相1		PISV/SVINGGIO1.SvIn5	保护C相电压Uc1
13	ML2202AMU/TVTR4.VolChB	220kV塘畹4092线第一套合并单元/保护电压C相2		PISV/SVINGGIO1.SvIn6	保护C相电压Uc2
14	ML2202AMU/TVTR8.Vol	220kV塘畹4092线第一套合并单元/同期电压1		PISV/SVINGGIO1.SvIn7	同期电压Ux1
15	ML2202AMU/TVTR8.VolChB	220kV塘畹4092线第一套合并单元/同期电压2		PISV/SVINGGIO1.SvIn8	同期电压Ux2

图 2-28 虚端子表截图

二、零漂检查

（一）零漂检查方法

1. 测试方法

（1）退出保护装置的 SV 接收软压板。

（2）查看装置显示的电流、电压零漂值。

2. 合格判据

要求 5min 内电流通道应小于 0.5A（TA 额定值 5A）或 0.1A（TA 额定值 1A），电压通道应小于 0.5V。

3. 测试实例

启动模拟量和保护模拟量零漂显示值分别如图 2-29 和图 2-30 所示。

启动模拟量幅值(二次值)
01 Ua 0.00 V
02 Ub 0.00 V
03 Uc 0.00 V
04 3U0 0.00 V
05 Ux 0.00 V
06 Ia 0.00 A
07 Ib 0.00 A
08 Ic 0.00 A
09 3I0 0.00 A
01区 2018-07-24 10:53:15

图 2-29 启动模拟量零漂显示值

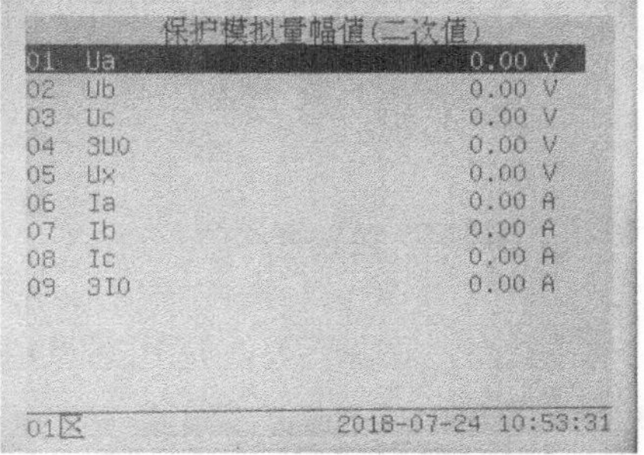

图 2-30 保护模拟量零漂显示值

（二）幅值特性检验

1. 测试方法

（1）投“SV接收软压板”。

（2）在交流电压测试时可以用测试仪为保护装置输入电压，用同时加对称正序三相电压方法检验采样数据，交流电压分别为1、5、30、60V。

（3）在电流测试时可以用测试仪为保护装置输入电流，用同时施加对称正序三相电流方法检验采样数据，电流分别为$0.05I_n$、$0.1I_n$、$2I_n$、$5I_n$。

2. 合格判据

检查保护测量和启动测量的交流量采样精度，比较测试仪上所加的交流量（见图2-31）与保护装置上显示的交流量（见图2-32），其误差应小于±5%。

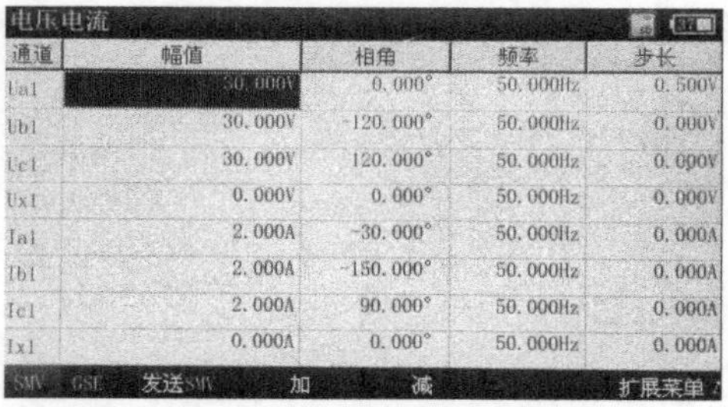

图2-31 测试仪上所加的交流量

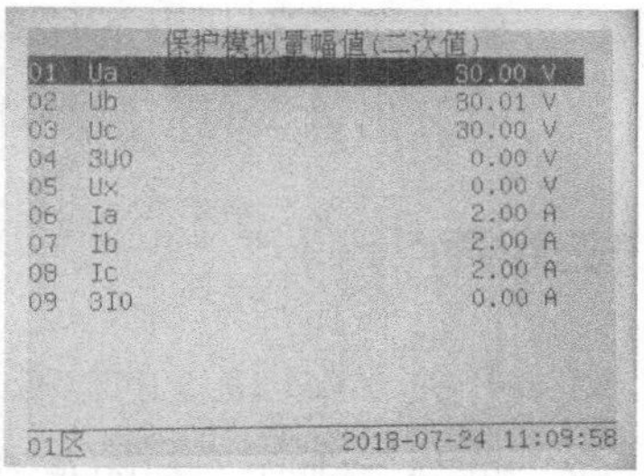

图2-32 保护装置上显示的交流量

（三）相位特性检验

1. 测试方法

（1）投“SV接收软压板”。

（2）通过测试仪施加$0.1I_n$电流、U_n电压值，调节电流、电压相位分别为0°、120°。

2. 合格判据

要求保护装置的相位显示值（见图2-33）与外部测试仪所加值（见图2-34）的误差应不大于3°。

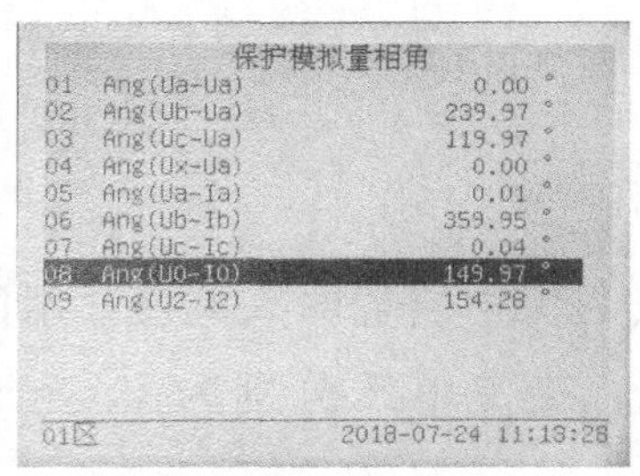

图 2-33 保护装置上显示的相位值

电压电流

通道	幅值	相角	频率	步长
Ua1	57.735V	0.000°	50.000Hz	0.500V
Ub1	57.735V	-120.000°	50.000Hz	0.000V
Uc1	57.735V	120.000°	50.000Hz	0.000V
Ux1	0.000V	0.000°	50.000Hz	0.000V
Ia1	0.100A	0.000°	50.000Hz	0.000A
Ib1	0.100A	-120.000°	50.000Hz	0.000A
Ic1	0.100A	120.000°	50.000Hz	0.000A
Ix1	0.000A	0.000°	50.000Hz	0.000A

发送SMV 加 减 扩展菜单

图 2-34 测试仪上所加的相位值

任务二 开 入 量 检 查

≫【任务描述】

本任务主要讲解开关量检查内容。通过对保护装置硬压板以及面板的操作，了解装置开入开出的原理及功能，掌握手持光数字测试仪模拟被开出对象，对开出量实时侦测功能的使用。

≫【知识要点】

（1）开关 TWJ 位置的检查。

（2）母差远跳开入和闭重开入检查。

（3）智能终端低气压闭锁重合闸开入，永跳闭锁重合闸开入检查。

（4）硬压板开入量检查。

≫【技能要领】

一、开关分相 TWJ 位置检查

1. *测试方法*

（1）退出机构三相不一致功能硬压板。

（2）操作断路器，依次检查保护装置各相 TWJ 位置开入。

2. 测试实例

B相断路器跳闸位置开入如图 2-35 所示。

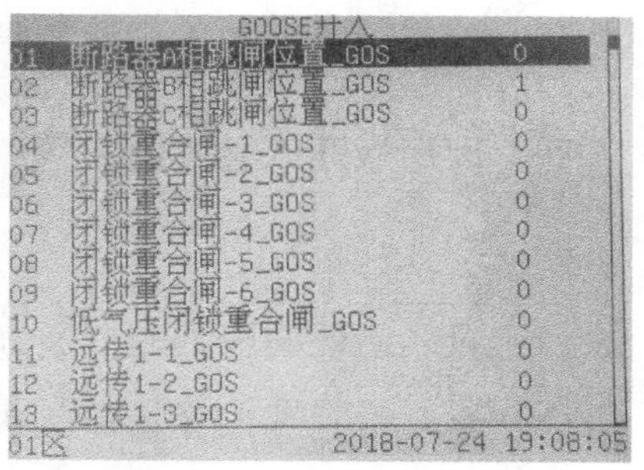

图 2-35 断路器位置开入

二、母差远跳开入和闭重开入

1. 测试方法

（1）退出母差保护其他支路所有 GOOSE 出口软压板。

（2）投入母差保护对应该支路 GOOSE 出口软压板。

（3）模拟母线保护故障或母差开出传动。

（4）检查线路保护远方跳闸开入和闭重开入。

（5）退出（2）中软压板，进行反向逻辑验证。

2. 测试实例

液晶屏上该间隔母差远跳开入和闭重开入如图 2-36 所示。

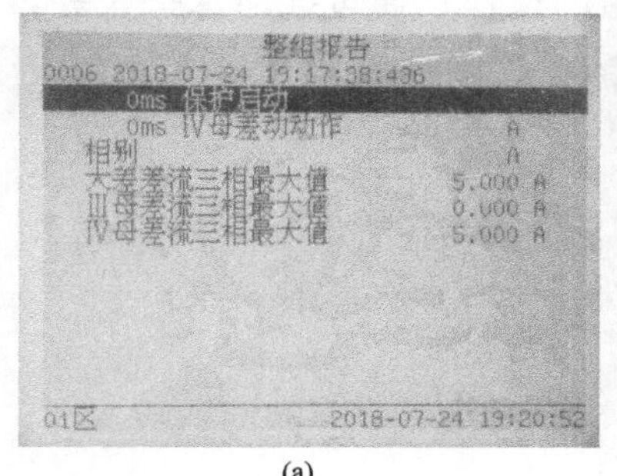

(a)

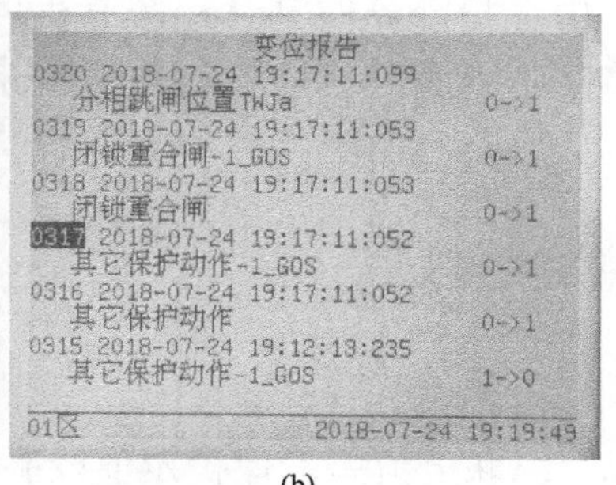

(b)

图 2-36 液晶屏上该间隔母差远跳开入和闭重开入

（a）远跳开入；（b）闭重开入

三、智能终端低气压闭锁重合闸开入，永跳闭锁重合闸开入

测试方法如下：

（1）在智能终端端子排处短接相应端子。

（2）检查线路保护输入低气压闭锁重合闸开入，永跳闭锁重合闸开入。

四、硬压板开入量检查

测试方法如下：

（1）投、退保护屏上的“远方操作”硬压板。

（2）投、退“置检修状态”硬压板。

（3）操作复归按钮。

（4）查看保护装置是否收到该硬压板或复归按钮的开入信息。

任务三　定值核对及功能校验

【任务描述】

本任务主要讲解定值核对及功能校验内容。通过对保护装置定值功能的使用，熟练掌握查看、修改定值的操作；通过线路保护校验，熟悉保护的动作原理及特征，掌握纵差保护、距离保护和零序电流保护的调试方法。

【知识要点】

（1）定值单核对。

（2）纵联电流差动保护定值校验。

（3）距离保护检验。

（4）工频变化量距离保护校验。

（5）零序方向过流保护检验。

（6）交流电压回路断线时保护检验。

（7）重合闸功能检验。

（8）双 AD 不一致检验。

（9）过负荷检验。

【技能要领】

一、定值核对

将最新的标准整定单与保护装置的定值进行一一核对。

二、纵联电流差动保护定值检验

（一）保护原理

1. 相电流差动保护

相电流差动保护分为稳态差动Ⅰ段和Ⅱ段。

（1）稳态差动Ⅰ段。模拟对称或不对称故障，加入故障电流（1.5倍差动电流定值和4倍实测电容电流大值）。$m=1.05$倍时差动Ⅰ段能动作，在$m=1.2$倍时测试动作时间。

$$I_d > I_H$$

$$I_d > 0.6I_r$$

$$I_d = |\dot{I}_M + \dot{I}_N|$$

$$I_r = |\dot{I}_M - \dot{I}_N|$$

其中，I_H取1.5倍［差动动作电流定值］、$4I_{Cap}$、$1.5U_N/X_{C1}$三者中的最大值；X_{C1}为整定值［线路正序容抗定值］。

（2）稳态差动Ⅱ段。模拟对称或不对称故障，加入故障电流（1倍差动电流定值和1.5倍实测电容电流大值）。$m=1.05$倍时差动Ⅱ段能动作，在$m=1.2$倍时测试动作时间。

$$I_d > I_L$$

$$I_d > 0.6I_r$$

$$I_d = |\dot{I}_M + \dot{I}_N|$$

$$I_r = |\dot{I}_M - \dot{I}_N|$$

其中，I_L为［差动动作电流定值］、$1.5I_{Cap}$、$1.25U_N/X_{C1}$三者中的大

者；I_{Cap}为实测电容电流；U_{N}为相额定电压。

当满足动作方程时，稳态Ⅱ段相电流差动元件经25ms延时动作。

2. 零序差动

$$
\begin{gathered}
I_{\mathrm{d0}} > I_{0\mathrm{set}} \\
I_{\mathrm{d0}} > 0.75 I_{r0} \\
I_{\mathrm{d}} > I_{0\mathrm{set}} \\
I_{\mathrm{d}} > 0.15 I_{\mathrm{r}} \\
I_{\mathrm{d0}} = |\dot{I}_{\mathrm{M0}} + \dot{I}_{N0}| \\
I_{\mathrm{r0}} = |\dot{I}_{\mathrm{M0}} - \dot{I}_{\mathrm{N0}}|
\end{gathered}
$$

零序电流差动元件通过低比率制动系数的稳态相电流差动元件选相，当满足动作方程后，零序电流差动元件经40ms延时动作。

（二）分相差动保护测试方法

（1）用一根尾纤将303装置的光发送端和光接收端相连。

（2）将本侧、对侧通道识别码改为一致。

（3）检查通道延时和误码率合格。

（4）投入纵联差动保护功能压板。

（5）投入纵联差动保护控制字，退出其他保护功能控制字。

（6）等重合闸充电，直至“充电”灯亮。

（7）分别模拟A相、B相、C相单相接地瞬时故障，校验分相差动保护。

（8）分别模拟AB、BC、CA相间瞬时故障，校验分相差动保护。

以$m=1.05$为例，整定电流$I_{\mathrm{dz}}=1\mathrm{A}$，测试仪所加量$I=1.05\times0.5I_{\mathrm{dz}}$在手持式数字测试仪状态序列菜单中，设置主变高压侧A相电流输出为0.525A，设置故障持续时间50ms，稳态差动保护Ⅱ段动作。

（三）零序差动保护测试方法

分别模拟A相、B相、C相单相接地瞬时故障，校验零序差动保护。

三、距离保护检验

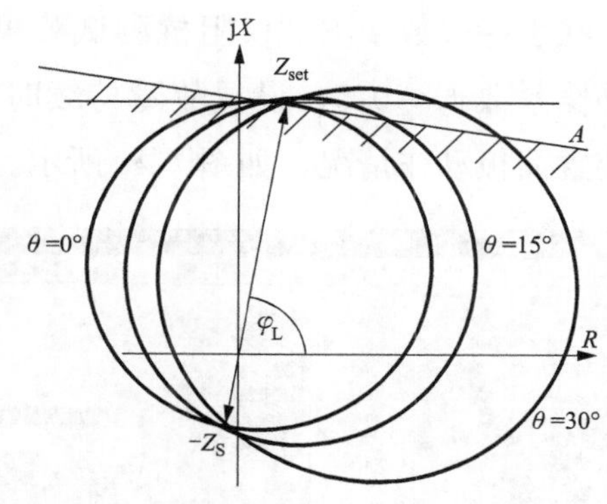

图 2-37 接地距离保护动作特性阻抗圆

1. 保护原理

接地距离保护Ⅰ、Ⅱ段采用正序电压作为极化电压，动作特性阻抗圆如图 2-37 所示。

接地距离保护Ⅲ段正反向动作特性在阻抗平面上的位置如图 2-38 所示。

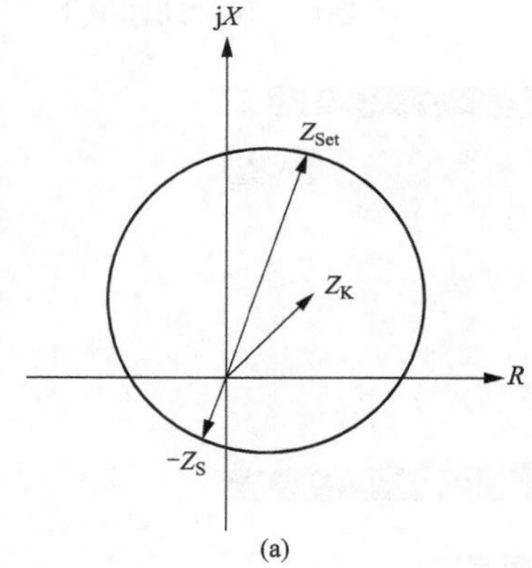

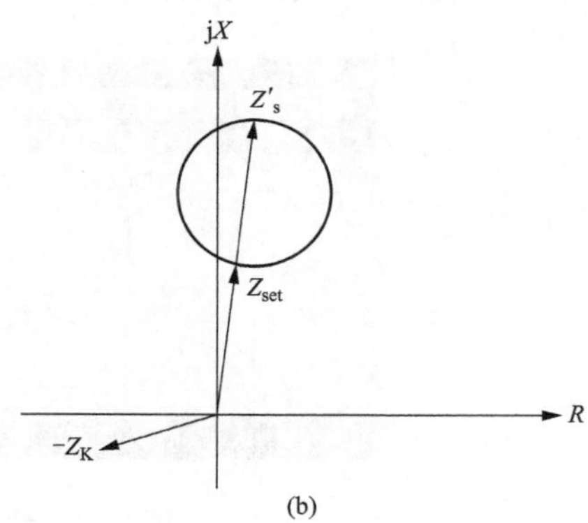

图 2-38 接地距离保护Ⅲ段正反向动作特性阻抗圆

（a）正方向故障特性；（b）反方向动作特性

2. 测试方法

（1）投入各段距离保护和快速距离保护相关控制字。

（2）退出其他保护控制字。

（3）距离Ⅱ段保护在 0.95 倍定值（$m=0.95$）时，应可靠动作；在 1.05 倍定值（$m=1.05$）时，应可靠不动作；在 0.7 倍定值（$m=0.7$）时，测量保护动作时间。

（4）模拟上述反向故障，距离各段保护不动作。

以 $m=0.95$ 为例，整定阻抗 $Z_{dz}=33$，时间 0.5s，测试仪所加量 $Z=0.95\times I_{dz}$。

在手持式数字测试仪阻抗测试菜单中，设置整定阻抗为 33Ω，设置零序补偿系数 K=0.5，设置故障持续时间 550ms，如图 2-39 所示，查看保护装置面板动作情况，如图 2-40 所示。动作时间如图 2-41 所示。

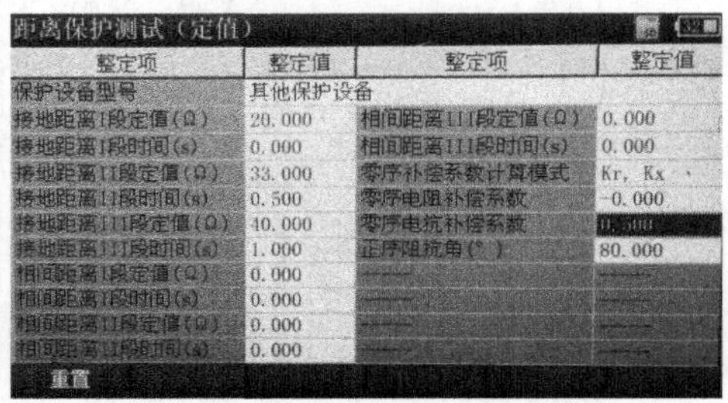

图 2-39 测试仪所加量

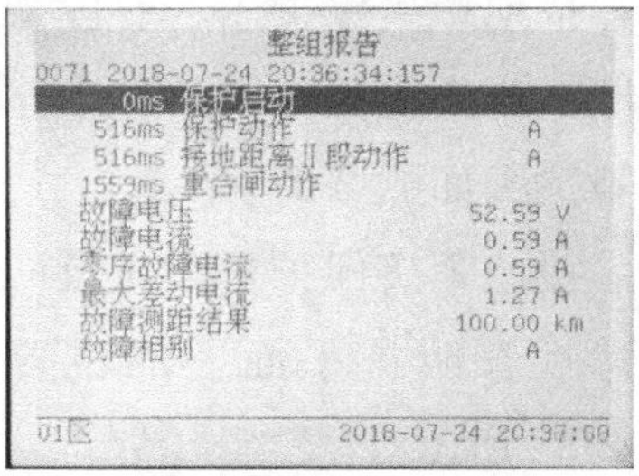

图 2-40 保护动作报文

图 2-41 动作时间测试

四、工频变化量距离保护

1. *保护原理*

分别模拟 A 相、B 相、C 相单相接地瞬时故障和 AB、BC、CA 相间瞬时故障。模拟故障电流固定（其数值应使模拟故障电压在 0～U_N 范围内），模拟故障前电压为额定电压，模拟故障时间为 100～150ms。

单相故障：$$U=(1+K)IDZ_{set}+(1\sim1.05m)U_N$$

相间故障：$$U=2IDZ_{set}+(1\sim1.05m)\sqrt{3}U_N$$

式中：m 为系数，其值分别为 0.9、1.1 及 1.2；m=1.1 时，应可靠动作，m=0.9 时，应可靠不动作，m=1.2 时，测试动作时间。

2. 测试方法

(1) 投入工频变化量距离保护相关控制字。

(2) 退出其他保护控制字。

(3) 工频变化量距离保护在系数为 1.1 倍定值时，可靠动作；在 0.9 倍定值时，应可靠不动作；在 1.2 倍定值时，测量保护动作时间。

五、零序过流保护检验

1. 保护原理

零序过流Ⅱ段固定受零序正方向元件控制，零序过流Ⅲ段可经控制字选择是否受零序正方向元件控制。TV 断线后，零序过流Ⅱ段退出，零序过流Ⅲ段不经方向元件控制。

2. 测试方法

(1) 投入各段零序保护相关控制字。

(2) 退出其他保护控制字。

(3) 零序Ⅱ段保护在 0.95 倍定值（$m=0.95$）时，应可靠不动作；在 1.05 倍定值（$m=1.05$）时，应可靠动作；在 1.2 倍定值（$m=1.2$）时，测量保护动作时间。

(4) 零序Ⅲ段保护在 0.95 倍定值（$m=0.95$）时，应可靠不动作；在 1.05 倍定值（$m=1.05$）时，应可靠动作；在 1.2 倍定值（$m=1.2$）时，测量保护动作时间。

(5) 零序过流保护灵敏角和动作区校验，加入单相故障电流，达到 1.05 倍零序电流定值，调整电流角度，满足方向元件开放条件，验证零序过流保护动作边界，计算灵敏角。

3. 测试实例

零序方向过流Ⅱ段定值校验（定值 1A，时间 1s）：

1.05 倍动作电流定值，设置测试仪输入故障电流 $I=1.05I_{dz}=1.05A$，如图 2-42 所示，保护动作情况如图 2-43 所示。

0.95 倍动作电流定值，设置测试仪输入故障电流 $I=0.95I_{dz}=0.95A$，零序方向过流Ⅱ段不动作。

状态2数据

通道	幅值	相角	频率
Ua1	10.000V	-0.000°	50.000Hz
Ub1	57.000V	-120.000°	50.000Hz
Uc1	57.000V	120.000°	50.000Hz
Ux1	0.000V	0.000°	50.000Hz
Ia1	1.050A	-81.000°	50.000Hz
Ib1	0.000A	0.000°	50.000Hz
Ic1	0.000A	0.000°	50.000Hz
Ix1	0.000A	0.000°	50.000Hz

数据 设置 上一状态 下一状态 通道映射 故障计算 谐波设置

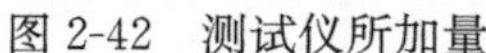
图 2-42 测试仪所加量

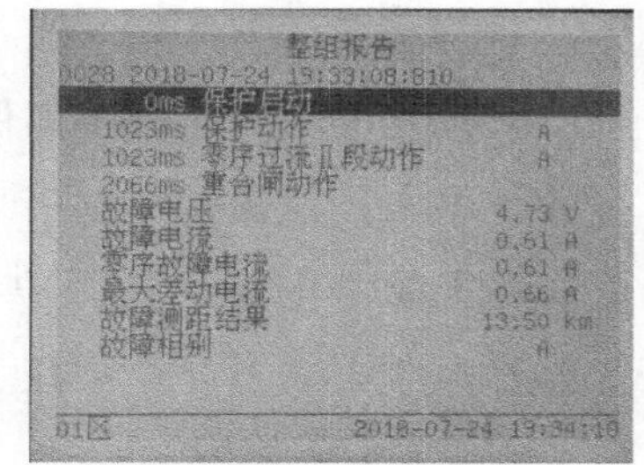
整组报告
0028 2018-07-24 19:33:08:810
0ms 保护启动
1023ms 保护动作 A
1023ms 零序过流Ⅱ段动作 A
2066ms 重合闸动作
故障电压 4.73 V
故障电流 0.61 A
零序故障电流 0.61 A
最大差动电流 0.66 A
故障测距结果 13.50 km
故障相别 A
01区 2018-07-24 19:34:10

图 2-43 保护动作情况

1.2 倍动作电流定值，测试动作时间设置测试仪输入故障电流 $I=1.2I_{dz}=1.2\text{A}$，如图 2-44 所示，保护动作情况如图 2-45 所示，零序方向过流Ⅱ段动作时间如图 2-46 所示。

状态2数据

通道	幅值	相角	频率
Ua1	10.000V	-0.000°	50.000Hz
Ub1	57.000V	-120.000°	50.000Hz
Uc1	57.000V	120.000°	50.000Hz
Ux1	0.000V	0.000°	50.000Hz
Ia1	1.200A	-81.000°	50.000Hz
Ib1	0.000A	0.000°	50.000Hz
Ic1	0.000A	0.000°	50.000Hz
Ix1	0.000A	0.000°	50.000Hz

数据 设置 上一状态 下一状态 通道映射 故障计算 谐波设置

图 2-44 测试仪所加量

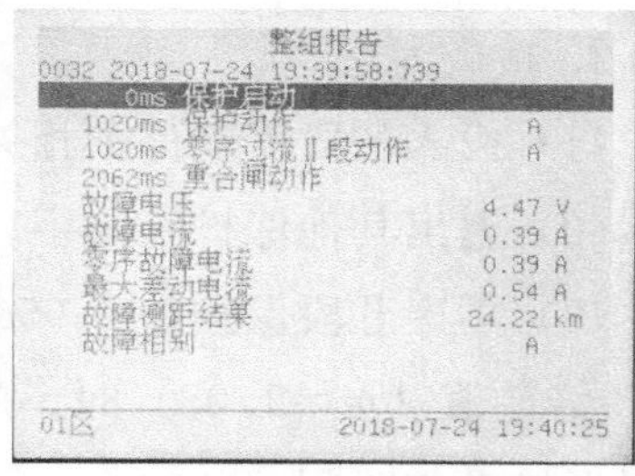
整组报告
0032 2018-07-24 19:39:58:739
0ms 保护启动
1020ms 保护动作 A
1020ms 零序过流Ⅱ段动作 A
2062ms 重合闸动作
故障电压 4.47 V
故障电流 0.39 A
零序故障电流 0.39 A
最大差动电流 0.54 A
故障测距结果 24.22 km
故障相别 A
01区 2018-07-24 19:40:25

图 2-45 保护动作情况

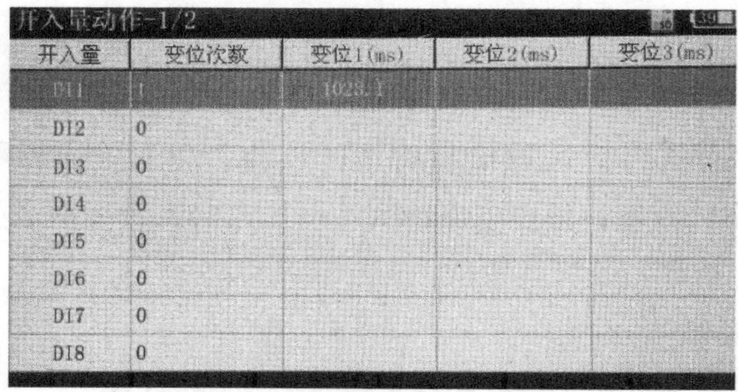
开入量动作-1/2

开入量	变位次数	变位1(ms)	变位2(ms)	变位3(ms)
DI1	1	1028.1		
DI2	0			
DI3	0			
DI4	0			
DI5	0			
DI6	0			
DI7	0			
DI8	0			

图 2-46 动作时间测试结果

六、交流电压回路断线时保护检验

测试方法如下：

（1）投入距离或零序保护控制字。

（2）TV 断线过流保护在 0.95 倍定值（m=0.95）时，应可靠不动作；在 1.05 倍定值（m=1.05）时，应可靠动作；在 1.2 倍定值（m=1.2）时，测量保护动作时间。

（3）TV 断线零序过流保护在 0.95 倍定值（m=0.95）时，应可靠不动作；在 1.05 倍定值（m=1.05）时，应可靠动作；在 1.2 倍定值（m=1.2）时，测量保护动作时间。

七、重合闸功能检验

1. 测试方法如下：

（1）投入“单相重合闸”控制字。

（2）模拟开关正常合闸位置，等保护“重合运行”灯亮。

（3）模拟单相瞬时性接地故障，等跳令返回后持续时间超过单相重合闸时间后，保护装置应能重合动作。

2. 测试实例

以重合闸功能测试（时间 2s）为例，取 1.05 倍零序电流Ⅱ段动作电流定值，设置测试仪输入故障电流 $I=1.05I_{dz}=1.05$A，保护启动 2s 后重合闸正确动作，如图 2-47 和图 2-48 所示。

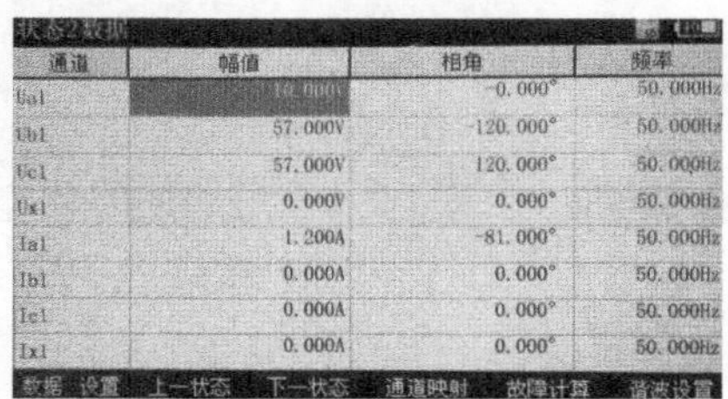

图 2-47　测试仪所加量

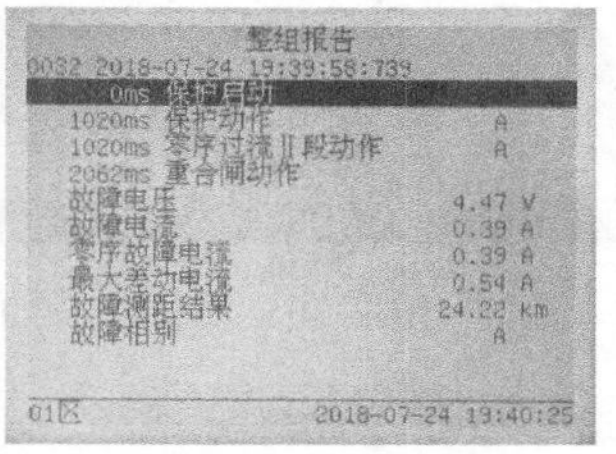

图 2-48　保护动作情况

八、双 AD 不一致检查

1. 测试方法

采样双 AD 不一致接线如图 2-49 所示。

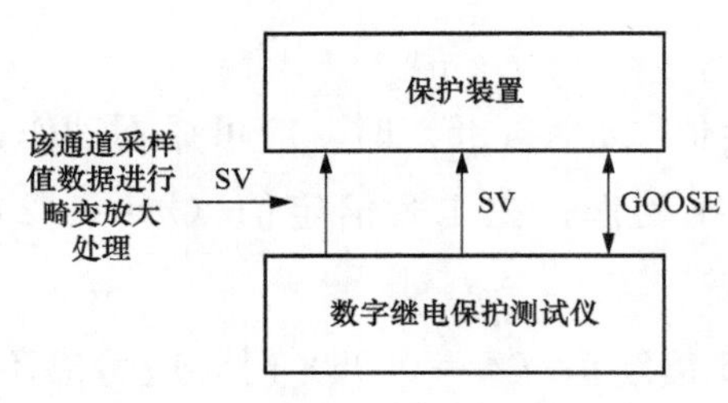

图 2-49 采样双 AD 不一致接线图

（1）用一根尾纤将 303 装置的光发送端和光接收端相连。

（2）将本侧、对侧通道识别码改为一致。

（3）检查通道延时和误码率合格。

（4）投入纵联差动保护功能压板。

（5）投入纵联差动保护控制字，退出其他保护功能控制字。

（6）通过数字继电保护测试仪输入保护测量电流（1.05×0.5 倍差动电流定值的故障电流），启动测量电流（0.95×0.5 倍差动电流定值的故障电流），同时品质位有效，模拟一路采样值出现数据畸变的情况，保护正确不动作。

2. 测试实例

模拟 A 相保护测量电流 1.05×0.5 倍差动电流定值故障电流，启动电流为 0.95×05 倍差动电流定值故障电流，同时 C 相电流数据畸变，测试仪所加量如图 2-50 所示。保护动作情况如图 2-51 所示，差动闭锁，装置报双 AD 不一致，模拟量采集错。

状态2数据-1/2

通道	幅值	相角	频率
Ua1	10.000V	0.000°	50.000Hz
Ub1	57.000V	-120.000°	50.000Hz
Uc1	57.000V	120.000°	50.000Hz
Ux1	0.000V	0.000°	50.000Hz
Ia1	0.158A	0.000°	50.000Hz
Ib1	0.000A	0.000°	50.000Hz
Ic1	5.000A	0.000°	50.000Hz
Ix1	0.000A	0.000°	50.000Hz

数据 设置 上一状态 下一状态 通道映射 故障计算 谐波设置

图 2-50 测试仪所加量

自检报告

0483 2018-07-24 20:14:36:644
对侧CT断线 0->1
0482 2018-07-24 20:14:36:643
本侧CT断线 0->1
0481 2018-07-24 20:14:36:640
通道一长期有差流 0->1
0480 2018-07-24 20:14:36:639
CT断线 0->1
0479 2018-07-24 20:14:26:832
模拟量采集错 0->1
0478 2018-07-24 20:14:26:831
电流双AD不一致 0->1

01区 2018-07-24 20:14:50

图 2-51 保护动作情况

九、过负荷保护测试

测试方法如下：

（1）施加 0.95 倍过负荷告警电流定值的模拟电流，装置无告警。

（2）施加 1.05 倍过负荷告警电流定值的模拟电流，经过负荷告警时间报“过负荷告警”。

项目三

220kV线路保护（PSL-603UA）装置验收

【项目描述】

本项目包含模拟量检查、开关量检查、定值核对及功能校验等内容。本项目编排以 DL/T 995—2006《继电保护和电网安全自动装置检验规程》、Q/GDW 1809—2012《智能变电站继电保护校验规程》为依据，并融合了变电二次现场作业管理规范的内容，结合实际作业情况等内容。通过本项目的学习，了解线路保护的工作原理，熟悉保护装置的内部回路，掌握常规校验项目。

任务一 模 拟 量 检 查

【任务描述】

本任务主要讲解模拟量检查内容。通过运用 SCD 可视化查看软件对 SV 虚端子进行检查，了解装置采样 SVLD 逻辑节点的基本构成，熟悉保护装置与合并单元之间的虚端子连接方式；熟练使用手持光数字测试仪（或常规模拟量测试仪）对保护装置进行加量，了解零漂检查、模拟量幅值线性度检验、模拟量相位特性检验的意义和操作流程。

【知识要点】

（1）虚端子回路的检查。

（2）保护装置模拟量查看及采样特性检查。

【技能要领】

一、虚端子回路检查

根据设计虚端子表，运用 SCD 检查 SV 和 GOOSE 虚端子连线有没有错位、少连或者多连的情况。如果合并单元模型文件中没有或错连所需的 SV 采样量，智能终端模型文件中没有或错连所需的 GOOSE 信息，则均需更改SCD文件。通过手持光数字测试仪检查虚端子，虚端子表截图如图 2-52 所示。

PISV 保护采样值过程层LD　　LLN0 逻辑节点零

	外部信号	外部信号描述	接收	内部信号	内部信号描述
1	ML2202BMU/LLN0.DelayTRtg	220kV塘晓4092线第二套合并单元/额定延迟时间		PISV/SVINGGIO2.DelayTRtg1	
2	ML2202BMU/TCTR1.Amp	220kV塘晓4092线第二套合并单元/5P保护电流A相1		PISV/SVINGGIO2.SvIn1	保护A相电流Ia1
3	ML2202BMU/TCTR1.AmpChB	220kV塘晓4092线第二套合并单元/5P保护电流A相2		PISV/SVINGGIO2.SvIn2	保护A相电流Ia2
4	ML2202BMU/TCTR2.Amp	220kV塘晓4092线第二套合并单元/5P保护电流B相1		PISV/SVINGGIO2.SvIn3	保护B相电流Ib1
5	ML2202BMU/TCTR2.AmpChB	220kV塘晓4092线第二套合并单元/5P保护电流B相2		PISV/SVINGGIO2.SvIn4	保护B相电流Ib2
6	ML2202BMU/TCTR3.Amp	220kV塘晓4092线第二套合并单元/5P保护电流C相1		PISV/SVINGGIO2.SvIn5	保护C相电流Ic1
7	ML2202BMU/TCTR3.AmpChB	220kV塘晓4092线第二套合并单元/5P保护电流C相2		PISV/SVINGGIO2.SvIn6	保护C相电流Ic2
8	ML2202BMU/TVTR2.Vol	220kV塘晓4092线第二套合并单元/保护电压A相1		PISV/SVINGGIO1.SvIn1	保护A相电压Ua1
9	ML2202BMU/TVTR2.VolChB	220kV塘晓4092线第二套合并单元/保护电压A相2		PISV/SVINGGIO1.SvIn2	保护A相电压Ua2
10	ML2202BMU/TVTR3.Vol	220kV塘晓4092线第二套合并单元/保护电压B相1		PISV/SVINGGIO1.SvIn3	保护B相电压Ub1
11	ML2202BMU/TVTR3.VolChB	220kV塘晓4092线第二套合并单元/保护电压B相2		PISV/SVINGGIO1.SvIn4	保护B相电压Ub2
12	ML2202BMU/TVTR4.Vol	220kV塘晓4092线第二套合并单元/保护电压C相1		PISV/SVINGGIO1.SvIn5	保护C相电压Uc1
13	ML2202BMU/TVTR4.VolChB	220kV塘晓4092线第二套合并单元/保护电压C相2		PISV/SVINGGIO1.SvIn6	保护C相电压Uc2
14	ML2202BMU/TVTR8.Vol	220kV塘晓4092线第二套合并单元/同期电压1		PISV/SVINGGIO1.SvIn7	同期电压Ux1
15	ML2202BMU/TVTR8.VolChB	220kV塘晓4092线第二套合并单元/同期电压2		PISV/SVINGGIO1.SvIn8	同期电压Ux2

图 2-52 虚端子表截图

二、模拟量采样检查

（一）零漂检查

1. 测试方法

（1）退出保护装置的SV接收软压板。

（2）查看装置显示的电流、电压零漂值。

2. 合格判据

要求5min内电流通道应小于0.5A（TA额定值5A）或0.1A（TA额定值1A），电压通道应小于0.5V，如图 2-53 所示。

（二）幅值特性检验

1. 测试方法

（1）投“SV接收软压板”。

（2）在交流电压测试时可以用测试仪为保护装置输入电压，用同时施加对称正序三相电压方法检验采样数据，交流电压分别为1、5、30、60V。

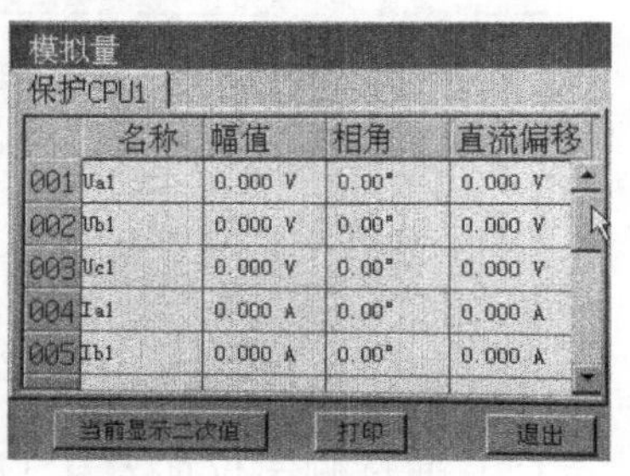

	名称	幅值	相角	直流偏移
001	Ua1	0.000 V	0.00°	0.000 V
002	Ub1	0.000 V	0.00°	0.000 V
003	Uc1	0.000 V	0.00°	0.000 V
004	Ia1	0.000 A	0.00°	0.000 A
005	Ib1	0.000 A	0.00°	0.000 A

图 2-53 查看间隔的电流电压零漂

（3）在电流测试时可以用测试仪为保护装置输入电流，用同时施加对称正序三相电流方法检验采样数据，电流分别为$0.05I_n$、$0.1I_n$、$2I_n$、$5I_n$。

2. 合格判据

检查保护测量和启动测量的交流量采样精度，比较测试仪上所加的交流量（见图 2-54）与保护装置上显示的交流量（见图 2-55），其误差应小于±5％。

通道	幅值	相角	频率	步长
Ua1	30.000V	0.000°	50.000Hz	0.500V
Ub1	30.000V	-120.000°	50.000Hz	0.000V
Uc1	30.000V	120.000°	50.000Hz	0.000V
Ux1	0.000V	0.000°	50.000Hz	0.000V
Ia1	2.000A	0.000°	50.000Hz	0.000
Ib1	2.000A	-120.000°	50.000Hz	0.000
Ic1	2.000A	120.000°	50.000Hz	0.000
Ix1	[illegible]	0.000°	50.000Hz	0.000

图 2-54 测试仪上所加的交流量

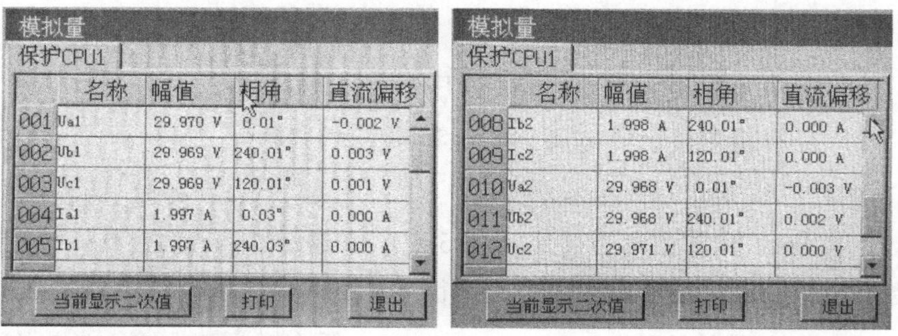

	名称	幅值	相角	直流偏移
001	Ua1	29.970 V	0.01°	-0.002 V
002	Ub1	29.969 V	240.01°	0.003 V
003	Uc1	29.969 V	120.01°	0.001 V
004	Ia1	1.997 A	0.03°	0.000 A
005	Ib1	1.997 A	240.03°	0.000 A

	名称	幅值	相角	直流偏移
008	Ib2	1.998 A	240.01°	0.000 A
009	Ic2	1.998 A	120.01°	0.000 A
010	Ua2	29.968 V	0.01°	-0.003 V
011	Ub2	29.968 V	240.01°	0.002 V
012	Uc2	29.971 V	120.01°	0.000 V

图 2-55 保护装置上显示的交流量

（三）相位特性检验

1. 测试方法

（1）投“SV 接收软压板”。

（2）通过测试仪加入 $0.1I_n$ 电流、U_n 电压值，调节电流、电压相位分别为 0°、120°。

2. 合格判据

要求保护装置的相位显示值与外部测试仪所加值的误差应不大于 3°。

任务二　开 入 量 检 查

【任务描述】

本任务主要讲解开关量检查内容。通过对保护装置硬压板以及面板的操作，了解装置开入开出的原理及功能，掌握手持光数字测试仪模拟被开出对象，对开出量实时侦测功能的使用。

【知识要点】

（1）开关 TWJ 位置的检查。

（2）母差远跳开入和闭重开入检查。

（3）智能终端低气压闭锁重合闸开入，永跳闭锁重合闸开入检查。

（4）硬压板开入量检查。

【技能要领】

一、开关 TWJ 位置检查

1. 测试方法

（1）退出机构三相不一致功能硬压板。

（2）操作断路器，依次检查保护装置各相 TWJ 位置开入。

2. 测试实例

液晶屏上该间隔的开关 TWJ 位置如图 2-56 所示。

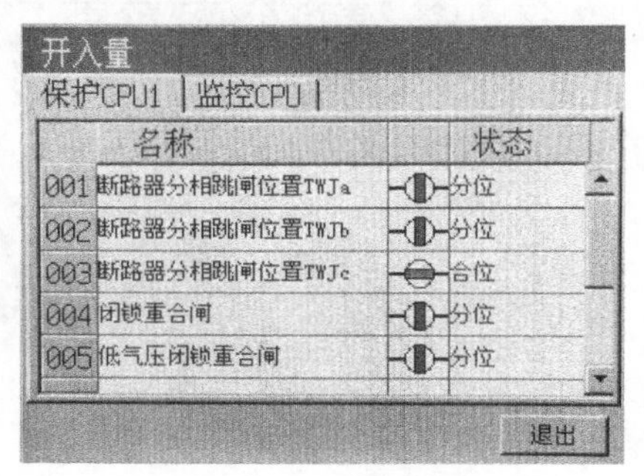

图 2-56　液晶屏上该间隔的开关 TWJ 位置

二、母差远跳开入和闭重开入

测试方法如下：

（1）退出母差保护其他支路所有 GOOSE 出口软压板。

（2）投入母差保护对应该支路 GOOSE 出口软压板。

（3）模拟母线保护故障或母差开出传动。

（4）检查线路保护远方跳闸开入和闭重开入。

（5）退出（2）中软压板，进行反向逻辑验证。

液晶屏上该间隔母差远跳开入和闭重开入如图 2-57 所示。

三、智能终端低气压闭锁重合闸开入，闭锁重合闸开入

测试方法如下：

（1）在智能终端端子排处短接相应端子。

（2）检查线路保护输入低气压闭锁重合闸开入，闭锁重合闸开入。

四、硬压板开入量检查

测试方法如下：

（1）投、退保护屏上的“远方操作”硬压板。

（2）投、退“置检修状态”硬压板。

（3）操作复归按钮。

（4）查看保护装置是否收到该硬压板或复归按钮的开入信息，如图 2-58 所示。

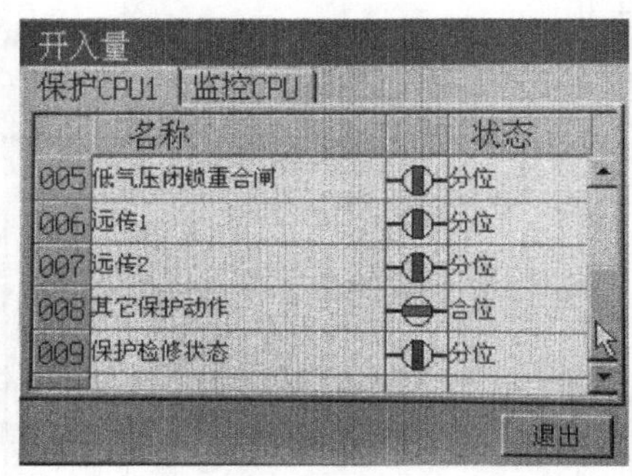

图 2-57　液晶屏上该间隔母差远跳开入和闭重开入

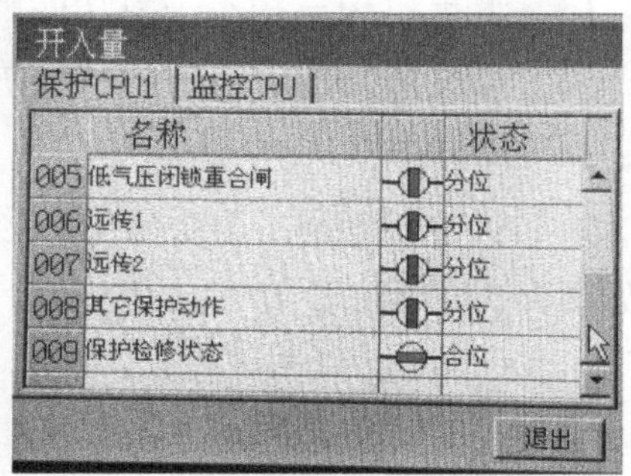

图 2-58　保护装置检修开入

任务三 定值核对及功能校验

【任务描述】

本任务主要讲解定值核对及功能校验内容。通过对保护装置定值功能的使用，熟练掌握查看、修改定值的操作；通过线路保护校验，熟悉保护的动作原理及特征，掌握纵差保护、距离保护和零序保护的调试方法。

【知识要点】

（1）定值单核对。

（2）纵联电流差动保护定值校验。

（3）距离保护检验。

（4）快速距离保护校验。

（5）零序过流保护检验。

（6）交流电压回路断线时保护检验。

（7）重合闸功能检验。

（8）双 AD 不一致检查。

（9）过负荷告警检验。

【技能要领】

一、定值核对

将最新的标准整定单与保护装置的定值进行一一核对。

二、纵联电流差动保护定值检验

1. 保护原理

（1）相电流差动保护分为稳态差动Ⅰ段和Ⅱ段。

1）稳态差动Ⅰ段保护原理如下：

$$\begin{cases} I_{op\cdot\beta h} > 0.8 \cdot I_{re\cdot\beta h} \\ I_{op\cdot\beta h} > I_{mk}^{H} \end{cases}$$

2）稳态差动Ⅱ段保护原理如下：

$$\begin{cases} I_{op\cdot\beta h} > 0.6 \cdot I_{re\cdot\beta h} \\ I_{op\cdot\beta h} > I_{mk}^{M} \end{cases}$$

（2）零序差动保护动作原理如下：

$$\begin{cases} I_{op0} > 0.8 \cdot I_{re0} \\ I_{op0} > I_{mk}^{I} \\ I_{op\cdot\beta h} > 0.2 \cdot I_{re\cdot\beta h} \\ I_{op\cdot\beta h} > I_{mk}^{L} \end{cases}$$

2. 分相差动保护测试方法

（1）用一根尾纤将603装置的光发送端和光接收端相连。

（2）将本侧、对侧通道识别码改为一致。

（3）检查通道延时和误码率合格。

（4）投入纵联差动保护功能压板。

（6）投入纵联差动保护控制字，退出其他保护功能控制字。

（7）等重合闸充电，直至“充电”灯亮。

（8）分别模拟A相、B相、C相单相接地瞬时故障，校验分相差动保护。

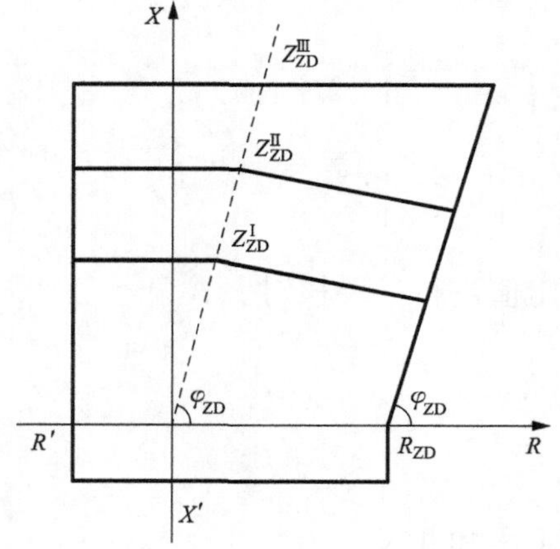

图2-59 距离保护动作特性

（9）分别模拟AB、BC、CA相间瞬时故障，校验分相差动保护。

3. 零序差动保护测试方法

分别模拟A相、B相、C相单相接地瞬时故障，校验零序差动保护。

三、距离保护检验

1. 保护原理

各段距离元件动作特性均为多边形特性，如图2-59所示。各段距离元

件分别计算 X 分量的电抗值和 R 分量的电阻值。

2. 测试方法

（1）投入各段距离保护和快速距离保护相关控制字。

（2）退出其他保护控制字。

（3）距离Ⅱ段保护在 0.95 倍定值（$m=0.95$）时，应可靠动作；在 1.05 倍定值（$m=1.05$）时，应可靠不动作；在 0.7 倍定值（$m=0.7$）时，测量保护动作时间。

（4）模拟上述反向故障，距离保护各段不动作。

3. 测试实例

以 $m=0.95$ 为例，整定阻抗 $Z_{dz}=33$，时间 0.5s，测试仪所加量 $Z=0.95\times I_{dz}$。

在手持式数字测试仪阻抗测试菜单中，设置整定阻抗为 33Ω，设置零序补偿系数 $K=0.5$，设置故障持续时间 530ms，如图 2-60 所示，查看保护装置面板动作情况，如图 2-61 所示，动作时间如图 2-62 所示。

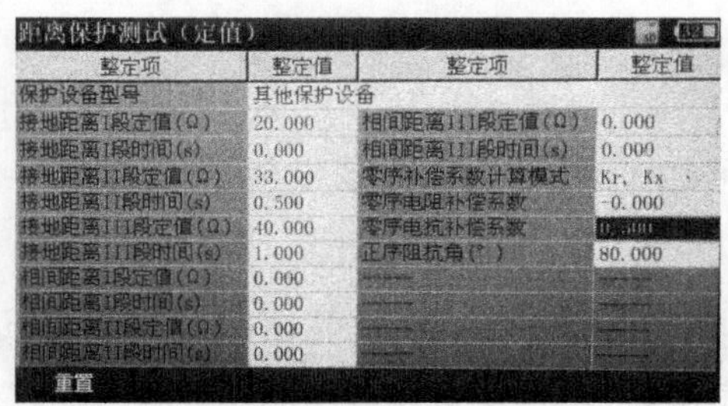

图 2-60　测试仪所加量

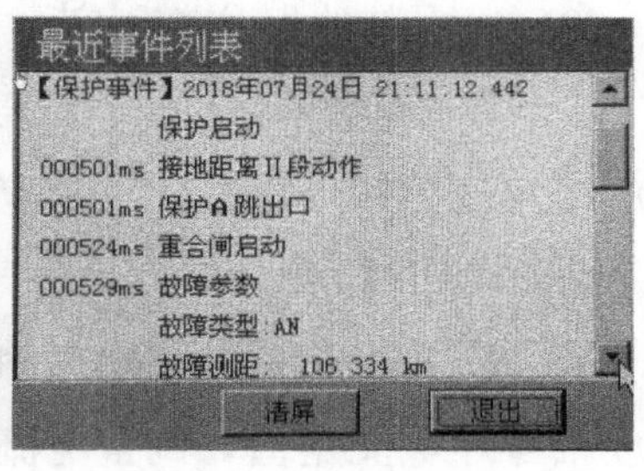

图 2-61　保护动作情况

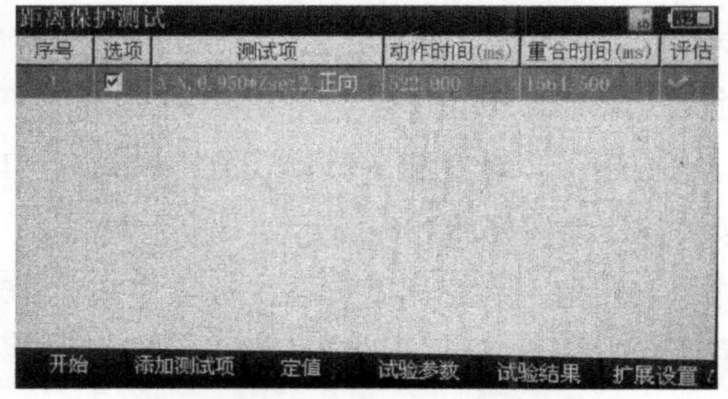

图 2-62　动作时间测试

四、快速距离保护检验

1. 保护原理

近处故障时，快速距离保护动作时间不大于20ms。

2. 测试方法

(1) 投入“快速距离保护”控制字。

(2) 在0.7倍以内定值时，测量距离保护动作时间不大于20ms。

五、零序过流保护检验

1. 保护原理

零序方向也设有正、反两个方向的方向元件。正向元件的整定值可以整定，反向元件不需整定，灵敏度自动比正向元件高，电流门槛取为正方向的0.625倍。

2. 测试方法

(1) 投入各段零序保护相关控制字。

(2) 退出其他保护控制字。

(3) 零序Ⅱ段保护在0.95倍定值（$m=0.95$）时，应可靠不动作；在1.05倍定值（$m=1.05$）时，应可靠动作；在1.2倍定值（$m=1.2$）时，测量保护动作时间。

(4) 零序过流保护灵敏角和动作区校验：加入单相故障电流，达到1.05倍零序电流定值，调整电流角度，满足方向元件开放条件，验证零序过流保护动作边界，计算灵敏角。

3. 测试实例

零序方向过流Ⅱ段定值校验（定值1A，时间1s）：

1.05倍动作电流定值，设置测试仪输入故障电流 $I=1.05I_{dz}=1.05A$，（见图2-63），保护动作情况如图2-64所示。

0.95倍动作电流定值，设置测试仪输入故障电流 $I=0.95I_{dz}=0.95A$，零序方向过流Ⅱ段不动作。

1.2倍动作电流定值，设置测试仪输入故障电流 $I=1.2I_{dz}=1.2A$，

（见图 2-65），保护动作情况如图 2-66 所示，测试零序方向过流Ⅱ段动作时间，测试结果如图 2-67 所示。

状态2数据

通道	幅值	相角	频率
Ua1	10.000V	-0.000°	50.000Hz
Ub1	57.000V	-120.000°	50.000Hz
Uc1	57.000V	120.000°	50.000Hz
Ux1	0.000V	0.000°	50.000Hz
Ia1	1.050A	-81.000°	50.000Hz
Ib1	0.000A	0.000°	50.000Hz
Ic1	0.000A	0.000°	50.000Hz
Ix1	0.000A	0.000°	50.000Hz

数据 设置 上一状态 下一状态 通道映射 故障计算 谐波设置

图 2-63 测试仪所加量

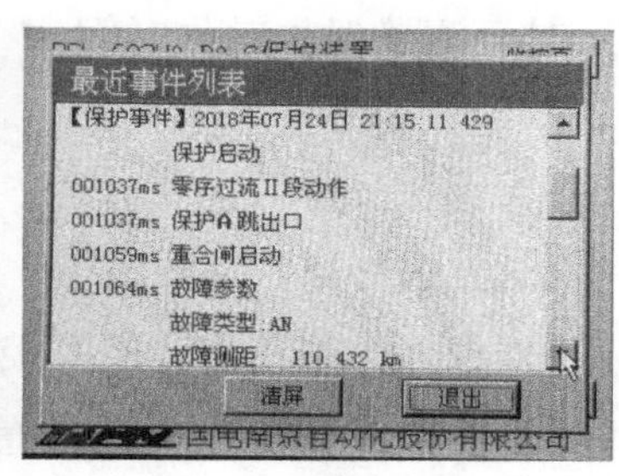

图 2-64 保护动作情况

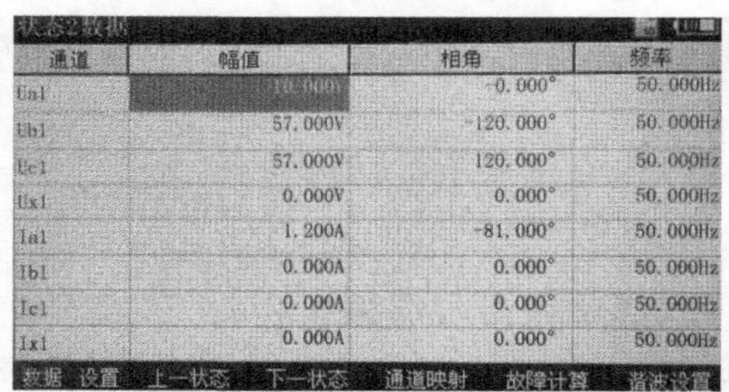

图 2-65 测试仪所加量

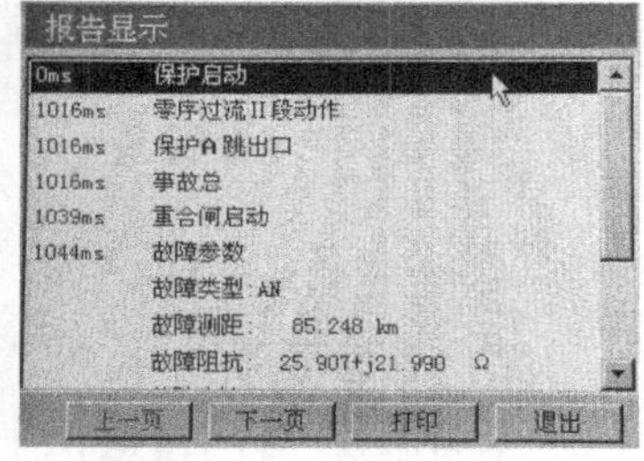

图 2-66 保护动作情况

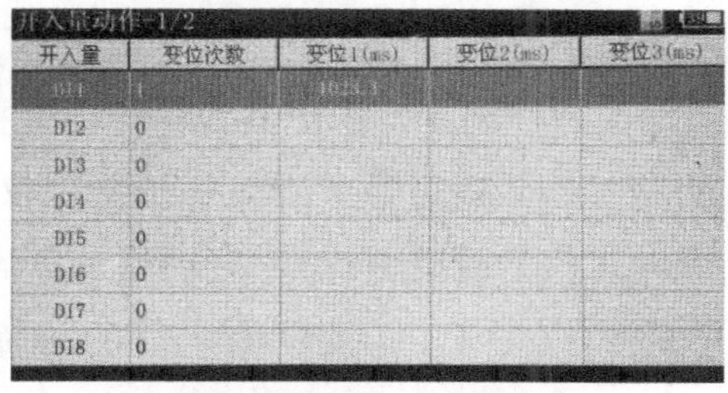

图 2-67 动作时间测试结果

六、交流电压回路断线时保护检验

测试方法如下：

（1）投入距离或零序保护控制字。

（2）TV 断线过流保护在 0.95 倍定值（m=0.95）时，应可靠不动作；在 1.05 倍定值（m=1.05）时，应可靠动作；在 1.2 倍定值（m=1.2）时，测量保护动作时间。

(3) TV断线零序过流保护在0.95倍定值（m=0.95）时，应可靠不动作；在1.05倍定值（m=1.05）时，应可靠动作；在1.2倍定值（m=1.2）时，测量保护动作时间。

七、重合闸功能检验

测试方法如下：

(1) 投入“单相重合闸”控制字。

(2) 模拟开关正常合闸位置，等保护“重合运行”灯亮。

(3) 模拟单相瞬时性接地故障，等跳令返回后持续时间超过单相重合闸时间后，保护装置应能重合动作。

八、双AD不一致检查

测试方法如下：

(1) 用一根尾纤将装置的光发送端和光接收端相连。

(2) 将本侧、对侧通道识别码改为一致。

(3) 检查通道延时和误码率合格。

(4) 投入纵联差动保护功能压板。

(5) 投入纵联差动保护控制字，退出其他保护功能控制字。

(6) 按图2-68进行接线，通过数字继电保护测试仪输入保护测量电流（1.05×0.5倍差动电流定值的故障电流），启动测量电流（0.95×0.5倍差动电流定值的故障电流），同时品质位有效，模拟一路采样值出现数据畸变的情况，保护正确不动作。

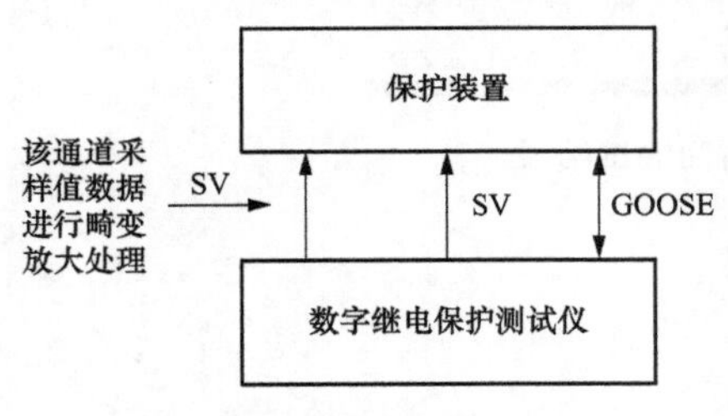

图2-68 采样双AD不一致接线图

九、过负荷保护测试

测试方法如下：

(1) 通入0.95倍过负荷电流定值的模拟电流，装置无告警。

(2) 通入1.05倍过负荷电流定值的模拟电流，经过负荷告警延时后报“过负荷告警”。

项目四

220kV线路保护(PCS-931A-DA-G)装置验收

【项目描述】

本项目包含模拟量检查、开关量检查、定值核对及功能校验等内容。本项目编排以 DL/T 995—2006《继电保护和电网安全自动装置检验规程》、Q/GDW 1809—2012《智能变电站继电保护校验规程》为依据，并融合了变电二次现场作业管理规范的内容，结合实际作业情况等内容。通过本项目的学习，了解线路保护的工作原理，熟悉保护装置的内部回路，掌握常规校验的项目。

任务一 模拟量检查

【任务描述】

本任务主要讲述模拟量检查内容。通过 SCD 可视化查看软件对 SV 虚端子进行检查，了解装置采样 SVLD 逻辑节点的基本构成，熟悉保护装置与合并单元之间的虚端子连接方式；熟练使用手持光数字测试仪（或常规模拟量测试仪）对保护装置进行加量，了解零漂检查、模拟量幅值线性度检验、模拟量相位特性检验的意义和操作流程。

【知识要点】

（1）虚端子回路检查。

（2）保护装置模拟量查看及采样特性检查。

【技能要领】

一、虚端子回路检查

根据设计虚端子表，运用 SCD 检查 SV 和 GOOSE 虚端子连线有没有错位、少连或者多连的情况。如果合并单元模型文件中没有或错连所需的 SV 采样量、智能终端模型文件中没有或错连所需的 GOOSE 信息，则均需更改 SCD 文件。通过手持光数字测试仪检查虚端子如图 2-69 所示。

PISV:保护SV　LLN0 管理逻辑节点　视图

	外部信号	外部信号描述	接	内部信号	内部信号描述
1	ML2201BMU/LLN0.DelayTRtg	220kV钱春4091线第二套合并单元/额定延迟时间		PISV/SVINGGIO1.DelayTRtg	MU额定延时
2	ML2201BMU/TCTR1.Amp	220kV钱春4091线第二套合并单元/5P保护电流A相1		PISV/SVINGGIO5.AnIn1	保护A相电流Ia1
3	ML2201BMU/TCTR1.AmpChB	220kV钱春4091线第二套合并单元/5P保护电流A相2		PISV/SVINGGIO5.AnIn2	保护A相电流Ia2
4	ML2201BMU/TCTR2.Amp	220kV钱春4091线第二套合并单元/5P保护电流B相1		PISV/SVINGGIO5.AnIn3	保护B相电流Ib1
5	ML2201BMU/TCTR2.AmpChB	220kV钱春4091线第二套合并单元/5P保护电流B相2		PISV/SVINGGIO5.AnIn4	保护B相电流Ib2
6	ML2201BMU/TCTR3.Amp	220kV钱春4091线第二套合并单元/5P保护电流C相1		PISV/SVINGGIO5.AnIn5	保护C相电流Ic1
7	ML2201BMU/TCTR3.AmpChB	220kV钱春4091线第二套合并单元/5P保护电流C相2		PISV/SVINGGIO5.AnIn6	保护C相电流Ic2
8	ML2201BMU/TVTR2.Vol	220kV钱春4091线第二套合并单元/保护电压A相1		PISV/SVINGGIO4.AnIn1	保护A相电压Ua1
9	ML2201BMU/TVTR2.VolChB	220kV钱春4091线第二套合并单元/保护电压A相2		PISV/SVINGGIO4.AnIn2	保护A相电压Ua2
10	ML2201BMU/TVTR3.Vol	220kV钱春4091线第二套合并单元/保护电压B相1		PISV/SVINGGIO4.AnIn3	保护B相电压Ub1
11	ML2201BMU/TVTR3.VolChB	220kV钱春4091线第二套合并单元/保护电压B相2		PISV/SVINGGIO4.AnIn4	保护B相电压Ub2
12	ML2201BMU/TVTR4.Vol	220kV钱春4091线第二套合并单元/保护电压C相1		PISV/SVINGGIO4.AnIn5	保护C相电压Uc1
13	ML2201BMU/TVTR4.VolChB	220kV钱春4091线第二套合并单元/保护电压C相2		PISV/SVINGGIO4.AnIn6	保护C相电压Uc2
14	ML2201BMU/TVTR8.Vol	220kV钱春4091线第二套合并单元/同期电压1		PISV/SVINGGIO4.AnIn7	同期电压Ux1
15	ML2201BMU/TVTR8.VolChB	220kV钱春4091线第二套合并单元/同期电压2		PISV/SVINGGIO4.AnIn8	同期电压Ux2

图 2-69　虚端子表截图

（一）零漂检查

1. 测试方法

（1）退出保护装置的 SV 接收软压板。

（2）查看装置显示的电流、电压零漂值。

2. 合格判据

要求 5min 内电流通道显示应小于 0.5A（5A 额定值 TA）或 0.1A（1A 额定值 TA），电压通道显示应小于 0.5V。

（二）幅值特性检验

1. 测试方法

（1）投“SV 接收软压板”。

（2）在交流电压测试时可以用测试仪为保护装置输入电压，用同时施加对称正序三相电压方法检验采样数据，交流电压分别为 1、5、30、60V。

（3）在电流测试时可以用测试仪为保护装置输入电流，用同时施加对称正序三相电流方法检验采样数据，电流分别为 $0.05I_n$、$0.1I_n$、$2I_n$、$5I_n$。

2. 合格判据

检查保护测量和启动测量的交流量采样精度，其误差应小于±5%。

（三）相位特性检验

1. 测试方法

（1）投“SV 接收软压板”。

(2) 通过测试仪加入 $0.1I_n$ 电流、U_n 电压值，调节电流、电压相位，分别为 0°、120°。

2. 合格判据

要求保护装置的相位显示值与外部测试仪所加值的误差应不大于 3°。

任务二 开入量检查

【任务描述】

本任务主要讲解开关量检查内容。通过对保护装置硬压板以及面板的操作，了解装置开入开出的原理及功能，掌握手持光数字测试仪模拟被开出对象，对开出量实时侦测功能的使用。

【知识要点】

(1) 开关 TWJ 位置的检查。

(2) 母差远跳开入和闭重开入检查。

(3) 智能终端低气压闭锁重合闸开入，永跳闭锁重合闸开入检查。

(4) 硬压板开入量检查。

【技能要领】

一、开关分相 TWJ 位置

测试方法如下：

(1) 退出机构三相不一致功能硬压板。

(2) 操作断路器，依次检查保护装置各相 TWJ 位置开入。

二、母差远跳开入和闭重开入

测试方法如下：

(1) 退出母差保护其他支路所有 GOOSE 出口软压板。

(2) 投入母差保护对应该支路 GOOSE 出口软压板。

(3) 投入线路保护中的远方跳闸 GOOSE 接收软压板。

(4) 模拟母线保护故障或母差开出传动。

(5) 检查线路保护远方跳闸开入和闭重开入。

(6) 依次退出 (2)、(3) 中软压板，进行反向逻辑验证。

三、智能终端低气压闭锁重合闸开入，闭锁重合闸开入

测试方法如下：

(1) 在智能终端端子排处短接相应端子。

(2) 检查线路保护输入低气压闭锁重合闸开入，闭锁重合闸开入。

四、硬压板开入量检查

测试方法如下：

(1) 投、退保护屏上的“远方操作”硬压板。

(2) 投、退“置检修状态”硬压板。

(3) 操作复归按钮。

(4) 查看保护装置是否收到该硬压板或复归按钮的开入信息。

五、测试实例

以复归按钮操作为例，手动按下复归按钮（见图 2-70），检查保护装置接点输入，该信号复归开入应置 1，如图 2-71 所示。

图 2-70 复归按钮操作检查

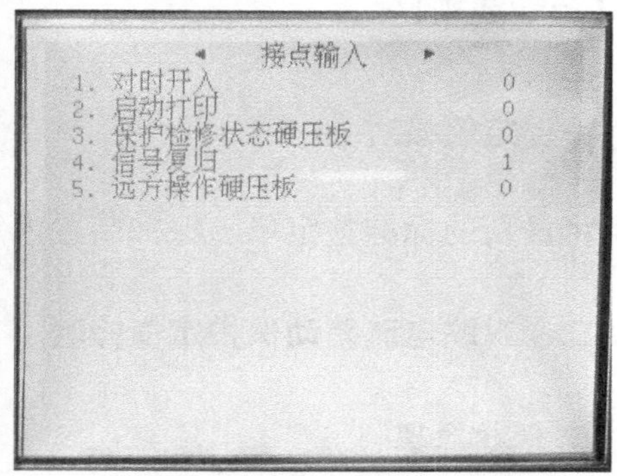

图 2-71 液晶屏显示复归开入

任务三　定值核对及功能校验

【任务描述】

本任务主要讲解定值核对及功能校验内容。通过对保护装置定值功能的使用，熟练掌握查看、修改定值的操作；通过纵联差动保护校验，熟悉保护的动作原理及特征，掌握纵差保护的调试方法。

【知识要点】

（1）定值单核对。

（2）纵联电流差动保护分相差动定值校验。

（3）距离保护检验。

（4）工频变化量距离保护校验。

（5）零序过流保护检验。

（6）交流电压回路断线时保护检验。

（7）重合闸功能检验。

（8）双 AD 不一致检查。

（9）过负荷告警检验。

【技能要领】

一、定值核对

将最新的标准整定单与保护装置内定值进行一一核对。

二、纵联电流差动保护定值检验

1. 保护原理

（1）分相差动保护分为稳态Ⅰ段和稳态Ⅱ段。

1）稳态Ⅰ段相差动继电器动作条件为：

$$\begin{cases} I_{d} > 0.6 I_{r} \\ I_{d} > I_{Hdset} \end{cases}$$

I_{Hdset}为差动电流定值和1.5倍实测电容电流的大值，实测电容电流由正常运行时未经补偿的差流获得。

2）稳态差动Ⅱ段动作条件为：

$$\begin{cases} I_{d} > 0.6 I_{r} \\ I_{d} > I_{Mdset} \end{cases}$$

I_{Mdset}为差动电流定值和实测电容电流的大值；稳态Ⅱ段相差动继电器经25ms延时动作。

（2）零序差动动作条件为：

$$\begin{cases} I_{d0} > 0.75 I_{r0} \\ I_{d0} > I_{0dset} \end{cases} \quad \begin{cases} I_{d0} > 0.15 I_{r0} \\ I_{d0} > I_{0dset} \end{cases}$$

式中，I_{d0}为经电容电流补偿后的零序差动电流；I_{r0}为经电容电流补偿后的零序制动电流，I_{0dset}为零序差动整定值，按内部高阻接地故障有灵敏度整定。对于经高过渡电阻接地故障，采用零序差动继电器具有较高的灵敏度，通过低比率制动系数的稳态差动元件选相，构成零序差动继电器，经40ms延时动作。

2. 分相差动保护测试方法

（1）用一根尾纤将931装置的光发送端和光接收端相连。

（2）将本侧、对侧通道识别码改为一致。

（3）检查通道延时和误码率合格。

（4）投入纵联差动保护功能压板。

（5）投入纵联差动保护控制字，退出其他保护功能控制字。

（6）等重合闸充电，直至“充电”灯亮。

（7）分别模拟A相、B相、C相单相接地瞬时故障，校验分相差动保护。

（8）分别模拟AB、BC、CA相间瞬时故障，校验分相差动保护。

3. 零序差动保护测试方法

分别模拟A相、B相、C相单相接地瞬时故障，校验零序差动保护。

本次以 $m=1.05$ 为例，整定电流 $I_{dz}=0.3A$，测试仪所加量 $I=1.05\times I_{dz}$，如图2-72所示，则保护动作情况如图2-73所示。

状态2数据

通道	幅值	相角	频率
Ua1	0.000V	-0.000°	50.000Hz
Ub1	0.000V	-120.000°	50.000Hz
Uc1	0.000V	120.000°	50.000Hz
Ux1	0.000V	0.000°	50.000Hz
Ia1	0.157A	0.000°	50.000Hz
Ib1	0.000A	-120.000°	50.000Hz
Ic1	0.000A	120.000°	50.000Hz
Ix1	0.000A	0.000°	50.000Hz

数据 设置 上一状态 下一状态 通道映射 故障计算 谐波设置

图2-72 测试仪所加量

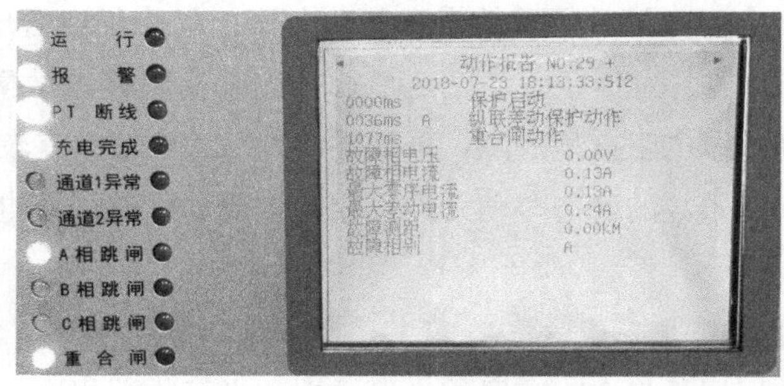

图2-73 保护动作情况

三、距离保护检验

1. 保护原理

各段距离元件动作特性均为圆特性，正方向故障时动作特性如图2-74所示。

测量阻抗 Z_K 在阻抗复数平面上的动作特性是以 Z_{ZD} 至 $-Z_S$ 连线为直径的圆，动作特性包含原点，表明正向出口经或不经过渡电阻故障时都能正确动作，并不表示反方向故障时会误动作；反方向故障时的动作特性必须以反方向故障为前提导出，当 δ 不为零时，将是以 Z_{ZD} 到 $-Z_S$ 连线为弦的圆，动作特性向第Ⅰ或第Ⅱ象限偏移，如图 2-75 所示。

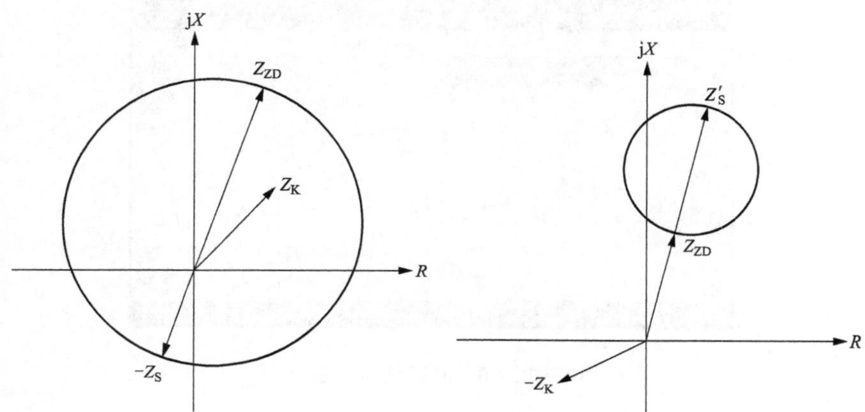

图 2-74　距离保护正方向故障动作特性　　图 2-75　反方向故障时动作特性

2. 测试方法

（1）投入各段距离保护和快速距离保护相关控制字。

（2）退出其他保护控制字。

（3）距离Ⅰ段保护在 0.95 倍定值（$m=0.95$）时，应可靠动作；在 1.05 倍定值（$m=1.05$）时，应可靠不动作；在 0.7 倍定值（$m=0.7$）时，测量保护动作时间不大于 25ms。

（4）距离Ⅱ段保护在 0.95 倍定值（$m=0.95$）时，应可靠动作；在 1.05 倍定值（$m=1.05$）时，应可靠不动作；在 0.7 倍定值（$m=0.7$）时，测量保护动作时间。

（5）距离Ⅲ段保护在 0.95 倍定值（$m=0.95$）时，应可靠动作；在 1.05 倍定值（$m=1.05$）时，应可靠不动作；在 0.7 倍定值（$m=0.7$）时，测量保护动作时间。

（6）模拟上述反向故障，距离各段保护不动作。

以 $m=0.95$ 为例，整定阻抗 $Z_{dz}=20.3\Omega$，测试仪所加量 $Z=0.95\times I_{dz}$。

在手持式数字测试仪阻抗测试菜单中，设置整定阻抗为 19.285Ω，设置零序补偿系数 K=0.5，设置故障持续时间 50ms，如图 2-76 所示，查看保护装置面板动作情况，动作报文如图 2-77 所示。

状态2数据

通道	幅值	相角	频率
Ua1	28.900V	-0.000°	50.000Hz
Ub1	57.700V	-120.000°	50.000Hz
Uc1	57.700V	120.000°	50.000Hz
Ux1	0.000V	0.000°	50.000Hz
Ia1	1.000A	-80.000°	50.000Hz
Ib1	0.000A	-120.000°	50.000Hz
Ic1	0.000A	120.000°	50.000Hz
Ix1	0.000A	0.000°	50.000Hz

数据 设置 | 上一状态 | 下一状态 | 通道映射 | 故障计算 | 谐波设置

图 2-76 测试仪所加量

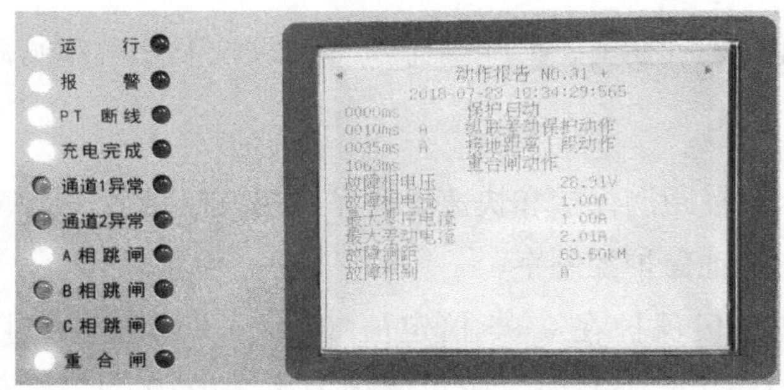

图 2-77 保护动作报文

四、零序过流保护检验

测试方法如下：

（1）投入各段零序保护相关控制字。

（2）退出其他保护控制字。

（3）零序Ⅱ段保护在 0.95 倍定值（m=0.95）时，应可靠不动作；在 1.05 倍定值（m=1.05）时，应可靠动作；在 1.2 倍定值（m=1.2）时，测量保护动作时间。

(4) 零序Ⅲ段保护在 0.95 倍定值（$m=0.95$）时，应可靠不动作；在 1.05 倍定值（$m=1.05$）时，应可靠动作；在 1.2 倍定值（$m=1.2$）时，测量保护动作时间。

(5) 零序过流保护灵敏角和动作区校验：加入单相故障电流，达到 1.05 倍零序电流定值，调整电流角度，满足方向元件开放条件，验证零序过流保护动作边界，计算灵敏角。

例如零序方向过流Ⅱ段定值校验（定值 1A，时间 1s），取 1.05 倍动作电流定值，设置测试仪输入故障电流 $I=1.05I_{dz}=1.05\text{A}$（见图 2-78），保护动作情况如图 2-79 所示。

状态2数据

通道	幅值	相角	频率
Ua1	10.000V	180.000°	50.000Hz
Ub1	0.000V	-120.000°	50.000Hz
Uc1	0.000V	120.000°	50.000Hz
Ux1	0.000V	0.000°	50.000Hz
Ia1	1.050A	-80.000°	50.000Hz
Ib1	0.000A	-120.000°	50.000Hz
Ic1	0.000A	120.000°	50.000Hz
Ix1	0.000A	0.000°	50.000Hz

数据 设置 上一状态 下一状态 通道映射 故障计算 谐波设置

图 2-78 测试仪所加量

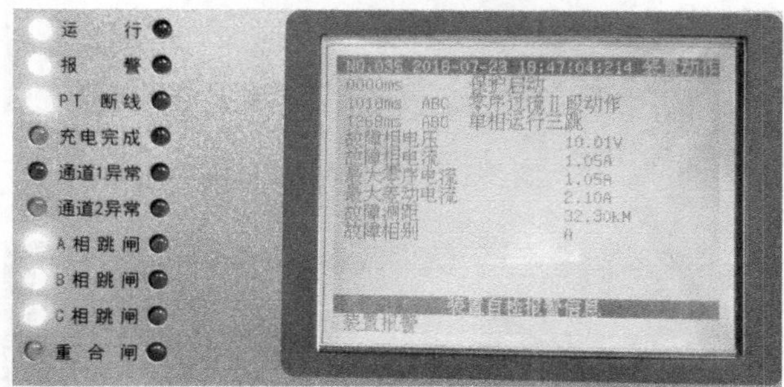

图 2-79 保护动作报文

五、交流电压回路断线时保护检验

测试方法如下：

(1) 投入距离或零序保护控制字。

（2）TV 断线过流保护在 0.95 倍定值（$m=0.95$）时，应可靠不动作；在 1.05 倍定值时，应可靠动作；在 1.2 倍定值时，测量保护动作时间。

（3）TV 断线零序过流保护在 0.95 倍定值（$m=0.95$）时，应可靠不动作；在 1.05 倍定值时，应可靠动作；在 1.2 倍定值时，测量保护动作时间。

六、重合闸功能检验

测试方法如下：

（1）投入“单相重合闸”控制字。

（2）模拟开关正常合闸位置，等保护“重合运行”灯亮。

（3）模拟单相瞬时性接地故障，测试仪所加量见图 2-80，等跳令返回后持续时间超过单相重合闸时间后，保护装置应能重合动作（见图 2-81）。

状态2数据

通道	幅值	相角	频率
Ua1	0.000V	-0.000°	50.000Hz
Ub1	0.000V	-120.000°	50.000Hz
Uc1	0.000V	120.000°	50.000Hz
Ux1	0.000V	0.000°	50.000Hz
Ia1	0.157A	0.000°	50.000Hz
Ib1	0.000A	-120.000°	50.000Hz
Ic1	0.000A	120.000°	50.000Hz
Ix1	0.000A	0.000°	50.000Hz

数据 设置　上一状态　下一状态　通道映射　故障计算　谐波设置

图 2-80　测试仪所加量

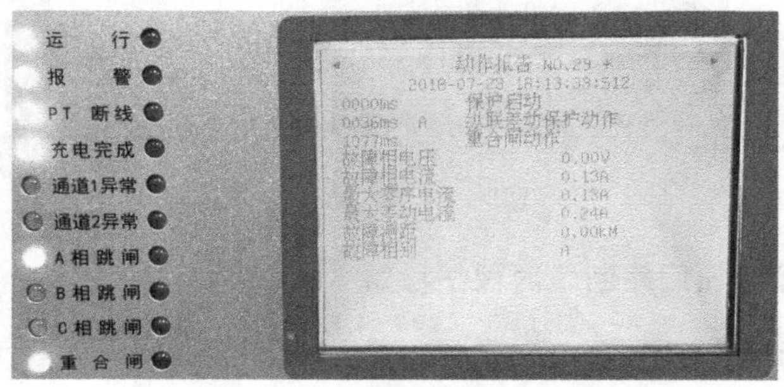

图 2-81　保护动作报文

七、双 AD 不一致检查

测试方法如下：

（1）用一根尾纤将 932 装置的光发送端和光接收端相连。

（2）将本侧、对侧通道识别码改为一致。

（3）检查通道延时和误码率合格。

（4）投入纵联差动保护功能压板。

（5）投入纵联差动保护控制字，退出其他保护功能控制字。

（6）按图 2-82 所示接线，通过数字继电保护测试仪输入保护测量电流（1.05×0.5 倍差动电流定值的故障电流），启动测量电流（0.95×0.5 倍差动电流定值的故障电流），同时品质位有效，模拟一路采样值出现数据畸变的情况，保护正确不动作。

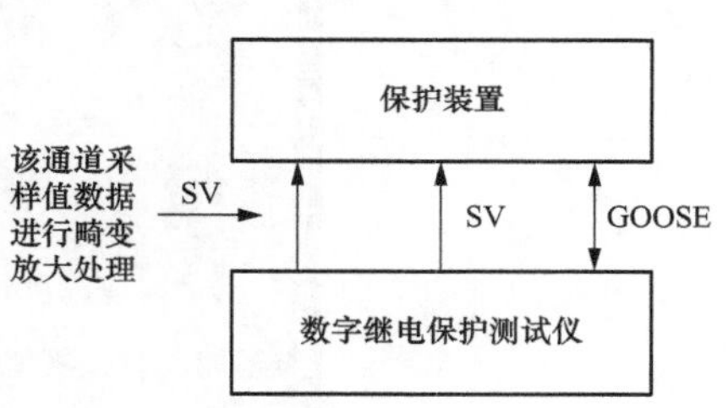

图 2-82 采样双 AD 不一致接线图

例如：检验双 AD 采样不一致情况下闭锁差动功能，将第一路采样输入 I_{a1} 设置 1A，将第二路采样输入设置为 0A，如图 2-83、图 2-84 所示。

通道	幅值	相角	频率
Ua1	57.700V	0.000°	50.000Hz
Ub1	57.700V	-120.000°	50.000Hz
Uc1	57.700V	120.000°	50.000Hz
Ux1	0.000V	0.000°	50.000Hz
Ia1	1.000A	0.000°	50.000Hz
Ib1	0.000A	-120.000°	50.000Hz
Ic1	0.000A	120.000°	50.000Hz
Ix1	0.000A	0.000°	50.000Hz

图 2-83 状态一 测试仪加量

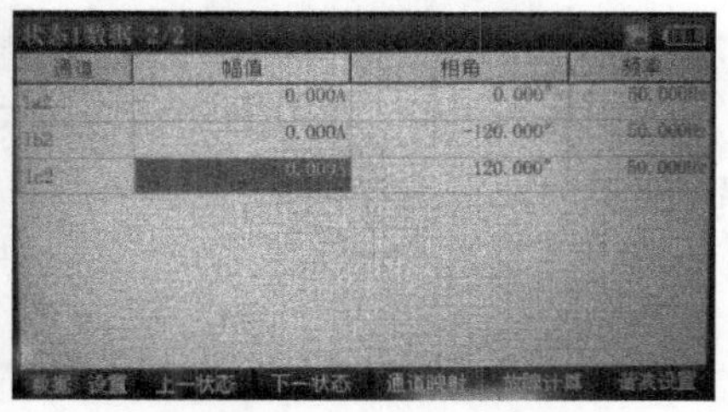

图 2-84 状态一 测试仪加量

在状态一采样双 AD 不一致闭锁情况下，输出故障量，模拟差动动作，检查此时保护动作情况，如图 2-85、图 2-86 所示。

检查保护装置动作情况，保护应可靠闭锁，如图 2-87 所示。

图 2-85 状态二 测试仪加量

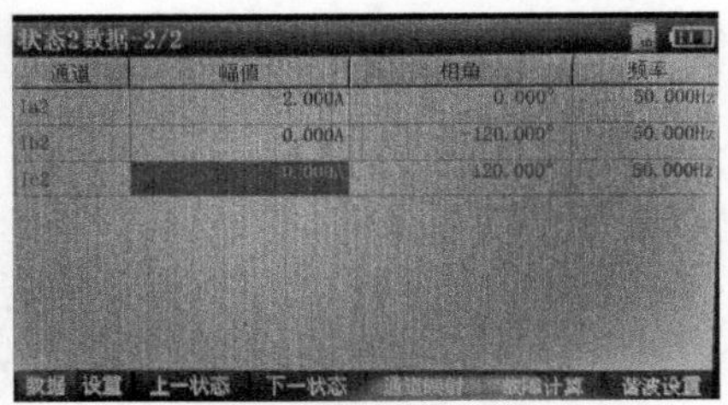

图 2-86 状态二 测试仪加量

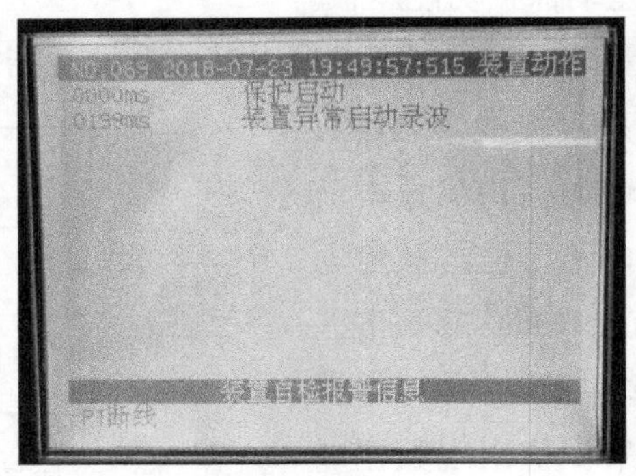

图 2-87 保护装置不动作

八、过负荷保护测试

测试方法如下：

（1）高压侧通入 0.95 倍振荡闭锁过流定值的模拟电流，装置无告警。

（2）通入 1.05 倍振荡闭锁过流定值的模拟电流，经 10s 报“高压侧过负荷告警”。

第三章

220kV母线保护装置验收

【项目描述】

本项目主要介绍 PCS-915A-DA-G 母线保护装置模拟量检查、开入量检查、定值核对及功能校验等内容。通过任务描述、知识要点、技能要领，了解保护装置特性，熟悉保护功能原理，掌握保护功能调试等内容。

任务一 模拟量检查

220kV 母线保护装置验收内容及操作方法与 220kV 线路保护的模拟量检查相同，参见第二章相关内容。

任务二 开入量检查

【任务描述】

本任务主要讲解刀闸位置、失灵接点的模拟导通和各压板的投退等内容。通过知识要点、技能（技术）要领等，掌握 PCS-915A-DA-G 母线保护装置开入量检查的具体内容。

【知识要点】

一、刀闸位置

双母线上各连接元件在系统运行中需要经常在两条母线上切换，可通过刀闸位置控制字定义支路连接于哪条母线，有助于保护正确识别母线的运行方式，进而直接影响到母线保护动作的正确性。

二、失灵接点开入检查

当有支路或母联间隔保护装置发出保护动作跳闸命令时，会向母线保护发送该间隔失灵接点开入量的 GOOSE 信号，检查母线保护能否收到该开入量。

三、母联开关位置及手合开入

母线保护装置通过母联开关位置、SHJ 开入完成母联充电保护。

四、其他开入量检查

通过硬压板投退和复归按钮操作以确定该回路是否正常。

【技能要领】

一、刀闸位置

测试方法如下：

（1）对该母线上所有支路间隔的开关母线侧闸刀（1G 和 2G）依次进行分、合闸操作。

（2）查看母线保护装置中闸刀位置 GOOSE 开入量。

二、失灵接点开入检查

测试方法如下：

（1）退出母线保护装置上其余支路对应的“启动失灵开入软压板”。

（2）投入母线保护装置上该支路（线路/主变）对应的“启动失灵开入软压板”。

（3）投入该支路（线路/主变）保护装置的“启失灵 GOOSE 发送软压板”。

（4）模拟该支路（线路/主变）保护故障或开出传动。

（5）在母线保护装置中查看该支路（线路/主变）的失灵开入信息。

（6）依次退出（2）、（3）中软压板，进行反向逻辑验证。

三、母联开关位置及 SHJ 开入检查

测试方法如下：

（1）对母联开关进行手分、手合操作。

（2）查看母线保护装置中母联开关位置 GOOSE 开入量和 SHJ 开入量。

四、其他开入量检查

测试方法如下：

（1）投退保护屏上的“远方修改定值”。

（2）投退“置检修状态”硬压板。

（3）操作复归按钮。

（4）查看保护装置是否收到该硬压板或复归按钮的开入信息。

五、操作案例

以线路失灵开入和投退“置检修状态”硬压板操作为例。

（1）线路失灵开入操作，如图 3-1、图 3-2 所示。

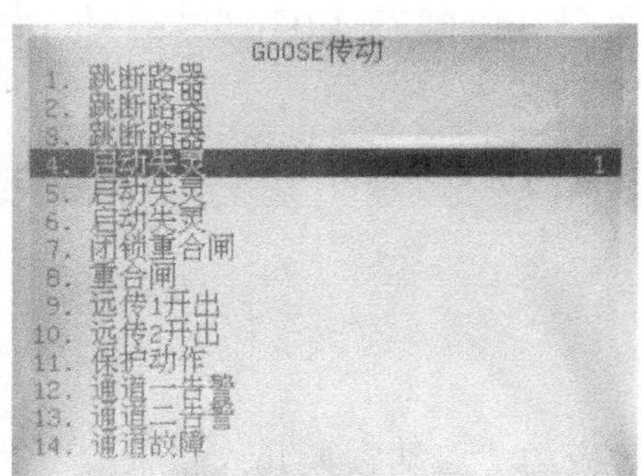

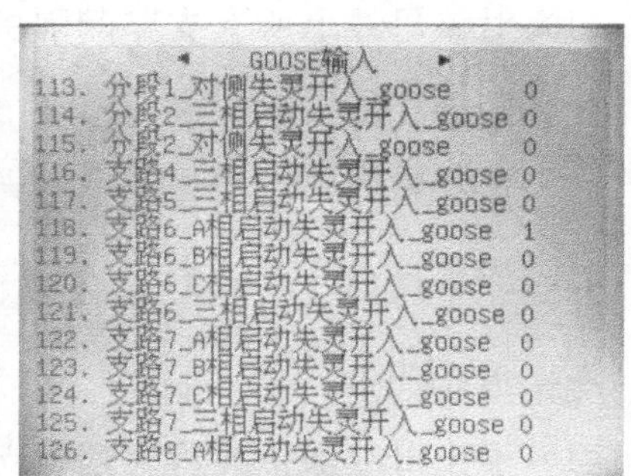

图 3-1 线路保护失灵开入传动试验　　图 3-2 母线保护装置上线路失灵开入信息

（2）投退“置检修状态”硬压板操作，如图 3-3、图 3-4 所示。

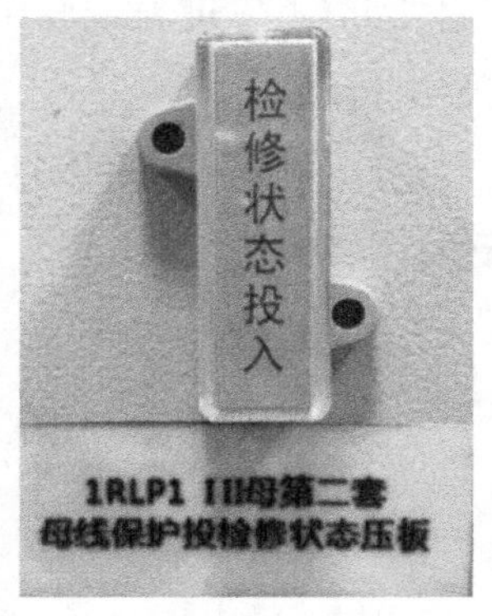

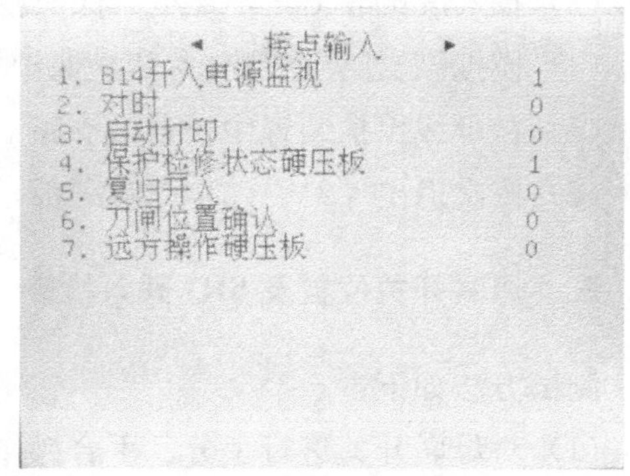

图 3-3 投“置检修状态”硬压板　　图 3-4 液晶屏显示“保护检修状态硬压板”开入

任务三 定值核对及功能校验

【任务描述】

本任务主要讲解定值核对、母线差动保护、断路器失灵保护、母联失灵保护和母联死区保护等定值核对及功能校验的具体内容。

【知识要点】

（1）定值核对。

（2）母线差动保护定值校验。

（3）复合电压闭锁定值校验。

（4）大差比率系数定值校验。

（5）断路器失灵保护。

（6）母联失灵保护。

（7）母联死区保护。

【技能要领】

一、定值核对

将最新的标准整定单与保护装置内定值进行一一核对。

二、母线差动保护定值校验

1. 保护原理

母线差动保护主要由大差元件、小差元件、TA 饱和检测元件、电压闭锁元件、运行方式识别元件构成。其中，大差电流是根据母线上所有连接元件（母联除外）电流采样值计算得到，用以区分母线区内和区外故障。小差电流由各段母线上所有连接元件（包括母联）电流采样值计算得到，用以选择故障母线。

区外故障时，母差保护不动作；区内故障且大差电流幅值大于差动保护启动电流定值时，母差保护动作；区内故障且大差电流幅值小于差动保护启动电流定值时，母差保护不动作。

2. 测试方法

本测试的差动保护启动电流定值为 1.5A。

（1）区外故障：

1）投入母差保护功能软压板和母差保护控制字。

2）任选同一条母线上的两条变比相同的支路，投入两条支路 SV 接收软压板。

3）电压开放，并对该两支路某相加入大小相等、方向相反的电流，电流幅值为 1.05 倍差动保护启动电流定值。大差电流、小差电流均为零，差动保护不动作。

（2）区内故障：

1）投入母差保护功能软压板和母差保护控制字。

2）任选一条母线上的一条支路，投入该条支路 SV 接收软压板。

3）电压开放，并加入 1.05 倍差动保护启动电流定值的电流，母线差动保护瞬时动作，切除母联及该支路所在母线上的所有支路，差动跳闸信号灯应亮。

（3）倒闸过程中母线区内故障：

1）母联开关合位，并投入母线互联软压板。

2）投入该支路开关母线侧两把闸刀（1G 和 2G）。

3）同“区内故障”测试步骤 1）、2）和 3）。

（4）以区内故障为例，1.05 倍电流时，测试仪加数字量信息如图 3-5 所示，保护装置动作报文、差动跳闸信号灯亮如图 3-6 所示。

三、复合电压闭锁定值校验

1. 保护原理

电压闭锁元件的判据为：

状态2数据

通道	幅值	相角	频率
Ua1	0.000V	-0.000°	50.000Hz
Ub1	0.000V	-120.000°	50.000Hz
Uc1	0.000V	120.000°	50.000Hz
Ux1	0.000V	0.000°	50.000Hz
Ia1	1.575A	0.000°	50.000Hz
Ib1	0.000A	-120.000°	50.000Hz
Ic1	0.000A	120.000°	50.000Hz
Ix1	0.000A	0.000°	50.000Hz

数据 设置　上一状态　下一状态　通道映射　故障计算　谐波设置

图 3-5　1.05 倍电流时，测试仪加数字量信息

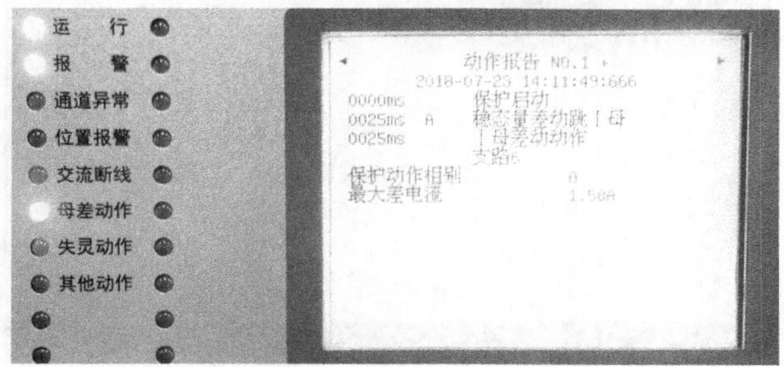

图 3-6　保护装置动作报文、差动跳闸信号灯亮

$$U_{\beta h} \leqslant U_{bs}$$

$$3U_0 \geqslant U_{0bs}$$

$$U_2 \geqslant U_{2bs}$$

其中$U_{\beta h}$为相电压；$3U_0$ 为三倍零序电压（自产）；U_2 为负序相电压；U_{bs}为相电压闭锁值，固定为 $0.7U_n$；U_{0bs}和U_{2bs}分别为零序、负序电压闭锁值，分别固定为 6V 和 4V。以上三个判据任一个动作时，电压闭锁元件开放。在动作于故障母线跳闸时，必须经相应的母线电压闭锁元件闭锁。对于双母双分的分段开关来说，差动跳分段不需经电压闭锁。

2. 测试方法

本测试的低电压闭锁定值为 40V；零序电压闭锁定值为 6V，则 A 相电压幅值为 $57.7-mU_{0bs}$，B 和 C 相电压幅值为正常值；负序电压闭锁定值为 4V，则 A 相电压幅值为 $57.7-m\times 3U_{2bs}$，B 和 C 相电压幅值为正常值。$m=1.05$ 时，复合电压闭锁元件开放；$m=0.95$ 时，复合电压闭锁元件不开放。

（1）投入母差保护功能软压板和母差保护控制字。

（2）加入三相电压，每相电压为 $0.95U_{bs}$，并对 A 相加入 1.05 倍差动保护启动电流；满足低电压闭锁开放条件，复合电压闭锁元件开放，差动保护动作。

（3）取 $m=1.05$，加入三相电压，满足零序或负序电压闭锁开放条件，并对 A 相加入为 1.05 倍差动保护启动电流，复合电压闭锁元件开放，差动保护动作。

（4）以低电压闭锁条件为例，测试仪加数字量信息如图 3-7 所示，保护装置动作报文、差动跳闸信号灯亮如图 3-8 所示。

状态2数据-1/2

通道	幅值	相角	频率
Ua1	0.000V	0.000°	50.000Hz
Ub1	0.000V	-120.000°	50.000Hz
Uc1	0.000V	120.000°	50.000Hz
Ux1	0.000V	0.000°	50.000Hz
Ua2	38.000V	0.000°	50.000Hz
Ub2	38.000V	-120.000°	50.000Hz
Uc2	38.000V	120.000°	50.000Hz
Ia1	1.575A	0.000°	50.000Hz

数据 设置 上一状态 下一状态 通道映射 故障计算 谐波设置

图 3-7 测试仪加数字量信息

图 3-8 保护装置动作报文、差动跳闸信号灯亮

四、大差比率系数定值校验

1. 保护原理

常规比率差动元件动作判据为：

$$\left|\sum_{j=1}^{m} I_j\right| > I_{cdzd}$$

$$\left|\sum_{j=1}^{m} I_j\right| > K\sum_{j=1}^{m}\left|I_j\right|$$

其中：K 为比率制动系数；I_j 为第 j 个连接元件的电流；I_{cdzd} 为差动电流启动定值。其动作特性曲线如图 3-9 所示。

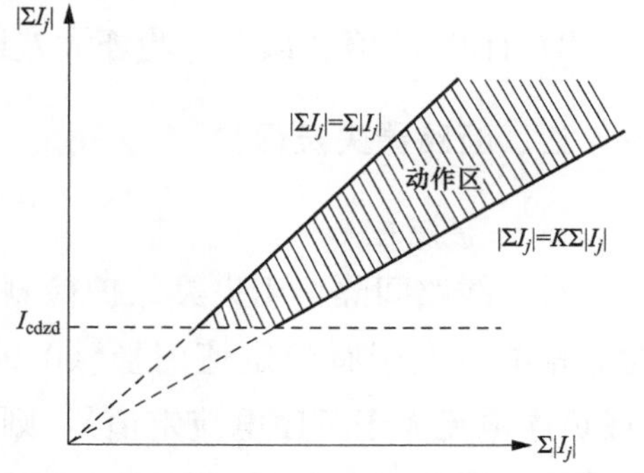

图 3-9　比率差动元件动作特性曲线

为防止在母联开关断开的情况下，弱电源侧母线发生故障时大差比率差动元件的灵敏度不够，比例差动元件的比率制动系数设高低两个定值：大差高值固定取 0.5，小差高值固定取 0.6；大差低值固定取 0.3，小差低值固定取 0.5。当大差高值和小差低值同时动作，或大差低值和小差高值同时动作时，比率差动元件动作。

2. 测试方法

本测试只验证大差比率系数高值和低值。母联开关处于合位时，进行大差比率系数高值校验；母联开关处于分位时，进行大差比率系数低值校验。大差比率系数误差不大于 5%。

（1）大差比率系数高值校验：

1）母联开关合位，并投入母线互联软压板。

2）同“区外故障”测试步骤 1）和 2）。

3）任选Ⅰ母上的两条变比相同的支路，并投入两条支路 SV 接收软压板。

4）再任选Ⅱ母线上一条变比相同的支路，并投入该支路 SV 接收软压板。

5）模拟区内Ⅱ母故障，电压开放。

6）对Ⅰ母上两条支路 A 相加入大小相同、方向相反的电流 I_1 和 I_2，对Ⅱ母上支路 A 相加入电流 I_3。

7）电流 I_1 和 I_2 幅值不变，以步长 0.05A 改变电流 I_3 幅值，使母差保护由“不动作”到“动作”，记录所加电流。

8）计算 K 值和误差，验证大差比率系数高值。

（2）大差比率系数低值校验：

1）母联开关分位，并投入母联分列软压板。

2）同“大差比率系数高值校验”测试步骤 2)～7)。

3）计算 K 值和误差，验证大差比率系数低值。

五、断路器失灵保护

1. 保护原理

对于线路间隔，当失灵保护检测到分相跳闸接点动作时，若该支路的对应相电流大于有流定值门槛（$0.04I_n$），且零序电流大于零序电流定值（或负序电流大于负序电流定值），则经过失灵保护电压闭锁后失灵保护动作跳闸；当失灵保护检测到三相跳闸接点均动作时，若三相电流均大于 $0.1I_n$ 且任一相电流工频变化量动作（引入电流工频变化量元件的目的是防止重负荷线路的负荷电流躲不过三相失灵相电流定值导致电流判据长期开放），则经过失灵保护电压闭锁后失灵保护动作跳闸。

对于主变间隔，当失灵保护检测到失灵启动接点动作时，若该支路的任一相电流大于三相失灵相电流定值，或零序电流大于零序电流定值（或负序电流大于负序电流定值），则经过失灵保护电压闭锁后失灵保护动作跳闸。

失灵保护动作 1 时限跳母联（或分段）开关，2 时限跳失灵开关所在母线的全部连接支路。任一支路失灵开入保持 10s 不返回，装置报“失灵长期启动”，同时将该支路失灵保护闭锁。

2. 测试方法

本测试的三相失灵相电流定值为 0.5A，失灵零序电流定值为 0.4A，失灵负序电流定值为 0.2A，失灵保护 1 时限为 0.2s，失灵保护 2 时限为 0.4s。当取 0.95 倍的电流定值时，失灵保护不动作；当取 1.05 倍的电流定值时，失灵保护动作。

（1）线路失灵保护校验：

1）投入失灵保护功能软压板、失灵保护控制字。

2）任选Ⅰ段母线上的一条线路支路，投入该支路 SV 接收软压板、启动失灵开入 GOOSE 接收软压板。

3）电压开放，对该支路加入 1.05 倍的三相失灵相电流定值。同时，用测试仪开入该支路对应相的分相失灵启动开入或三跳失灵启动开入GOOSE信号，开入时间不超过500ms。

4）失灵保护动作，经1时限切除母联，经2时限切除该段母线的其余所有支路，失灵跳闸信号灯亮。

5）在步骤3）中加入单相电流，幅值依次变为1.05倍的失灵零序电流定值和1.05倍的失灵负序电流定值，进行失灵零序电流定值和失灵负序电流定值校验。

（2）主变失灵保护校验：

1）投入失灵保护功能软压板、失灵保护控制字。

2）任选Ⅰ段母线上的一条主变支路，投入该支路SV接收软压板、启动失灵开入GOOSE接收软压板。

3）电压开放，对主变支路加入1.05倍的三相失灵相电流定值。同时，用测试仪开入该支路三跳失灵启动开入GOOSE信号，开入时间不超过500ms。

4）失灵保护动作，经1时限切除母联，经2时限切除该段母线的其余所有支路，失灵跳闸信号灯亮。

5）在步骤3）中加入单相电流，幅值依次变为1.05倍的失灵零序电流定值和1.05倍的失灵负序电流定值，进行失灵零序电流定值和失灵负序电流定值校验。

（3）以线路失灵保护校验为例，测试仪加数字量信息如图3-10所示，保护装置动作报文、失灵跳闸信号灯亮如图3-11所示。

状态2数据

通道	幅值	相角	频率
Ua1	0.000V	-0.000°	50.000Hz
Ub1	0.000V	-120.000°	50.000Hz
Uc1	0.000V	120.000°	50.000Hz
Ux1	0.000V	0.000°	50.000Hz
Ia1	0.420A	0.000°	50.000Hz
Ib1	0.000A	-120.000°	50.000Hz
Ic1	0.000A	120.000°	50.000Hz
Ix1	0.000A	0.000°	50.000Hz

数据 设置 上一状态 下一状态 通道映射 故障计算 谐波设置

图3-10 测试仪加数字量信息

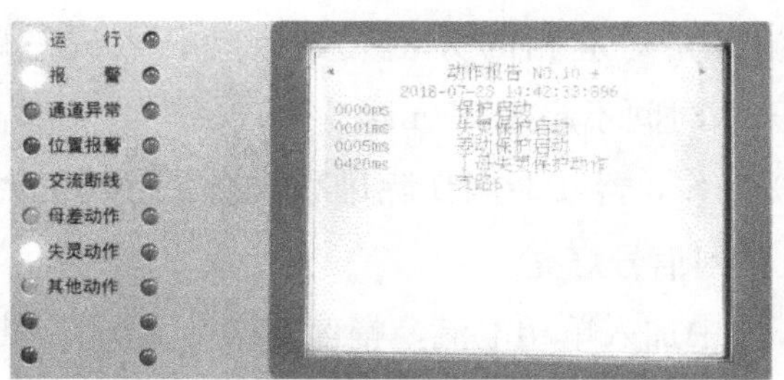

图 3-11　保护装置动作报文、失灵跳闸信号灯亮

六、母联失灵保护

1. 保护原理

当母差保护或者母联过流保护动作向母联发跳令后，经整定延时母联电流仍然大于母联失灵电流定值时，母联失灵保护经各母线电压闭锁分别跳相应的母线。

装置具备外部保护启动本装置的母联失灵保护功能，当装置检测到“母联_三相启动失灵开入”后，经整定延时母联电流仍然大于母联失灵电流定值时，母联失灵保护分别经相应母线电压闭锁后经母联分段失灵时间切除相应母线上的分段开关及其他所有连接元件。该开入若保持 10s 不返回，装置报“母联失灵长期启动”，同时退出该启动功能。

2. 测试方法

本测试的母联分段失灵电流定值为 0.8A，母联分段失灵时间为 0.2s。当取 0.95 倍的电流定值时，母联失灵保护不动作；当取 1.05 倍的电流定值时，母联失灵保护动作。注意：由于该套母联保护装置至母线保护装置没有启失灵回路，故采用母差保护启失灵的方式进行功能校验。

（1）母联开关合位，且退出母联保护跳闸出口压板。

（2）在Ⅰ母和Ⅱ母上各选一条变比相同的线路支路，投入该两条支路间隔的 SV 接收软压板。

（3）电压开放，并对该两条支路 A 相通入大小相等、方向相同的电流，对母联间隔通入大小相等、方向相反的电流，使Ⅱ母差动保护动作。

（4）继续对Ⅰ母支路和母联间隔 A 相通入大小相等、方向相反的电流。

（5）延时 200ms 后，失灵保护动作，切除Ⅰ母上所有间隔的开关。

（6）以母联失灵保护校验为例，测试仪加数字量信息如图 3-12 所示，母联失灵保护动作如图 3-13 所示。

状态2数据-1/2

通道	幅值	相角	频率
Ua1	0.000V	-0.000°	50.000Hz
Ub1	0.000V	-120.000°	50.000Hz
Uc1	0.000V	120.000°	50.000Hz
Ux1	0.000V	0.000°	50.000Hz
Ia1	2.000A	0.000°	50.000Hz
Ib1	0.000A	-120.000°	50.000Hz
Ic1	0.000A	120.000°	50.000Hz
Ix1	0.000A	0.000°	50.000Hz

数据 设置 上一状态 下一状态 通道映射 故障计算 谐波设置

状态2数据-2/2

通道	幅值	相角	频率
Ia2	2.000A	180.000°	50.000Hz
Ib2	0.000A	120.000°	50.000Hz
Ic2	0.000A	120.000°	50.000Hz
Ia3	2.000A	0.000°	50.000Hz
Ib3	0.000A	-120.000°	50.000Hz
Ic3	0.000A	120.000°	50.000Hz

数据 设置 上一状态 下一状态 通道映射 故障计算 谐波设置

图 3-12　测试仪加数字量信息

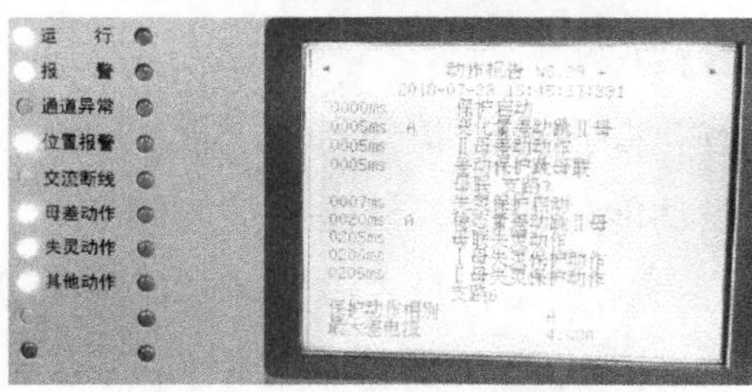

图 3-13　母联失灵保护动作

七、母联死区保护

1. 保护原理

母联死区保护在差动保护发出母线跳闸命令且母联断路器已跳开，但母联 TA 仍然有电流，且大差元件及断路器侧小差元件不返回的情况下，经一定延时后判定为死区故障，母联 TA 退出小差计算，由差动保护发出跳闸命令切除死区故障。

为防止母联在跳位时发生死区故障将母线全切除，当保护未启动，两母线处运行状态、母联分列运行压板投入且母联在跳位时，母联电流不计入小差。

2. 测试方法

对母线在并列运行和分列运行两种状态下分别进行测试。母线并列运行时，母联开关跳开后的母联 TA 值要大于 $0.1I_n$，经 150ms 延时后，母联 TA 退出小差计算；母线分列运行时，母联开关跳开后的母联 TA 值要大于 $0.04I_n$，经 400ms 延时后，母联 TA 退出小差计算。

(1) 母线并列运行：

1) 母联开关合位，投入母差保护功能软压板、母差保护控制字和母联间隔 SV 接收软压板。

2) 在Ⅰ母和Ⅱ母上各选一条变比相同的线路支路，投入该两条支路间隔的 SV 接收软压板。

3) 电压开放，并对该两条支路 A 相通入大小相等、方向相同的电流，对母联间隔通入大小相等、方向相反的电流，使Ⅱ母差动保护动作。

4) 继续对Ⅰ母支路和母联间隔 A 相通入大小相等、方向相反的电流。

5) 延时 150ms 后，母差保护动作，切除Ⅰ母上所有间隔的开关。

(2) 母线分列运行：

1) 母联开关分位，并投入母联分列软压板。

2) 投入母差保护功能软压板、母差保护控制字。

3) 在Ⅰ母任选一条线路支路，投入该支路和母联间隔的 SV 接收软压板。

4) Ⅰ母电压开放，并对该条支路和母联间隔 A 相通入大小相等、方向相反的电流，母差保护动作，切除Ⅰ母上所有间隔的开关。

(3) 以母联分列运行为例进行母联死区保护校验，测试仪加数字量信息如图 3-14 所示，死区保护动作如图 3-15 所示。

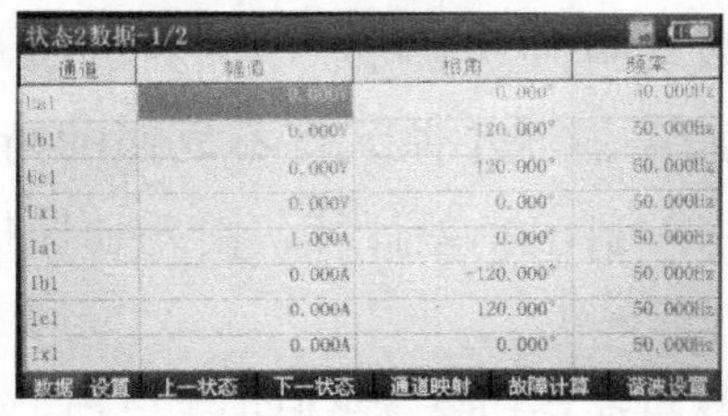

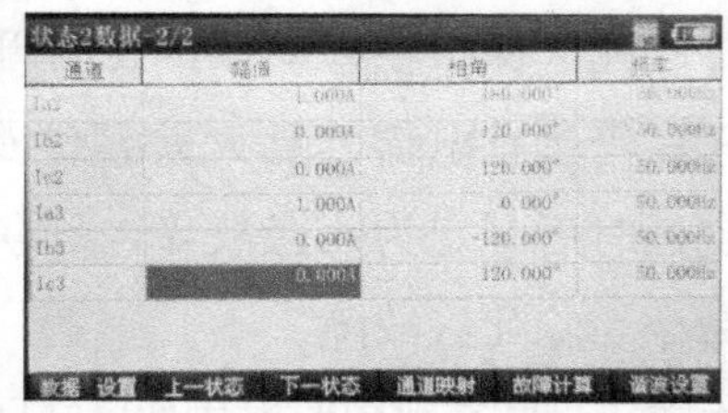

图 3-14 测试仪加数字量信息

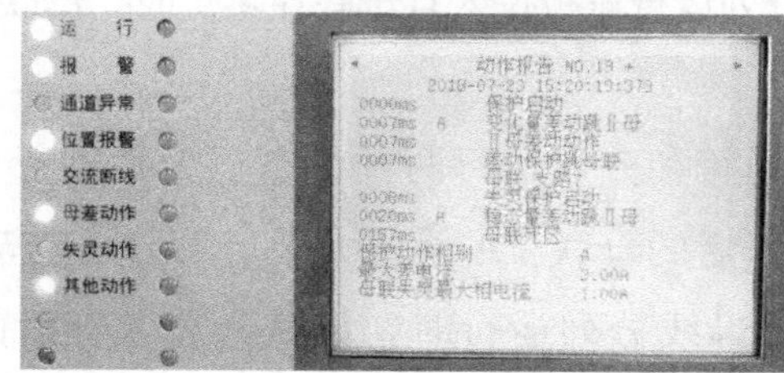

图 3-15 死区保护动作

第四章

220kV主变保护装置验收

项目一

220kV主变保护(NSR-378T2-DA-G)装置验收

【项目描述】

本项目包含模拟量检查、开关量检查、定值核对及功能校验等内容。本项目编排以 DL/T 995—2006《继电保护和电网安全自动装置检验规程》、Q/GDW 1809—2012《智能变电站继电保护校验规程》、Q/GDW 441—2010《智能变电站继电保护技术规范》、Q/GBT 32901—2016《智能变电站继电保护通用技术条件》、Q/GDW 1810—2015《智能变电站继电保护装置检验测试规范》、Q/GDW 11263—2014《智能变电站继电保护试验装置通用技术条件》和《NSR-378T2 变压器保护装置技术和使用说明书》为依据，并融合了变电二次现场作业管理规范的内容，结合实际作业情况等内容。通过本节内容的学习，了解主变压器（简称主变）保护的工作原理，熟悉保护装置的内部回路，掌握常规校验的项目。

任务一　模拟量检查

【任务描述】

本任务主要讲解模拟量检查内容。通过 SCD 可视化查看软件对 SV 虚端子进行检查，了解装置采样 SVLD 逻辑节点的基本构成，熟悉保护装置与合并单元之间的虚端子连接方式；熟练使用手持光数字测试仪对保护装置进行加量，了解零漂检查、模拟量幅值线性度检验、模拟量相位特性检验的意义和操作流程。

【知识要点】

（1）虚端子回路的检查。

（2）保护装置模拟量查看及采样特性检查。

【技能要领】

一、SV 虚端子检查

根据设计虚端子表进行检查，如图 4-1 所示。检查 SV 虚端子连线有没有错位，有没有少连或者多连，如果发现合并单元模型文件没有设计需要的采样量，则需要更改合并单元模型文件。注意同一电流采样 SV 数据供不同保护使用时，需保护根据实际需求，各自选择连接正极性还是负极性。

PISV 合并单元SV　LLN0 LLN0　视图

	外部信号	外部信号描述	接	内部信号	内部信号描述
1	MT2201AMU/LLN0.DelayTRtg	#1主变高压侧第一套合并单元/额定延迟时间		PISV/SVINGGIO2.DelayTRtg	高压1侧MU额定延时
2	MT2201AMU/TCTR1.Amp	#1主变高压侧第一套合并单元/5P保护电流A相1		PISV/SVINGGIO2.SvIn1	高压1侧A相电流Ih1a1
3	MT2201AMU/TCTR1.AmpChB	#1主变高压侧第一套合并单元/5P保护电流A相2		PISV/SVINGGIO2.SvIn2	高压1侧A相电流Ih1a2
4	MT2201AMU/TCTR2.Amp	#1主变高压侧第一套合并单元/5P保护电流B相1		PISV/SVINGGIO2.SvIn3	高压1侧B相电流Ih1b1
5	MT2201AMU/TCTR2.AmpChB	#1主变高压侧第一套合并单元/5P保护电流B相2		PISV/SVINGGIO2.SvIn4	高压1侧B相电流Ih1b2
6	MT2201AMU/TCTR3.Amp	#1主变高压侧第一套合并单元/5P保护电流C相1		PISV/SVINGGIO2.SvIn5	高压1侧C相电流Ih1c1
7	MT2201AMU/TCTR3.AmpChB	#1主变高压侧第一套合并单元/5P保护电流C相2		PISV/SVINGGIO2.SvIn6	高压1侧C相电流Ih1c2
8	MT2201AMU/TCTR7.Amp	#1主变高压侧第一套合并单元/TP中性点零序电流1		PISV/SVINGGIO2.SvIn7	高压侧零序电流Ih01
9	MT2201AMU/TCTR7.AmpChB	#1主变高压侧第一套合并单元/TP中性点零序电流2		PISV/SVINGGIO2.SvIn8	高压侧零序电流Ih02
10	MT2201AMU/TCTR8.Amp	#1主变高压侧第一套合并单元/5P中性点间隙电流1		PISV/SVINGGIO2.SvIn9	高压侧间隙电流Ihj1
11	MT2201AMU/TCTR8.AmpChB	#1主变高压侧第一套合并单元/5P中性点间隙电流2		PISV/SVINGGIO2.SvIn10	高压侧间隙电流Ihj2
12	MT2201AMU/TVTR2.Vol	#1主变高压侧第一套合并单元/保护电压A相1		PISV/SVINGGIO1.SvIn1	高压侧A相电压Uha1
13	MT2201AMU/TVTR2.VolChB	#1主变高压侧第一套合并单元/保护电压A相2		PISV/SVINGGIO1.SvIn2	高压侧A相电压Uha2
14	MT2201AMU/TVTR3.Vol	#1主变高压侧第一套合并单元/保护电压B相1		PISV/SVINGGIO1.SvIn3	高压侧B相电压Uhb1
15	MT2201AMU/TVTR3.VolChB	#1主变高压侧第一套合并单元/保护电压B相2		PISV/SVINGGIO1.SvIn4	高压侧B相电压Uhb2
16	MT2201AMU/TVTR4.Vol	#1主变高压侧第一套合并单元/保护电压C相1		PISV/SVINGGIO1.SvIn5	高压侧C相电压Uhc1
17	MT2201AMU/TVTR4.VolChB	#1主变高压侧第一套合并单元/保护电压C相2		PISV/SVINGGIO1.SvIn6	高压侧C相电压Uhc2
18	MT2201AMU/TVTR9.Vol	#1主变高压侧第一套合并单元/零序电压1		PISV/SVINGGIO1.SvIn7	高压侧零序电压Uh01
19	MT2201AMU/TVTR9.VolChB	#1主变高压侧第一套合并单元/零序电压2		PISV/SVINGGIO1.SvIn8	高压侧零序电压Uh02
20	MT1101AMU/LLN0.DelayTRtg	#1主变中压侧第一套合并单元/额定延迟时间		PISV/SVINGGIO4.DelayTRtg	中压侧MU额定延时
21	MT1101AMU/TCTR1.Amp	#1主变中压侧第一套合并单元/5P保护电流A相1		PISV/SVINGGIO4.SvIn9	中压侧A相电流Ima1
22	MT1101AMU/TCTR1.AmpChB	#1主变中压侧第一套合并单元/5P保护电流A相2		PISV/SVINGGIO4.SvIn10	中压侧A相电流Ima2
23	MT1101AMU/TCTR2.Amp	#1主变中压侧第一套合并单元/5P保护电流B相1		PISV/SVINGGIO4.SvIn11	中压侧B相电流Imb1
24	MT1101AMU/TCTR2.AmpChB	#1主变中压侧第一套合并单元/5P保护电流B相2		PISV/SVINGGIO4.SvIn12	中压侧B相电流Imb2
25	MT1101AMU/TCTR3.Amp	#1主变中压侧第一套合并单元/5P保护电流C相1		PISV/SVINGGIO4.SvIn13	中压侧C相电流Imc1
26	MT1101AMU/TCTR3.AmpChB	#1主变中压侧第一套合并单元/5P保护电流C相2		PISV/SVINGGIO4.SvIn14	中压侧C相电流Imc2
27	MT1101AMU/TCTR7.Amp	#1主变中压侧第一套合并单元/TP中性点零序电流1		PISV/SVINGGIO4.SvIn15	中压侧零序电流Im01

图 4-1　虚端子表截图

二、模拟量采样检查

对于智能站的 SV 采样保护装置，检查内容有零漂检查、模拟量幅值线性度检验、模拟量相位特性检验，采用手持光数字测试仪进行测试。

（一）零漂检验

1. 测试方法

（1）退出保护装置的 SV 接收软压板。

（2）查看各侧三相电流、三相母线电压、零序电流、间隙电流和零序电压的零点漂移。

2. 合格判据

要求 5min 内电流通道应小于 0.5A（TA 额定值 5A）或 0.1A（TA 额定值 1A），电压通道应小于 0.5V。

（二）幅值特性检验

1. 测试方法

（1）投“SV 接收软压板”。

（2）在交流电压测试时可以用测试仪为保护装置输入电压，用同时加对称正序三相电压方法检验采样数据，交流电压分别为1、5、30、60V。

（3）在电流测试时可以用测试仪为保护装置输入电流，同时施加对称正序三相电流方法检验采样数据，电流分别为$0.05I_n$、$0.1I_n$、$2I_n$、$5I_n$。

（4）用数字测试仪为保护装置输入外接零序电压、外接零序电流和间隙电流，比较采样显示值与测试仪所加模拟量。

2. 合格判据

检查保护测量和启动测量的交流量采样精度，其误差应小于±5%。

（三）相位特性检验

1. 测试方法

（1）投“SV接收软压板”。

（2）通过测试仪加入$0.1I_n$电流、U_n电压值，调节电流、电压相位，分别为0°、120°。

2. 合格判据

要求保护装置的相位显示值与外部测试仪所加值的误差应不大于3°。

任务二 开关量检查

【任务描述】

本任务主要讲解开关量检查内容。通过对保护装置硬压板以及面板的操作，了解装置开入的原理及功能，掌握手持光数字测试仪模拟被开出对象，对开入量实时侦测功能的使用。

【知识要点】

（1）检修硬压板、远方操作硬压板和复归开入量的检查。

（2）失灵联跳开入量检查。

【技能要领】

一、检修硬压板、远方操作硬压板和复归开入量的检查

测试方法如下：

（1）投、退“置检修状态”硬压板。

（2）投、退“远方操作”硬压板。

（3）操作复归按钮。

（4）查看保护装置是否收到该硬压板或复归按钮的开入信息。

二、失灵联跳开入量检查

测试方法如下：

（1）退出母差保护其他支路所有GOOSE出口软压板。

（2）投入母差保护该主变支路失灵联跳出口软压板。

（3）投“高压侧失灵联跳开入软压板”。

（4）模拟主变保护动作启动母线保护失灵功能。

（5）模拟母差保护的主变支路失灵动作或开出传动失灵联跳。

（6）查看主变保护“高压侧失灵联跳开入”。

任务三　定值核对及功能校验

【任务描述】

本任务主要讲解定值核对及功能校验内容。通过对保护装置定值功能的使用，熟练掌握查看、修改定值的操作；通过纵差差动保护校验，熟悉保护的动作原理及特征，掌握纵差保护、高压侧后备保护和失灵联跳功能的调试方法。

【知识要点】

（1）定值单核对。

（2）纵差差动定值校验。

(3) 高压侧复压闭锁方向过流保护校验。

(4) 高压侧零序方向过流保护校验。

(5) 过负荷告警测试。

(6) 失灵联跳功能测试。

【技能要领】

一、定值核对

将最新的标准整定单与保护装置内定值进行一一核对。

二、纵差差动定值校验

校验保护定值时需投入差动保护的功能压板，投入各侧 SV 接收软压板。

(一) 检查内容

检查设备的定值设置，以及相应的保护功能和安全自动功能是否正常。

(二) 检查方法

设置好设备的定值，通过测试系统给设备加入电流、电压量，观察设备面板显示和保护测试仪显示，记录设备动作情况和动作时间。

(三) 差动速动段校验

1. 测试方法

(1) 投入差动保护功能软压板。

(2) 投入保护控制字“纵差差动速断保护”。

(3) 模拟故障，设置测试仪输入故障电流 $I=mI_{dz}$（I_{dz}为差动速断电流定值），故障持续时间小于 30ms。

(4) 模拟故障，设置故障电流为 1.05 倍差动速断电流定值，应可靠动作。

(5) 模拟故障，设置故障电流为 0.95 倍差动速断电流定值，应可靠不动作。

(6) 模拟故障，设置故障电流为 2 倍差动速断电流定值，测试保报动作时间。

2. 测试实例

校验差动速断电流定值（差动速断电流定值为 6 倍高压侧额定电流，高压侧额定电流为 0.314A）步骤如下：

模拟故障电流为 1.05 倍速断电流定值，设置测试仪输入故障电流 $I=\sqrt{3}\times1.05I_{dz}=3.426\text{A}$（见图 4-2），保护动作情况如图 4-3 所示。

状态2数据

通道	幅值	相角	频率
Ua1	10.000V	-0.000°	50.000Hz
Ub1	57.000V	-120.000°	50.000Hz
Uc1	57.000V	120.000°	50.000Hz
Ux1	0.000V	0.000°	50.000Hz
Ia1	3.426A	-45.000°	50.000Hz
Ib1	0.000A	0.000°	50.000Hz
Ic1	0.000A	0.000°	50.000Hz
Ix1	0.000A	-135.000°	50.000Hz

数据设置 上一状态 下一状态 通道映射 故障计算 谐波设置

图 4-2 测试仪所加量

整组报告
0033 2018-07-23 22:39:20:973
0ms 保护启动
20ms 纵差保护
20ms 纵差差动速断
纵差差流A 6.282 Ie
纵差差流B 0.000 Ie
纵差差流C 6.282 Ie
高压侧最大相电流 3.426 A
高压侧自产零序电流 3.426 A
高压侧外接零序电流 0.000 A
高压侧间隙零序电流 0.000 A
高压侧零序电压 0.000 V
中压侧最大相电流 0.000 A
01区 2018-07-23 22:39:47

图 4-3 保护动作情况

模拟故障电流为 0.95 倍速断电流定值，设置测试仪输入故障电流 $I=\sqrt{3}\times0.95I_{dz}=3.1\text{A}$（见图 4-4），保护动作情况如图 4-5 所示。

状态2数据

通道	幅值	相角	频率
Ua1	10.000V	-0.000°	50.000Hz
Ub1	57.000V	-120.000°	50.000Hz
Uc1	57.000V	120.000°	50.000Hz
Ux1	0.000V	0.000°	50.000Hz
Ia1	3.100A	-45.000°	50.000Hz
Ib1	0.000A	0.000°	50.000Hz
Ic1	0.000A	0.000°	50.000Hz
Ix1	0.000A	-135.000°	50.000Hz

数据设置 上一状态 下一状态 通道映射 故障计算 谐波设置

图 4-4 测试仪所加量

整组报告
0034 2018-07-23 22:43:46:620
0ms 保护启动
20ms 纵差保护
纵差差流A 5.684 Ie
纵差差流B 0.000 Ie
纵差差流C 5.684 Ie
高压侧最大相电流 3.100 A
高压侧自产零序电流 3.100 A
高压侧外接零序电流 0.000 A
高压侧间隙零序电流 0.000 A
高压侧零序电压 47.004 V
中压侧最大相电流 0.000 A
中压侧自产零序电流 0.000 A
01区 2018-07-23 22:44:11

图 4-5 保护动作情况

模拟故障电流为 2 倍速断电流定值，设置测试仪输入故障电流 $I=\sqrt{3}\times2I_{dz}=6.527\text{A}$，测试动作时间，结果如图 4-6 所示。

（四）比率制动特性检验

1. 保护原理

比率差动动作曲线如图 4-7 所示。

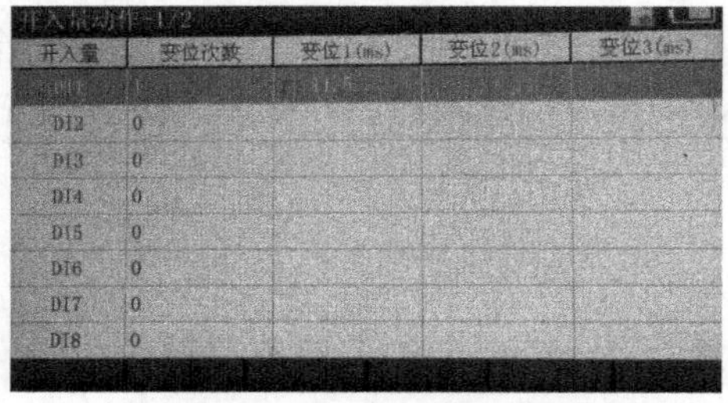

开入量动作-1/2

开入量	变位次数	变位1(ms)	变位2(ms)	变位3(ms)
DI1	1	[illegible]		
DI2	0			
DI3	0			
DI4	0			
DI5	0			
DI6	0			
DI7	0			
DI8	0			

图 4-6 测试仪测量动作时间结果

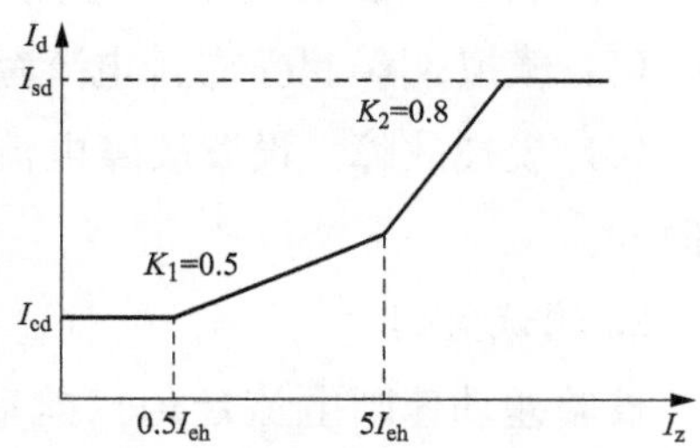

图 4-7 比率差动动作曲线

稳态比率差动动作方程如下：

$$\begin{cases} I_d > I_{cdqd} & I_r < 0.5I_e \\ I_d > K_{b1}(I_r - 0.5I_e) + I_{cdqd} & 0.5I_e \leqslant I_r < 5I_e \\ I_d > K_{b2}(I_r - 5I_e) + K_{b1}(4.5I_e) + I_{cdqd} & I_r \geqslant 5I_e \\ I_r = \dfrac{1}{2}\sum\limits_{i=1}^{m} |I_i| \\ I_d = \left|\sum\limits_{i=1}^{m} I_i\right| \end{cases}$$

式中：I_r 为制动电流；I_d 为差动电流；I_e 为变压器额定电流；I_{cdqd} 为稳态比率差动启动定值；I_i 为变压器各侧电流；K_{b1} 为比率制动系数整定值。

2. 测试方法

(1) 投入差动保护软压板。

(2) 投入保护控制字“纵差差动保护”。

(3) 退出其他保护软压板、控制字。

(4) 高压侧A相加入电流$\sqrt{3}I_{he}\angle 0°$，低压侧A相加入电流 $I_{he}\angle 180°$，低压侧C相加入电流 $I_{he}\angle 0°$。以0.001A步长减小低压侧A相电流使装置产生纵差A相差流直到保护动作，记录下保护动作时的制动电流和差流。

(5) 改变高压侧A相加入电流为 $2\sqrt{3}I_{he}\angle 0°$，低压侧A相加入电流 $2I_{le}\angle 180°$，低压侧C相加入电流 $2I_{he}\angle 0°$。以0.001A步长减小低压侧A相电流使装置产生纵差A相差流直到保护动作，记录下保护动作时的制动电流和差流。

(6) 由两次试验记录下来的点，得到制动曲线。

(7) 利用以上方法，得到差动各段曲线。

三、高压侧复压闭锁方向过流定值检验

1. 保护原理

方向元件采用正序电压，并带有记忆，近处三相短路时方向元件无死区。接线方式为0°接线方式。灵敏角固定45°，可选指向主变或指向母线，

如图 4-8 所示，阴影部分为动作区。

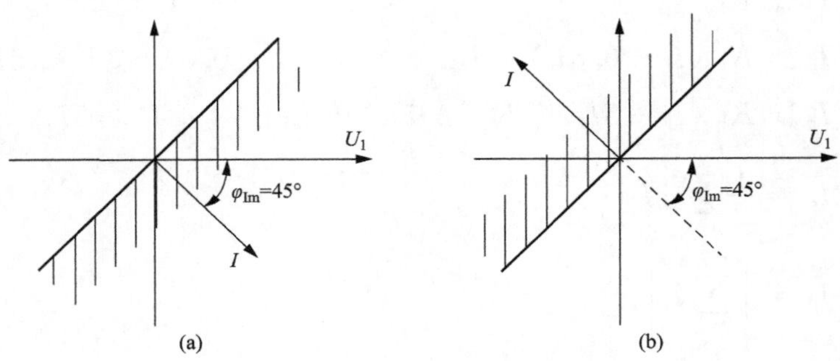

图 4-8 方向元件动作特性
(a) 指向主变；(b) 指向母线

2. 测试方法

(1) 投入高压侧后备保护软压板。

(2) 投入高压侧复压过流 1 段 1 时限控制字。

(3) 退出其他保护软压板、控制字。

(4) 高压侧复压过流 1 段 1 时限，在 0.95 倍电流定值时，可靠不动作。

(5) 高压侧复压过流 1 段 1 时限，在 1.05 倍电流定值时，可靠动作。

(6) 高压侧复压过流 1 段 1 时限，在 1.2 倍电流定值时，可靠动作，测量保护动作时间。

(7) 利用上述方法，测试高压侧复压过流各段各时限，保护应正确动作。

(8) 投高压侧 TV，退其他侧 TV。

(9) 高压侧通入 1.2 倍电流定值的电流，通入正常电压。

(10) 同时以 0.5V 步长降低三相电压直到保护动作，该动作值应满足低电压闭锁定值。

(11) 高压侧通入 1.2 倍电流定值的电流，通入正常电压。

(12) 以 0.5V 步长降低单相电压直到保护动作，该负序电压应满足负序电压闭锁定值。

(13) 高压侧通入 1.2 倍电流定值的电流，A 相电压 20V∠0°，电流角度从 0°～360°改变，测试保护动作范围，误差不大于 3°，并计算保护动作灵敏角。

（14）其他侧测试方法同上。

3. 测试实例

（1）高压侧复压闭锁方向过流Ⅰ段1时限定值校验（定值0.25A，时间3.2s）。

1）设置测试仪输入故障电流 $I=1.05\ I_{dz}=0.263$A（见图4-9），保护动作情况如图4-10所示。

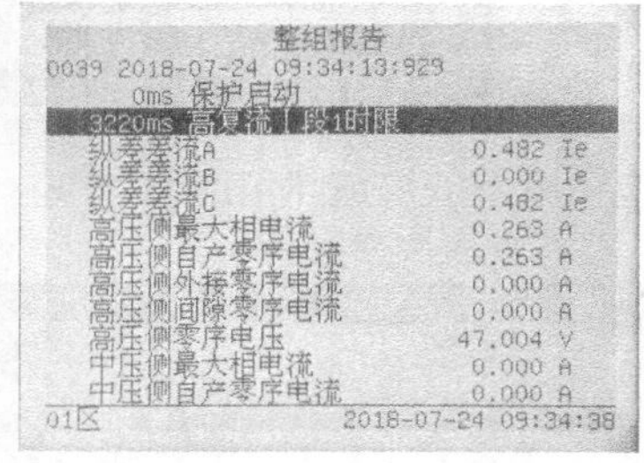

图4-9　测试仪所加量　　图4-10　保护动作情况

2）设置测试仪输入故障电流 $I=0.95\ I_{dz}=0.237$A，高压侧复压闭锁方向过流Ⅰ段1时限不动作。

3）设置测试仪输入故障电流 $I=1.2\ I_{dz}=0.3$A（见图4-11），保护动作情况如图4-12所示，测试高压侧复压闭锁方向过流Ⅰ段1时限动作时间，测试结果如图4-13所示。

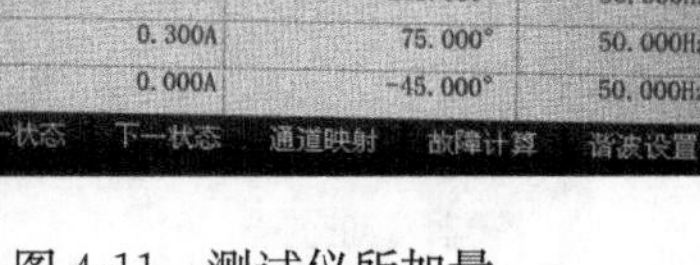

图4-11　测试仪所加量　　图4-12　保护动作情况

（2）高压侧复压闭锁低电压定值校验。测试仪初始状态如图4-14所示，给测试仪加上1.2倍复压闭锁过流Ⅰ段1时限定值电流，电压为正常电压，以 0.5V 步长同时降低三相电压，直至保护动作（见图 4-15），测得复压闭锁低电压定值，保护动作情况如图 4-16 所示。

开入量动作-1/2

开入量	变位次数	变位1(ms)	变位2(ms)	变位3(ms)
DI1	1	[illegible]		
DI2	0			
DI3	0			
DI4	0			
DI5	0			
DI6	0			
DI7	0			
DI8	0			

图 4-13　动作时间测试结果

电压电流

通道	幅值	相角	频率	步长
Ua1	57.000V	0.000°	50.000Hz	0.500V
Ub1	57.000V	-120.000°	50.000Hz	0.500V
Uc1	[illegible]	120.000°	50.000Hz	0.500V
Ux1	0.000V	0.000°	50.000Hz	0.000V
Ia1	0.300A	-45.000°	50.000Hz	0.000A
Ib1	0.300A	-165.000°	50.000Hz	0.000A
Ic1	0.300A	75.000°	50.000Hz	0.000A
Ix1	0.000A	0.000°	50.000Hz	0.000A

发送　加　减　扩展菜单

图 4-14　测试仪初始状态

电压电流

通道	幅值	相角	频率	步长
Ua1	40.000V	0.000°	50.000Hz	0.500V
Ub1	40.000V	-120.000°	50.000Hz	0.500V
Uc1	40.000V	120.000°	50.000Hz	[illegible]
Ux1	0.000V	0.000°	50.000Hz	0.000V
Ia1	0.300A	-45.000°	50.000Hz	0.000A
Ib1	0.300A	-165.000°	50.000Hz	0.000A
Ic1	0.300A	75.000°	50.000Hz	0.000A
Ix1	0.000A	0.000°	50.000Hz	0.000A

发送　加　减　扩展菜单

图 4-15　保护动作时测试仪所加量

整组报告

0040 2018-07-24 09:38:11:906

0ms 保护启动

3213ms 高复流Ⅰ段1时限

纵差差流A	0.953 Ie
纵差差流B	0.953 Ie
纵差差流C	0.953 Ie
高压侧最大相电流	0.300 A
高压侧自产零序电流	0.000 A
高压侧外接零序电流	0.000 A
高压侧间隙零序电流	0.000 A
高压侧零序电压	0.000 V
中压侧最大相电流	0.000 A
中压侧自产零序电流	0.000 A

01区　2018-07-24 09:38:32

图 4-16　保护动作情况

（3）高压侧复压闭锁负序电压定值校验。测试仪初始状态，如图 4-17 所示，给测试仪加上 1.2 倍复压闭锁过流Ⅰ段 1 时限定值电流，电压为正常电压，以 0.5V 步长降低 A 相电压，直至保护动作（见图 4-18），测得复压闭锁负序电压定值，保护动作情况如图 4-19 所示。

电压电流

通道	幅值	相角	频率	步长
Ua1	57.000V	0.000°	50.000Hz	0.500V
Ub1	57.000V	-120.000°	50.000Hz	0.000V
Uc1	57.000V	120.000°	50.000Hz	0.000V
Ux1	[illegible]	0.000°	50.000Hz	0.000V
Ia1	0.300A	-45.000°	50.000Hz	0.000A
Ib1	0.000A	0.000°	50.000Hz	0.000A
Ic1	0.000A	0.000°	50.000Hz	0.000A
Ix1	0.000A	0.000°	50.000Hz	0.000A

发送　加　减　扩展菜单

图 4-17　测试仪初始状态

电压电流

通道	幅值	相角	频率	步长
Ua1	44.500V	0.000°	50.000Hz	0.500V
Ub1	57.000V	-120.000°	50.000Hz	0.000V
Uc1	57.000V	120.000°	50.000Hz	0.000V
Ux1	0.000V	0.000°	50.000Hz	0.000V
Ia1	0.300A	-45.000°	50.000Hz	0.000A
Ib1	[illegible]	0.000°	50.000Hz	0.000A
Ic1	0.000A	0.000°	50.000Hz	0.000A
Ix1	0.000A	0.000°	50.000Hz	0.000A

发送　加　减　扩展菜单

图 4-18　保护动作时测试仪所加量

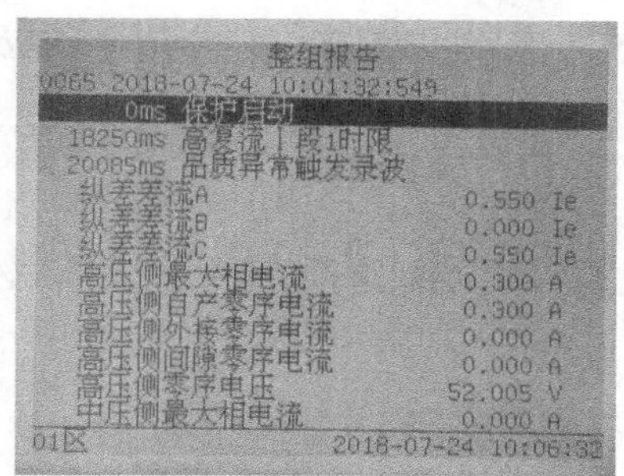

图 4-19 保护动作情况

四、零序方向过流定值校验

1. 保护原理

零序方向元件所用零序电压固定为自产零序电压，电流固定为自产零序电流，可以选择指向变压器或母线，方向灵敏角固定为 75°，动作特性如图 4-20 所示。

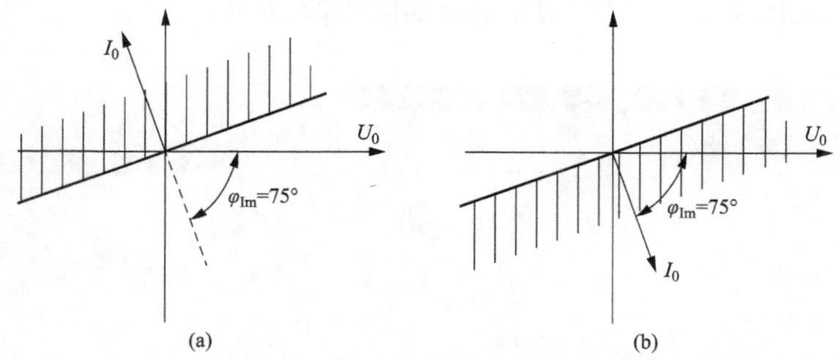

图 4-20 零序方向元件动作特性

(a) 指向变压器；(b) 指向母线

2. 测试方法

(1) 投入高压侧后备保护软压板。

(2) 投入高压侧零序过流 1 段 1 时限控制字。

(3) 退出其他保护软压板、控制字。

(4) 高压侧零序过流Ⅰ段 1 时限，在 0.95 倍电流定值时，可靠不动作。

（5）高压侧零序过流Ⅰ段1时限，在1.05倍电流定值时，可靠动作。

（6）高压侧零序过流Ⅰ段1时限，在1.2倍电流定值时，可靠动作，测量保护动作时间。

（7）利用上述方法，测试高压侧零序过流各段各时限，保护应正确动作。

（8）投高压侧TV，退其他侧TV。

（9）高压侧通入1.2倍电流定值的电流，A相电压20V∠0°，电流角度从0°～360°改变，测试保护动作范围，误差不大于3°，并计算保护动作灵敏角。

（10）其他侧测试方法同上。

3. 测试实例

（1）高压侧零序方向过流Ⅰ段1时限定值校验（定值0.25A，时间3.2s）。

1）1.05倍动作电流定值：设置测试仪输入故障电流 $I=1.05I_{dz}=0.263A$（见图4-21），保护动作情况如图4-22所示。

状态2数据

通道	幅值	相角	频率
Ua1	10.000V	-0.000°	50.000Hz
Ub1	57.000V	-120.000°	50.000Hz
Uc1	57.000V	120.000°	50.000Hz
Ux1	0.000V	0.000°	50.000Hz
Ia1	0.263A	-45.000°	50.000Hz
Ib1	0.000A	15.000°	50.000Hz
Ic1	0.000A	255.000°	50.000Hz
Ix1	0.000A	-135.000°	50.000Hz

数据设置 上一状态 下一状态 通道映射 故障计算 谐波设置

图4-21 测试仪所加量

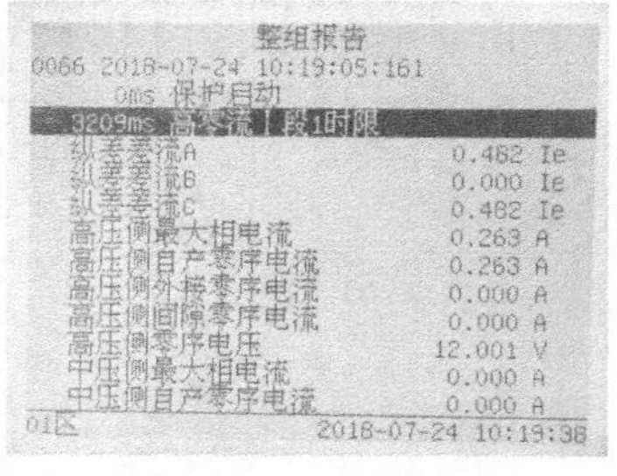

图4-22 保护动作情况

2）0.95倍动作电流定值：设置测试仪输入故障电流 $I=0.95I_{dz}=0.237A$，高压侧零序方向过流Ⅰ段1时限不动作。

3）1.2倍动作电流定值：测试动作时间设置测试仪输入故障电流 $I=1.2I_{dz}=0.3A$（见图4-23），保护动作情况如图4-24所示，测试高压侧零序方向过流Ⅰ段1时限动作时间，测试结果如图4-25所示。

状态2数据

通道	幅值	相角	频率
Ua1	10.000V	-0.000°	50.000Hz
Ub1	57.000V	-120.000°	50.000Hz
Uc1	57.000V	120.000°	50.000Hz
Ux1	0.000V	0.000°	50.000Hz
Ia1	0.300A	-45.000°	50.000Hz
Ib1	0.000A	15.000°	50.000Hz
Ic1	0.000A	255.000°	50.000Hz
Ix1	0.000A	-135.000°	50.000Hz

数据 设置 上一状态 下一状态 通道映射 故障计算 谐波设置

图 4-23 测试仪所加量

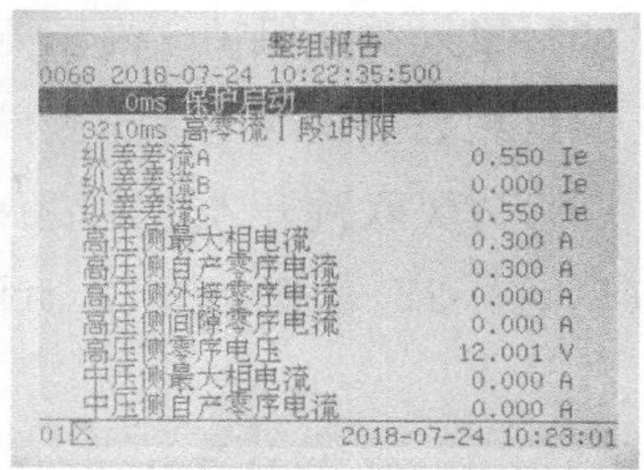

整组报告

0068 2018-07-24 10:22:35:500

0ms 保护启动

3210ms 高零流Ⅰ段1时限

纵差差流A	0.550 Ie
纵差差流B	0.000 Ie
纵差差流C	0.550 Ie
高压侧最大相电流	0.300 A
高压侧自产零序电流	0.300 A
高压侧外接零序电流	0.000 A
高压侧间隙零序电流	0.000 A
高压侧零序电压	12.001 V
中压侧最大相电流	0.000 A
中压侧自产零序电流	0.000 A

01区 2018-07-24 10:23:01

图 4-24 保护动作情况

(2) 测试零序方向过流保护Ⅰ段1时限动作区。测试仪所加量如图 4-26 所示，测得保护在A相电流超前电压角度为15°和－165°为动作边界，则动作区间为15°～－165°，灵敏角为 $3I_0$ 超前 $3U_0$ 为105°。

开入量动作-1/2

开入量	变位次数	变位1(ms)	变位2(ms)	变位3(ms)
DI1	[illegible]	[illegible]		
DI2	0			
DI3	0			
DI4	0			
DI5	0			
DI6	0			
DI7	0			
DI8	0			

图 4-25 动作时间测试结果

电压电流

通道	幅值	相角	频率	步长
Ua1	20.000V	0.000°	50.000Hz	0.000°
Ub1	57.000V	-120.000°	50.000Hz	0.000°
Uc1	57.000V	120.000°	50.000Hz	0.000°
Ux1	0.000V	-0.300°	50.000Hz	0.000°
Ia1	0.300A	0.000°	50.000Hz	[illegible]
Ib1	0.000A	-180.000°	50.000Hz	0.000°
Ic1	0.000A	39.700°	50.000Hz	0.000°
Ix1	0.000A	-5.900°	50.000Hz	0.000°

发送 加 减 扩展菜单

图 4-26 测试仪所加量

五、过负荷保护测试

测试方法如下：

(1) 给主变的高压侧通入0.95×1.1倍额定电流的模拟电流，装置无告警。

(2) 给主变的高压侧通入1.05×1.1倍额定电流的模拟电流，经10s报“高压侧过负荷告警”。

六、失灵联跳保护校验

测试方法如下：

(1) 投入主变保护高压侧后备保护功能软压板。

(2) 投入主变保护高压侧失灵联跳控制字。

（3）投入主变保护“高压侧失灵联跳开入软压板”。

（4）用数字式继电保护测试仪模拟母差保护，并开出高压侧失灵联跳。

（5）失灵联跳开入进主变保护装置，同时A相输入$1.05\times0.2I_n$的电流（见图4-27），保护正确动作（见图4-28），时间测试结果如图4-29所示。

状态2数据

通道	幅值	相角	频率
Ua1	[illegible]	-0.000°	50.000Hz
Ub1	57.000V	-120.000°	50.000Hz
Uc1	57.000V	120.000°	50.000Hz
Ux1	0.000V	0.000°	50.000Hz
Ia1	0.200A	-163.000°	50.000Hz
Ib1	0.000A	-165.000°	50.000Hz
Ic1	0.000A	75.000°	50.000Hz
Ix1	0.000A	-135.000°	50.000Hz

数据设置 上一状态 下一状态 通道映射 故障计算 谐波设置

图4-27 测试仪设置情况

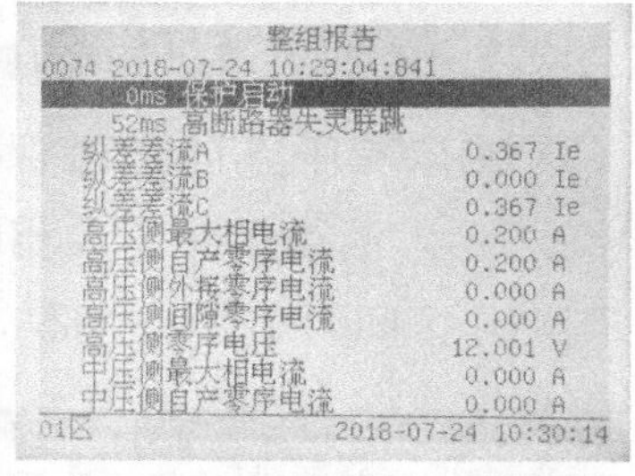
整组报告
0074 2018-07-24 10:29:04:841
0ms 保护启动
52ms 高断路器失灵联跳
纵差差流A 0.367 Ie
纵差差流B 0.000 Ie
纵差差流C 0.367 Ie
高压侧最大相电流 0.200 A
高压侧自产零序电流 0.200 A
高压侧外接零序电流 0.000 A
高压侧间隙零序电流 0.000 A
高压侧零序电压 12.001 V
中压侧最大相电流 0.000 A
中压侧自产零序电流 0.000 A
01区 2018-07-24 10:30:14

图4-28 保护动作情况

开入量动作-1/2

开入量	变位次数	变位1(ms)	变位2(ms)	变位3(ms)
[illegible]	1	[illegible]		
DI2	0			
DI3	0			
DI4	0			
DI5	0			
DI6	0			
DI7	0			
DI8	0			

图4-29 时间测试结果

项目二

220kV主变保护(PST-1200U-220)装置验收

【项目描述】

本项目包含模拟量检查、开关量检查、定值核对及功能校验的内容。本项目编排以 DL/T 995—2006《继电保护和电网安全自动装置检验规程》、Q/GDW 1809—2012《智能变电站继电保护校验规程》、Q/GDW 441—2010《智能变电站继电保护技术规范》、GB/T 32901—2016《智能变电站继电保护通用技术条件》、Q/GDW 1810—2015《智能变电站继电保护装置检验测试规范》、Q/GDW 11263—2014《智能变电站继电保护试验装置通用技术条件》和《NSR-378T2 变压器保护装置技术和使用说明书》为依据，并融合了变电二次现场作业管理规范的内容，结合实际作业情况等内容。通过本项目的学习，了解主变保护的工作原理，熟悉保护装置的内部回路，掌握常规校验项目。

任务一 模拟量检查

【任务描述】

本任务主要讲解模拟量检查内容。通过 SCD 可视化查看软件对 SV 虚端子进行检查，了解装置采样 SVLD 逻辑节点的基本构成，熟悉保护装置与合并单元之间的虚端子连接方式；熟练使用手持光数字测试仪（或常规模拟量测试仪）对保护装置进行加量，了解零漂检查、模拟量幅值线性度检验、模拟量相位特性检验的意义和操作流程。

【知识要点】

（1）虚端子回路的检查。

（2）保护装置模拟量查看及采样特性检查。

【技能要领】

一、SV 虚端子检查

根据设计虚端子表（见图 4-30）进行检查。检查 SV 虚端子连线有没有错位，有没有少连或者多连。如果发现合并单元模型文件没有设计需要的采样量，则需要更改合并单元模型文件。注意同一电流采样 SV 数据供不同保护使用时，各保护需根据实际需求，各自选择连接正极性还是负极性。

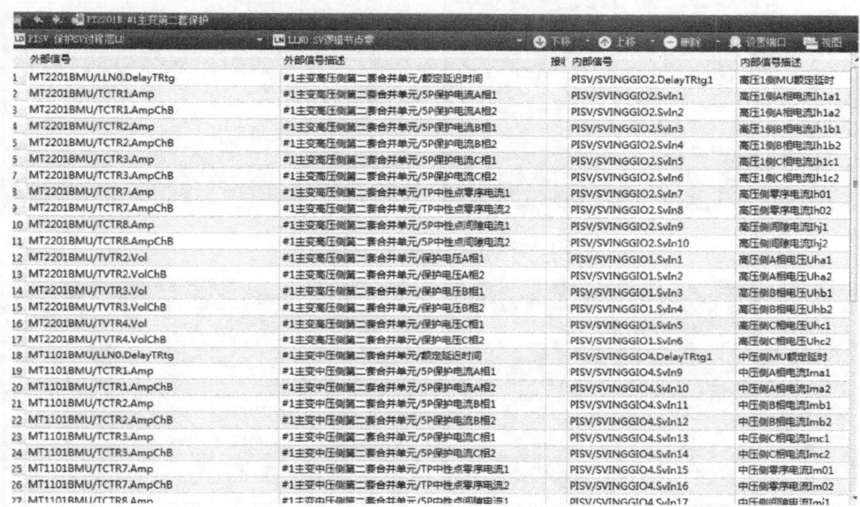

PT2201B:#1主变第二套保护

PISV:保护SV过程层LD　LLN0:SV逻辑节点零　下移　上移　删除　设置端口　视图

	外部信号	外部信号描述	接[illegible]	内部信号	内部信号描述
1	MT2201BMU/LLN0.DelayTRtg	#1主变高压侧第二套合并单元/额定延迟时间		PISV/SVINGGIO2.DelayTRtg1	高压1侧MU额定延时
2	MT2201BMU/TCTR1.Amp	#1主变高压侧第二套合并单元/5P保护电流A相1		PISV/SVINGGIO2.SvIn1	高压1侧A相电流Ih1a1
3	MT2201BMU/TCTR1.AmpChB	#1主变高压侧第二套合并单元/5P保护电流A相2		PISV/SVINGGIO2.SvIn2	高压1侧A相电流Ih1a2
4	MT2201BMU/TCTR2.Amp	#1主变高压侧第二套合并单元/5P保护电流B相1		PISV/SVINGGIO2.SvIn3	高压1侧B相电流Ih1b1
5	MT2201BMU/TCTR2.AmpChB	#1主变高压侧第二套合并单元/5P保护电流B相2		PISV/SVINGGIO2.SvIn4	高压1侧B相电流Ih1b2
6	MT2201BMU/TCTR3.Amp	#1主变高压侧第二套合并单元/5P保护电流C相1		PISV/SVINGGIO2.SvIn5	高压1侧C相电流Ih1c1
7	MT2201BMU/TCTR3.AmpChB	#1主变高压侧第二套合并单元/5P保护电流C相2		PISV/SVINGGIO2.SvIn6	高压1侧C相电流Ih1c2
8	MT2201BMU/TCTR7.Amp	#1主变高压侧第二套合并单元/TP中性点零序电流1		PISV/SVINGGIO2.SvIn7	高压侧零序电流Ih01
9	MT2201BMU/TCTR7.AmpChB	#1主变高压侧第二套合并单元/TP中性点零序电流2		PISV/SVINGGIO2.SvIn8	高压侧零序电流Ih02
10	MT2201BMU/TCTR8.Amp	#1主变高压侧第二套合并单元/5P中性点间隙电流1		PISV/SVINGGIO2.SvIn9	高压侧间隙电流Ihj1
11	MT2201BMU/TCTR8.AmpChB	#1主变高压侧第二套合并单元/5P中性点间隙电流2		PISV/SVINGGIO2.SvIn10	高压侧间隙电流Ihj2
12	MT2201BMU/TVTR2.Vol	#1主变高压侧第二套合并单元/保护电压A相1		PISV/SVINGGIO1.SvIn1	高压侧A相电压Uha1
13	MT2201BMU/TVTR2.VolChB	#1主变高压侧第二套合并单元/保护电压A相2		PISV/SVINGGIO1.SvIn2	高压侧A相电压Uha2
14	MT2201BMU/TVTR3.Vol	#1主变高压侧第二套合并单元/保护电压B相1		PISV/SVINGGIO1.SvIn3	高压侧B相电压Uhb1
15	MT2201BMU/TVTR3.VolChB	#1主变高压侧第二套合并单元/保护电压B相2		PISV/SVINGGIO1.SvIn4	高压侧B相电压Uhb2
16	MT2201BMU/TVTR4.Vol	#1主变高压侧第二套合并单元/保护电压C相1		PISV/SVINGGIO1.SvIn5	高压侧C相电压Uhc1
17	MT2201BMU/TVTR4.VolChB	#1主变高压侧第二套合并单元/保护电压C相2		PISV/SVINGGIO1.SvIn6	高压侧C相电压Uhc2
18	MT1101BMU/LLN0.DelayTRtg	#1主变中压侧第二套合并单元/额定延迟时间		PISV/SVINGGIO4.DelayTRtg1	中压侧MU额定延时
19	MT1101BMU/TCTR1.Amp	#1主变中压侧第二套合并单元/5P保护电流A相1		PISV/SVINGGIO4.SvIn9	中压侧A相电流Ima1
20	MT1101BMU/TCTR1.AmpChB	#1主变中压侧第二套合并单元/5P保护电流A相2		PISV/SVINGGIO4.SvIn10	中压侧A相电流Ima2
21	MT1101BMU/TCTR2.Amp	#1主变中压侧第二套合并单元/5P保护电流B相1		PISV/SVINGGIO4.SvIn11	中压侧B相电流Imb1
22	MT1101BMU/TCTR2.AmpChB	#1主变中压侧第二套合并单元/5P保护电流B相2		PISV/SVINGGIO4.SvIn12	中压侧B相电流Imb2
23	MT1101BMU/TCTR3.Amp	#1主变中压侧第二套合并单元/5P保护电流C相1		PISV/SVINGGIO4.SvIn13	中压侧C相电流Imc1
24	MT1101BMU/TCTR3.AmpChB	#1主变中压侧第二套合并单元/5P保护电流C相2		PISV/SVINGGIO4.SvIn14	中压侧C相电流Imc2
25	MT1101BMU/TCTR7.Amp	#1主变中压侧第二套合并单元/TP中性点零序电流1		PISV/SVINGGIO4.SvIn15	中压侧零序电流Im01
26	MT1101BMU/TCTR7.AmpChB	#1主变中压侧第二套合并单元/TP中性点零序电流2		PISV/SVINGGIO4.SvIn16	中压侧零序电流Im02
27	MT1101BMU/TCTR8.Amp	#1主变中压侧第二套合并单元/5P中性点间隙电流1		PISV/SVINGGIO4.SvIn17	中压侧间隙电流Imj1

图 4-30　SV 虚端子连接

二、模拟量采样检查

（一）零漂检查

1. 测试方法

（1）退出保护装置的 SV 接收软压板。

（2）查看各侧三相电流、三相母线电压、零序电流、间隙电流和零序电压的零点漂移，见图 4-31～图 4-34。

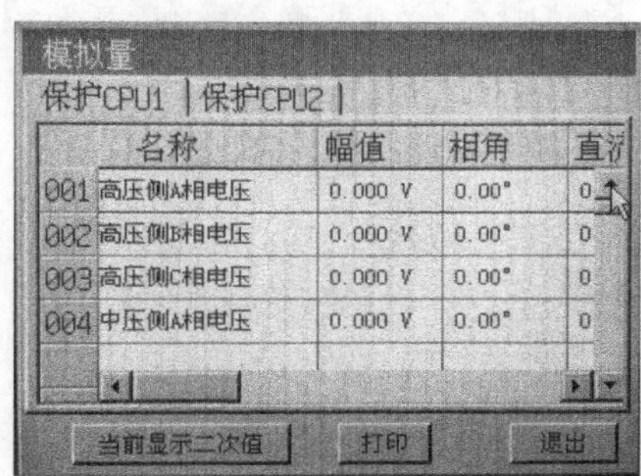

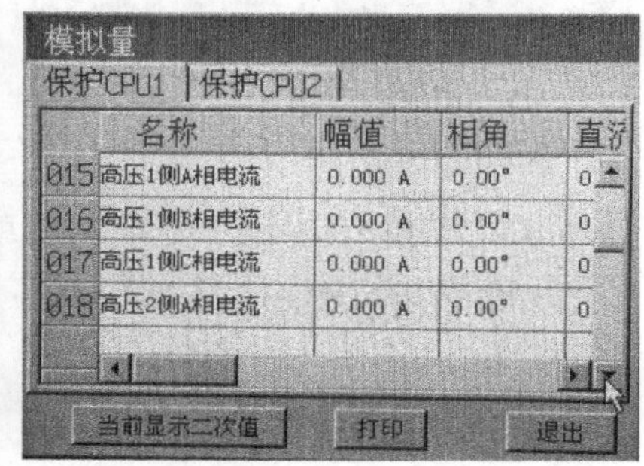

图 4-31　高压侧零漂显示值

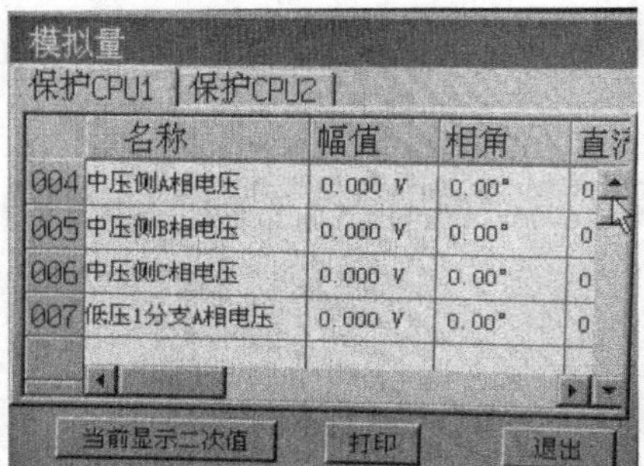

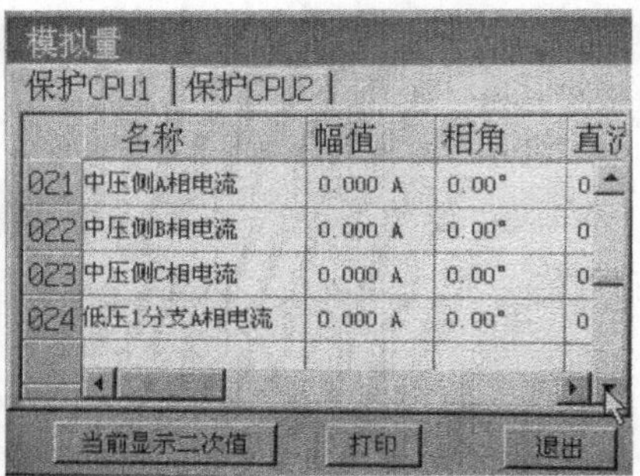

图 4-32 中压侧零漂显示值

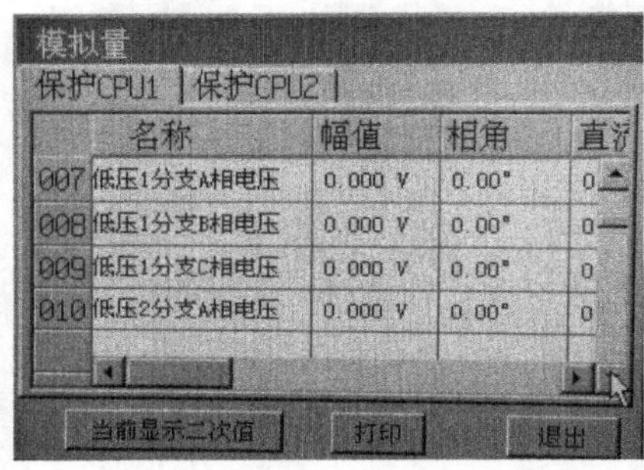

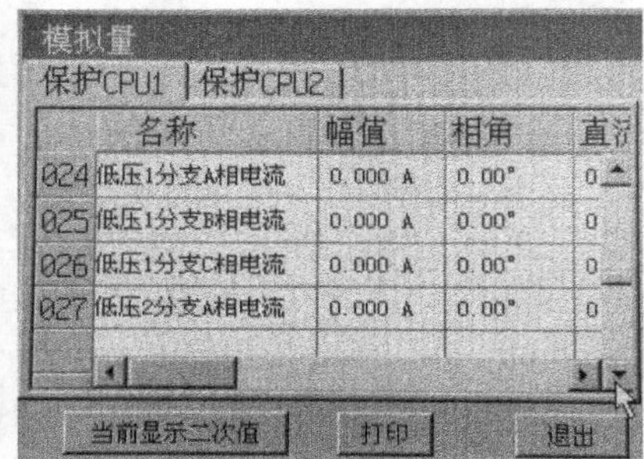

图 4-33 低压侧零漂显示值

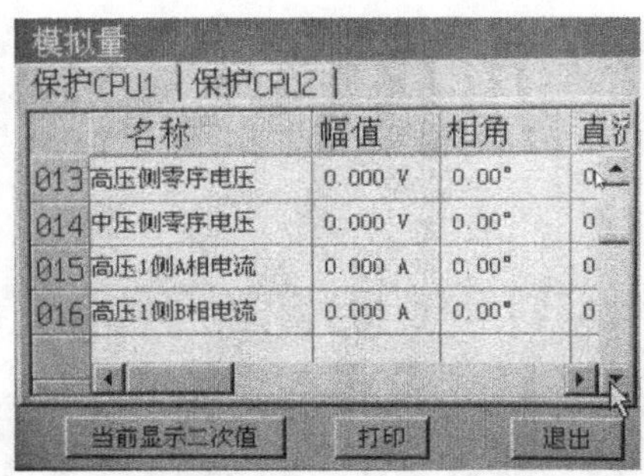

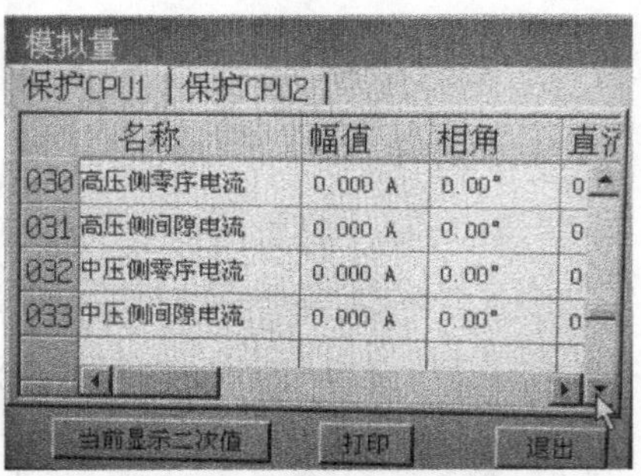

图 4-34 主变零序电压、零序电流和间隙电流零漂

2. 合格判据

5min 内零漂值稳定在 0.01I_N（或 0.05V）以内。

（二）幅值特性检验

1. 测试方法

（1）投“SV 接收软压板”。

（2）在交流电压测试时可以用测试仪为保护装置输入电压，用同时加对称正序三相电压方法检验采样数据，交流电压分别为 1、5、30、60V。

（3）在电流测试时可以用测试仪为保护装置输入电流，同时加对称正序三相电流方法检验采样数据，电流分别为 $0.05I_n$、$0.1I_n$、$2I_n$、$5I_n$。

（4）用数字测试仪为保护装置输入外接零序电压、外接零序电流和间隙电流（见图 4-35），比较采样显示值（见图 4-36～图 4-38）与测试仪所加模拟量。

电压电流-1/3

通道	幅值	相角	频率	步长
Ua1	5.000V	0.000°	50.000Hz	0.000V
Ub1	5.000V	-120.000°	50.000Hz	0.000V
Uc1	5.000V	120.000°	50.000Hz	0.000V
Ux1	5.000V	0.000°	50.000Hz	0.000V
Ua2	30.000V	0.000°	50.000Hz	0.000V
Ub2	30.000V	-120.000°	50.000Hz	0.000V
Uc2	30.000V	120.000°	50.000Hz	0.000V
Ux2	30.000V	0.000°	50.000Hz	0.000V

SMV GSE 发送SMV 加 减 扩展菜单

图 4-35 测试仪模拟量界面

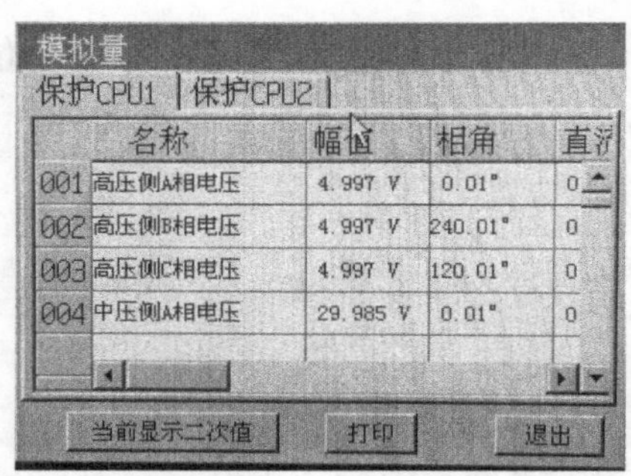

模拟量

保护CPU1 | 保护CPU2

	名称	幅值	相角	直流
001	高压侧A相电压	4.997 V	0.01°	0
002	高压侧B相电压	4.997 V	240.01°	0
003	高压侧C相电压	4.997 V	120.01°	0
004	中压侧A相电压	29.985 V	0.01°	0

当前显示二次值 打印 退出

模拟量

保护CPU1 | 保护CPU2

	名称	幅值	相角	直流
015	高压1侧A相电流	0.100 A	0.01°	0
016	高压1侧B相电流	0.100 A	240.01°	0
017	高压1侧C相电流	0.100 A	120.01°	0
018	高压2侧A相电流	0.000 A	0.00°	0

当前显示二次值 打印 退出

图 4-36 高压侧采样显示值

模拟量

保护CPU1 | 保护CPU2

	名称	幅值	相角	直流
004	中压侧A相电压	29.985 V	0.01°	0
005	中压侧B相电压	29.986 V	240.01°	0
006	中压侧C相电压	29.986 V	120.01°	0
007	低压1分支A相电压	59.970 V	30.01°	0

当前显示二次值 打印 退出

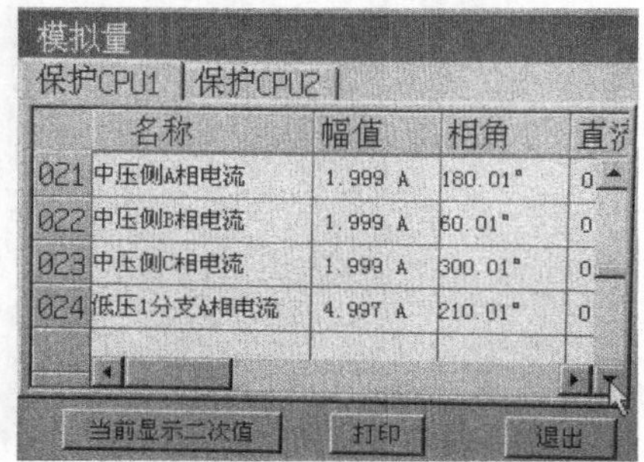

模拟量

保护CPU1 | 保护CPU2

	名称	幅值	相角	直流
021	中压侧A相电流	1.999 A	180.01°	0
022	中压侧B相电流	1.999 A	60.01°	0
023	中压侧C相电流	1.999 A	300.01°	0
024	低压1分支A相电流	4.997 A	210.01°	0

当前显示二次值 打印 退出

图 4-37 中压侧采样显示值

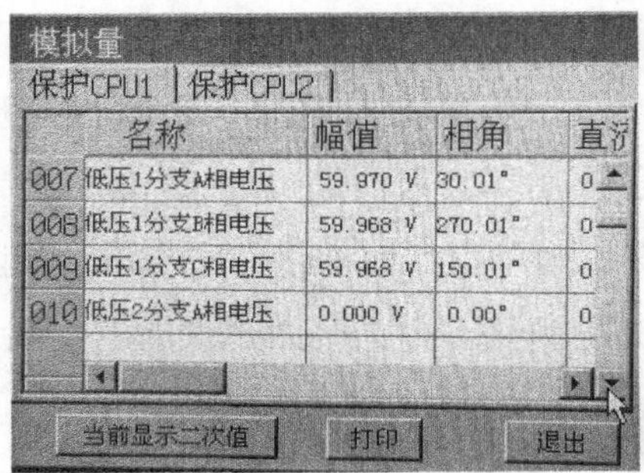

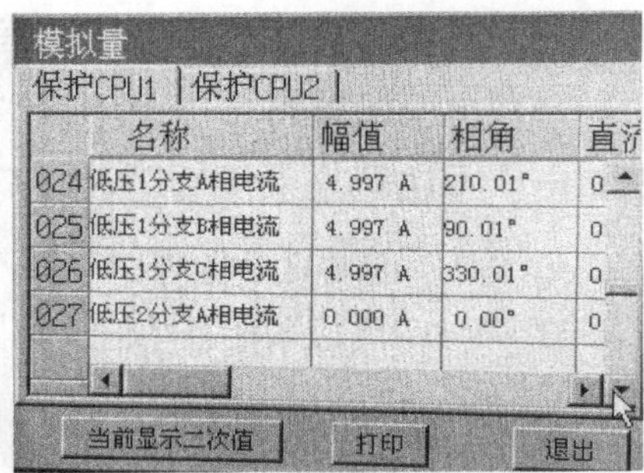

图 4-38 低压侧采样显示值

2. 合格判据

检查保护测量和启动测量的交流量采样精度，其误差应小于±5%。

（三）相位特性检验

1. 测试方法

（1）投“SV 接收软压板”。

（2）通过测试仪加入 $0.1I_n$ 电流、U_n 电压值，调节电流、电压相位分别为 0°、120°。

2. 合格判据

要求保护装置的相位显示值（见图 4-39～图 4-41）与外部测试仪所加值的误差应不大于 3°。

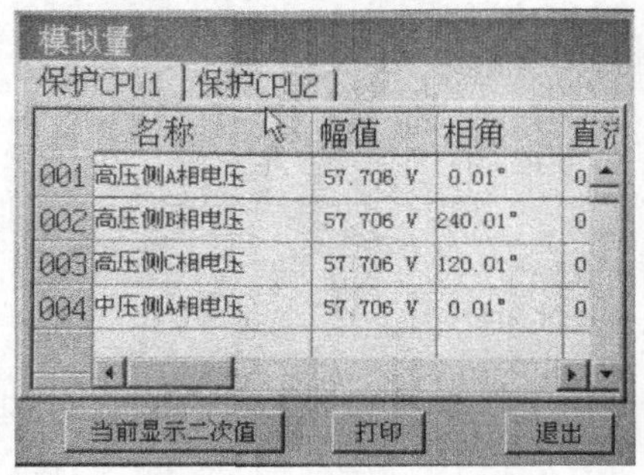

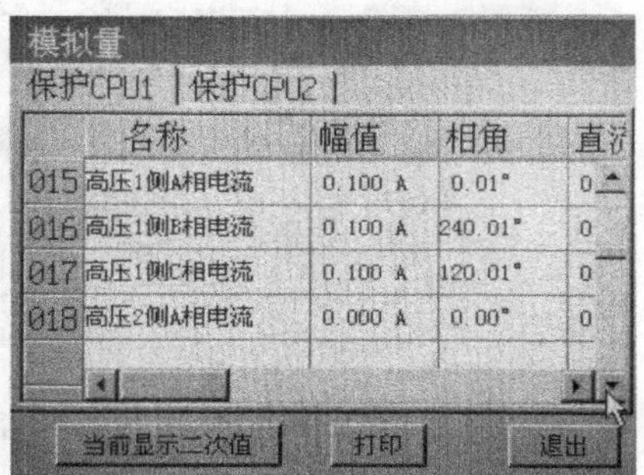

图 4-39 高压侧采样显示值

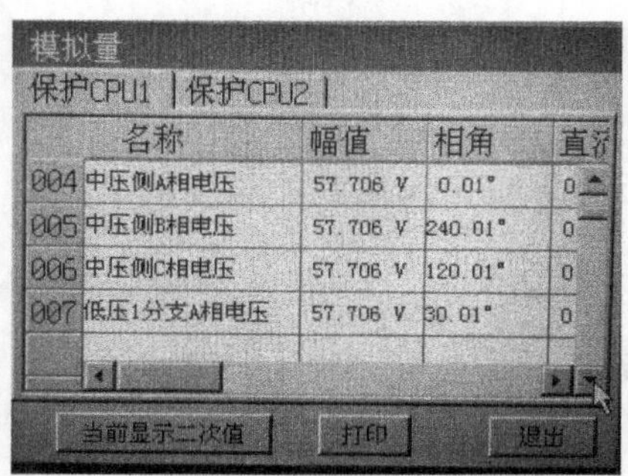

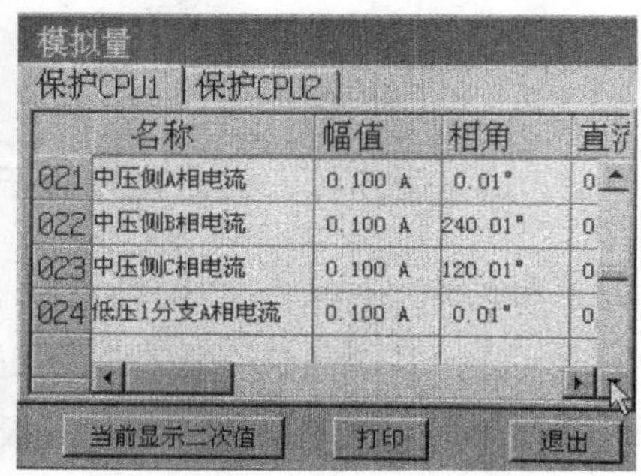

图 4-40　中压侧采样显示值

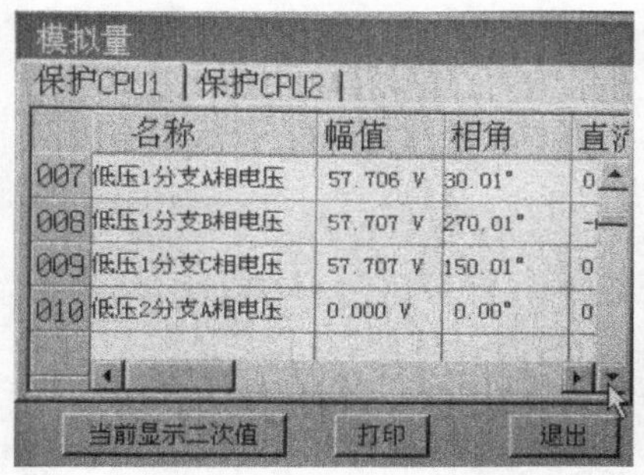

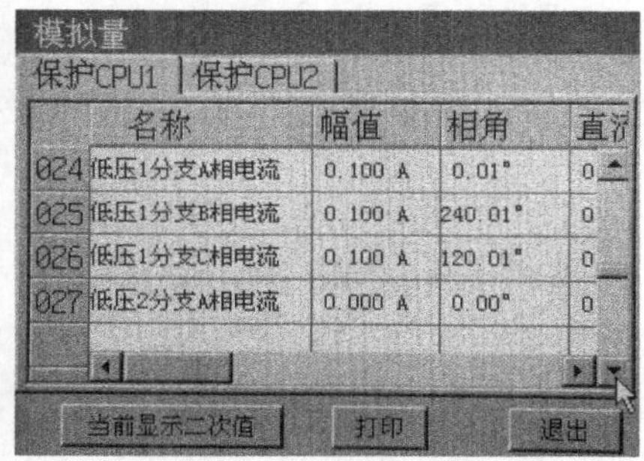

图 4-41　低压侧采样显示值

任务二　开 关 量 检 查

【任务描述】

本任务主要讲解开关量检查内容。通过对保护装置硬压板以及面板的操作，了解装置开入开出的原理及功能，掌握手持光数字测试仪模拟被开出对象，对开出量实时侦测功能的使用。

【知识要点】

（1）检修硬压板、远方操作硬压板和复归开入量的检查。

（2）失灵联跳开入量检查。

【技能要领】

一、检修硬压板、远方操作硬压板和复归开入量的检查

1. 测试方法

（1）投、退“置检修状态”硬压板。

（2）投、退“远方操作”硬压板。

（3）操作复归按钮。

（4）查看保护装置是否收到该硬压板或复归按钮的开入信息。

2. 测试实例

检修硬压板开入检查，如图 4-42、图 4-43 所示。

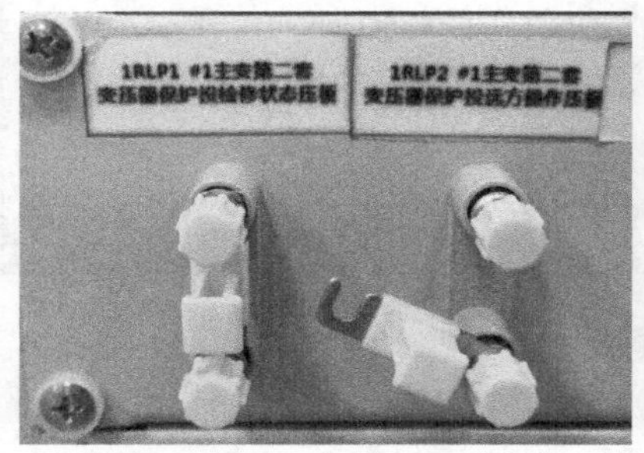

图 4-42　检修硬压板投退功能检查

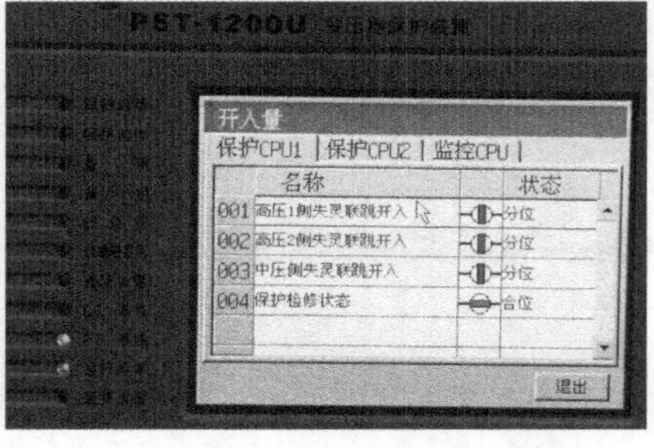

图 4-43　液晶屏显示检修开入

二、失灵联跳开入量检查

1. 测试方法

（1）退出母差保护其他支路所有 GOOSE 出口软压板。

（2）投入母差保护该主变支路失灵联跳出口软压板。

（3）投主变保护“高压侧失灵联跳开入软压板”。

（4）模拟母差保护的主变支路失灵动作或开出传动失灵联跳。

（5）查看主变保护“高压侧失灵联跳开入”。

2. 测试实例

模拟主变高压侧开关失灵，母线失灵保护动作，失灵联跳主变三侧，

保护动作如图 4-44、图 4-45 所示。

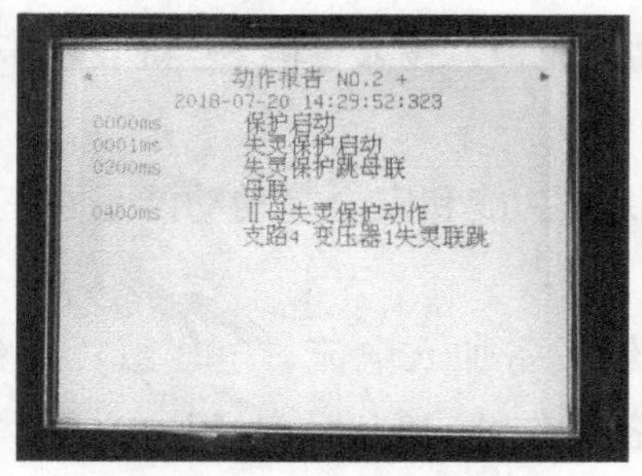

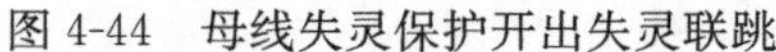
图 4-44 母线失灵保护开出失灵联跳

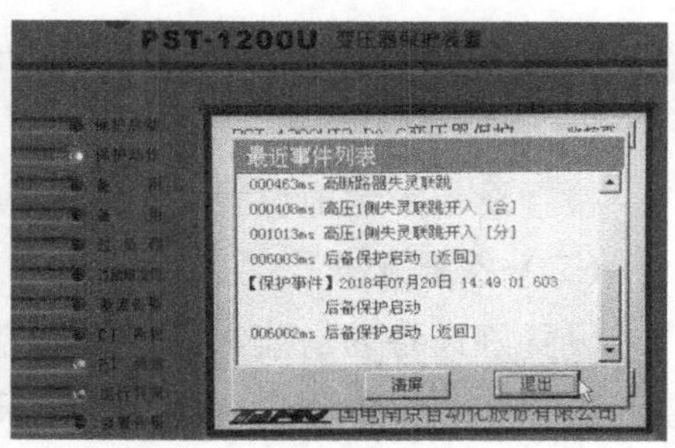

图 4-45 主变保护接收失灵联跳

任务三 定值核对及功能校验

【任务描述】

本任务主要讲解定值核对及功能校验内容。通过对保护装置定值功能的使用，熟练掌握查看、修改定值的操作；通过纵差差动保护校验，熟悉保护的动作原理及特征，掌握纵差保护的调试方法。

【知识要点】

（1）定值单核对。

（2）纵差差动定值校验。

（3）高压侧复压闭锁方向过流保护校验。

（4）高压侧零序方向过流保护校验。

（5）过负荷告警测试。

【技能要领】

一、定值核对

将最新的标准整定单与保护装置内定值进行一一核对。

二、纵差差动定值校验

校验保护定值时需投入差动保护的功能压板，投入各侧 SV 接收软压板。

（一）检查内容

检查设备的定值设置，以及相应的保护功能和安全自动功能是否正常。

（二）检查方法

设置好设备的定值，通过测试系统给设备加入电流、电压量，观察设备面板显示和保护测试仪显示，记录设备动作情况和动作时间。

（三）纵差差动保护校验

1. 差动速动段校验

（1）测试方法。

1）投入差动保护功能软压板。

2）投入保护控制字“纵差差动速断保护”。

3）模拟故障，设置测试仪输入故障电流 $I=mI_{dz}$（I_{dz}为差动速断电流定值），故障持续时间小于 30ms。

4）模拟故障，设置故障电流为 1.05 倍差动速断电流定值，应可靠动作。

5）模拟故障，设置故障电流为 0.95 倍差动速断电流定值，应可靠不动作。

6）模拟故障，设置故障电流为 2 倍差动速断电流定值，测试保护动作时间。

（2）测试实例：校验差动速断电流定值（6 倍 I_e，额定电流 0.215A）。

1）模拟故障电流为 1.05 倍速断电流定值，设置测试仪输入故障电流 $I=\sqrt{3}\times1.05\times I_{dz}=2.235$（见图 4-46），保护动作情况如图 4-47 所示。

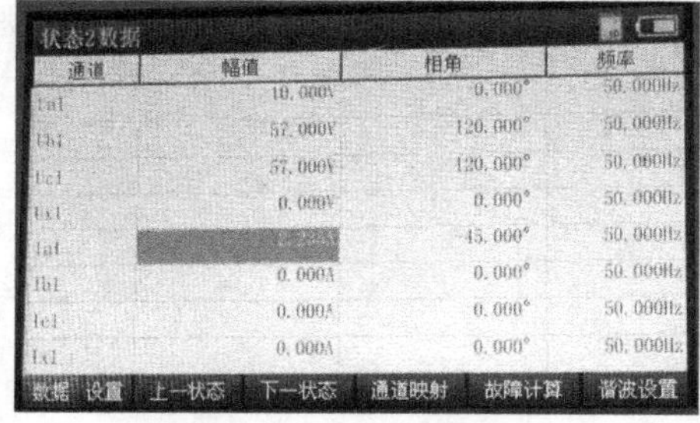

图 4-46 测试仪所加量

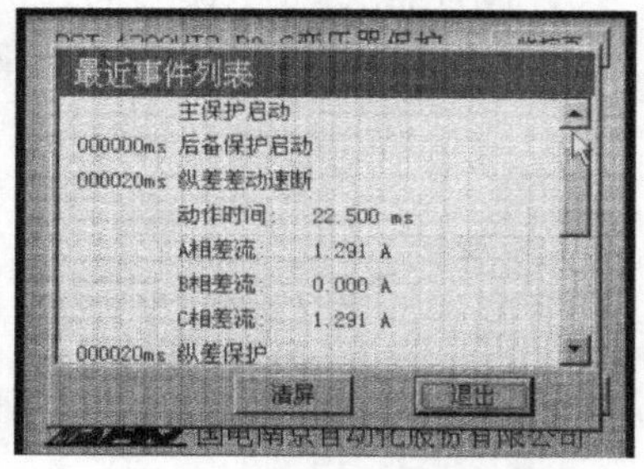

图 4-47 保护动作情况

2）模拟故障电流为 0.95 倍速断电流定值，设置测试仪输入故障电流 $I=\sqrt{3}\times0.95I_{dz}=2.213$（见图 4-48），保护动作情况如图 4-49 所示。

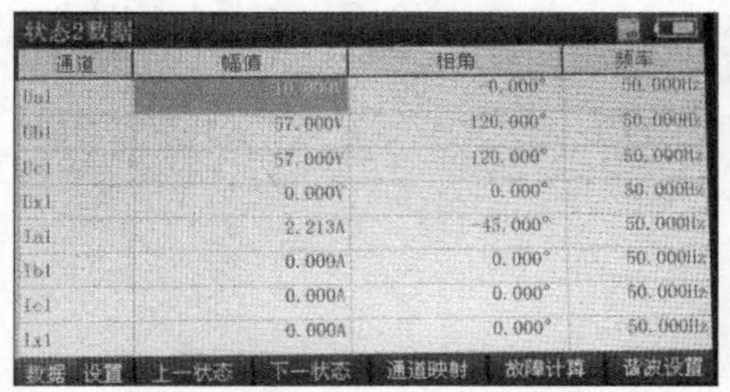

图 4-48 测试仪所加量

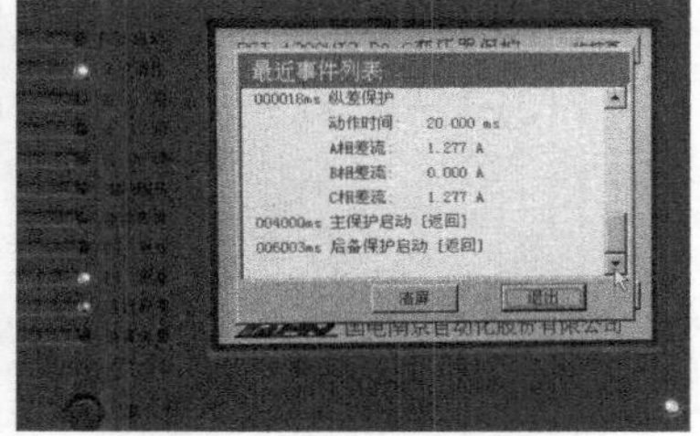

图 4-49 保护动作情况

3）模拟故障电流为 2 倍速断电流定值，设置测试仪输入故障电流 $I=\sqrt{3}\times2I_{dz}=4.469$（见图 4-50），测试动作时间。保护动作情况如图 4-51 所示，保护动作时间如图 4-52 所示。

图 4-50 测试仪设置情况

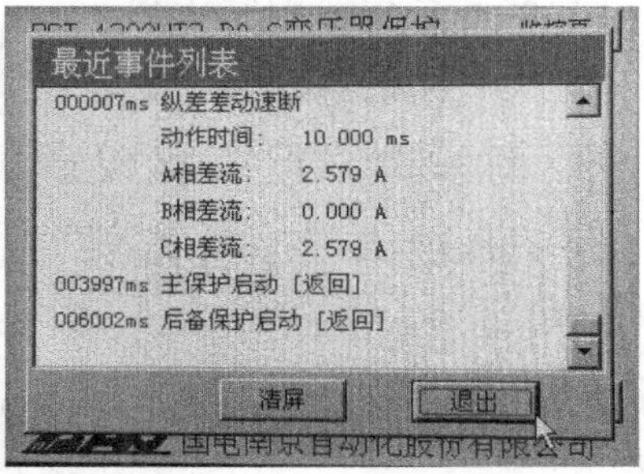

最近事件列表
000007ms 纵差差动速断
动作时间: 10.000 ms
A相差流: 2.579 A
B相差流: 0.000 A
C相差流: 2.579 A
003997ms 主保护启动 [返回]
006002ms 后备保护启动 [返回]
清屏 退出
国电南京自动化股份有限公司

图 4-51 保护动作情况

2. 比率制动特性检验

（1）保护原理：比率差动动作曲线如图 4-53 所示。

图 4-52 测试仪测量动作时间结果

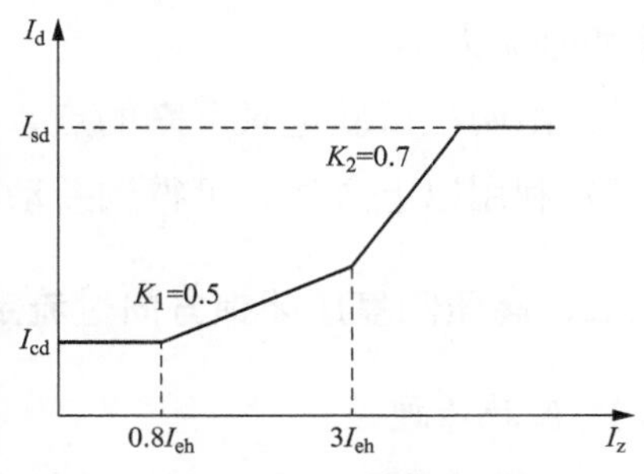

图 4-53 比率差动动作曲线

稳态比率差动动作方程如下：

$$\begin{cases} I_{d} > I_{cdqd} & I_{r} < 0.8I_{e} \\ I_{d} > K_{b1}[I_{r} - 0.8I_{e}] + I_{cdqd} & 0.8I_{e} \leqslant I_{r} < 3I_{e} \\ I_{d} > K_{b2}[I_{r} - 3I_{e}] + K_{b1}[2.2I_{e}] + I_{cdqd} & I \geqslant 3I_{e} \\ I_{r} = \dfrac{1}{2}\sum_{i=1}^{m} |I_{i}| \\ I_{d} = \left|\sum_{i=1}^{m} I_{i}\right| \end{cases}$$

式中：I_r 为制动电流；I_d 为差动电流；I_e 为变压器额定电流；I_{cdqd} 为稳态比率差动启动定值；I_i 为变压器各侧电流；K_{b1} 为比率制动系数整定值。

（2）测试方法：

1）投入差动保护软压板。

2）投入保护控制字“纵差差动保护”。

3）退出其他保护软压板、控制字。

4）高压侧 A 相加入电流$\sqrt{3}I_{he}\angle 0°$，低压侧 A 相加入电流 $I_{he}\angle 180°$，低压侧 C 相加入电流 $I_{le}\angle 0°$。以 0.001A 步长减小低压侧 A 相电流使装置产生纵差 A 相差流直到保护动作，记录下保护动作时的制动电流和差流大小。

5）改变高压侧 A 相加入电流为$\sqrt{3}\times 2I_{he}\angle 0°$，低压侧 A 相加入电流 $2I_{le}\angle 180°$，低压侧 C 相加入电流 $2I_{le}\angle 0°$。以 0.001A 步长减小低压侧 A 相电流使装置产生纵差 A 相差流直到保护动作，记录下保护动作时的制动电流和差流大小。

6）由两次试验记录下来的点，得到制动曲线。

7）利用以上方法，可得到差动各段曲线。

三、高压侧复压闭锁方向过流定值检验

1. 保护原理

方向元件采用正序电压，并带有记忆，近处三相短路时方向元件无死

区。接线方式为0°接线。方向指向主变时灵敏角为−30°，指向母线时灵敏角为150°。方向元件动作特性如图4-54所示，阴影部分为动作区。

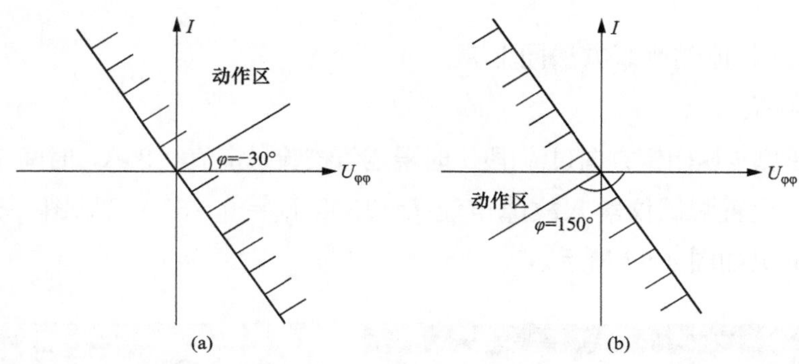

图4-54 方向元件动作特性

(a) 方向指向变压器；(b) 方向指向母线（系统）

2. 测试方法

(1) 投入高压侧后备保护软压板。

(2) 投入高压侧复压过流1段1时限控制字。

(3) 退出其他保护软压板、控制字。

(4) 高压侧复压过流Ⅰ段1时限，在0.95倍电流定值时，可靠不动作，在1.05倍电流定值时，可靠动作，在1.2倍电流定值时，可靠动作，测量保护动作时间。

(5) 利用上述方法，测试高压侧复压过流各段各时限，保护应正确动作。

(6) 投高压侧TV，退其他侧TV。

(7) 高压侧通入1.2倍电流定值的电流，通入正常电压。

(8) 同时以0.5V步长降低三相电压直到保护动作，该动作值应满足低电压闭锁定值。

(9) 高压侧通入1.2倍电流定值的电流，通入正常电压。

(10) 以0.5V步长降低单相电压直到保护动作，该负序电压应满足负序电压闭锁定值。

（11）高压侧通入 1.2 倍电流定值的电流，A 相电压 20V∠0°，电流角度从 0°～360°改变，测试保护动作范围，误差不大于 3°，并计算保护动作灵敏角。

（12）其他侧测试方法同上。

3. 测试实例

高压侧复压闭锁方向过流Ⅰ段 1 时限定值校验（定值 0.25A，时间 3.2s）：

（1）设置测试仪输入故障电流 $I=1.05\ I_{dz}=0.263$A（见图 4-55），保护动作情况如图 4-56 所示。

图 4-55 测试仪所加量

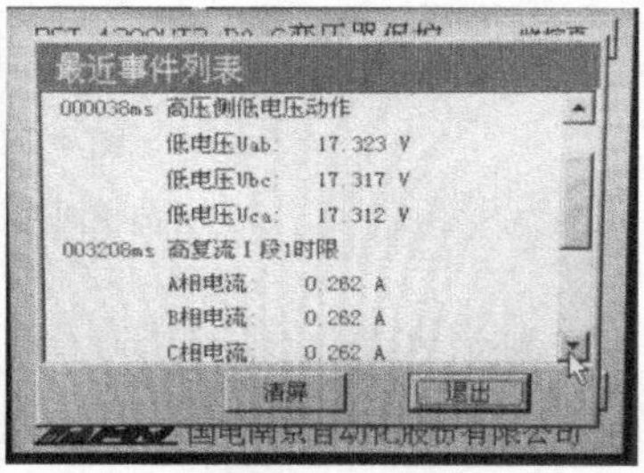

图 4-56 保护动作情况

（2）设置测试仪输入故障电流 $I=0.95I_{dz}=0.237$A，高压侧复压闭锁方向过流Ⅰ段 1 时限不动作。

（3）设置测试仪输入故障电流 $I=1.2I_{dz}=0.3$A（见图 4-57），保护动作情况如图 4-58 所示，测试高压侧复压闭锁方向过流Ⅰ段 1 时限动作时间，测试结果如图 4-59 所示。

图 4-57 测试仪所加量

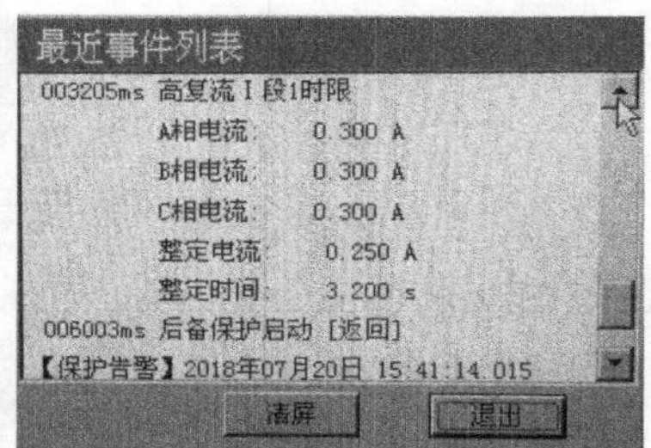

图 4-58 保护动作情况

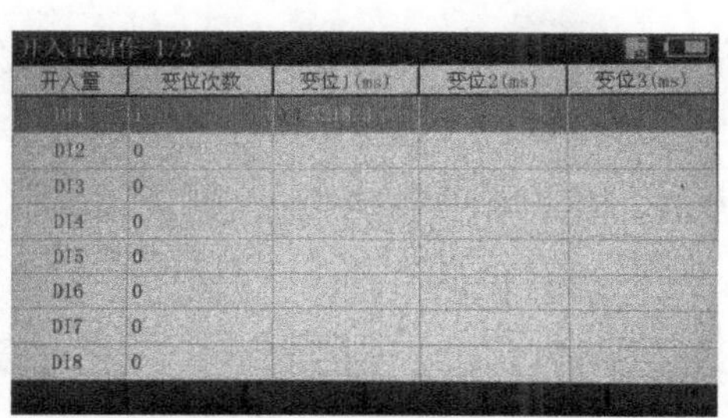

开入量动作 1/2

开入量	变位次数	变位1(ms)	变位2(ms)	变位3(ms)
DI1	1	[illegible]		
DI2	0			
DI3	0			
DI4	0			
DI5	0			
DI6	0			
DI7	0			
DI8	0			

图 4-59　动作时间测试结果

四、零序方向过流定值校验

1. 保护原理

零序方向元件所用零序电压固定为自产零序电压，电流固定为自产零序电流，灵敏角（90°）固定不变。方向可以选择指向变压器或母线，如图 4-60 所示。

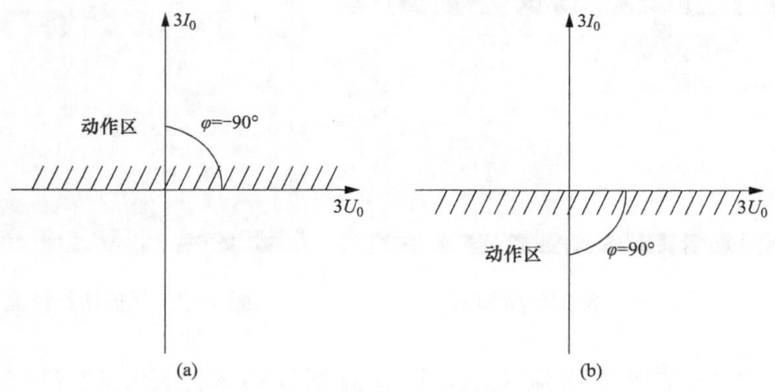

图 4-60　零序方向元件动作特性

（a）方向指向变压器；（b）方向指向母线（系统）

2. 测试方法

（1）投入高压侧后备保护软压板。

（2）投入高压侧零序过流Ⅰ段 1 时限控制字。

（3）退出其他保护软压板、控制字。

（4）高压侧零序过流Ⅰ段 1 时限，在 0.95 倍电流定值时，可靠不动作，在 1.05 倍电流定值时，可靠动作，在 1.2 倍电流定值时，可靠动作，测量保护动作时间。

（5）利用上述方法，测试高压侧零序过流各段各时限，保护应正确动作。

（6）投高压侧 TV，退其他侧 TV。

（7）高压侧通入 1.2 倍电流定值的电流，A 相电压 20V∠0°，电流角度从 0°～360°改变，测试保护动作范围，误差不大于 3°，并计算保护动作灵敏角。

（8）其他侧测试方法同上。

3. 测试实例

高压侧零序方向过流Ⅰ段 1 时限定值校验（定值 0.25A，时间 1.5s）：

（1）1.05 倍动作电流定值，设置测试仪输入故障电流 $I=1.05I_{dz}=0.263A$（见图 4-61），保护动作情况如图 4-62 所示。

状态2数据

通道	幅值	相角	频率
Ua1	10.000V	-0.000°	50.000Hz
Ub1	57.000V	-120.000°	50.000Hz
Uc1	57.000V	120.000°	50.000Hz
Ux1	0.000V	0.000°	50.000Hz
Ia1	0.263A	-45.000°	50.000Hz
Ib1	0.000A	15.000°	50.000Hz
Ic1	0.000A	255.000°	50.000Hz
Ix1	0.000A	-135.000°	50.000Hz

数据 设置 上一状态 下一状态 通道映射 故障计算 谐波设置

图 4-61 测试仪所加量

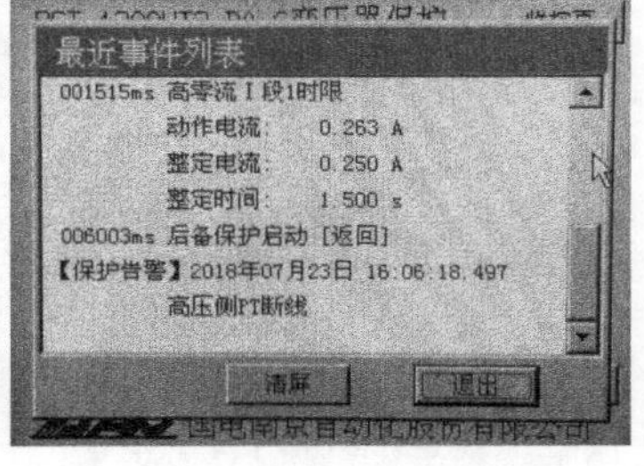

图 4-62 保护动作情况

（2）0.95 倍动作电流定值，设置测试仪输入故障电流 $I=0.95I_{dz}=0.237A$，高压侧零序方向过流Ⅰ段 1 时限不动作。

（3）1.2 倍动作电流定值，测试动作时间设置测试仪输入故障电流 $I=1.2I_{dz}=0.3A$（见图 4-63），保护动作情况如图 4-64 所示，测试高压侧零序方向过流Ⅰ段 1 时限动作时间，测试结果如图 4-65 所示。

测试零序方向过流保护Ⅰ段 1 时限动作区：测试仪所加量如图 4-66 所示，测得保护在 A 相电流角度为超前 A 相电压 0°和－180°为动作边界，则动作区间为 0°～－180°，灵敏角为 $3I_0$ 超前 $3U_0$ 90°。

状态2数据

通道	幅值	相角	频率
Ua1	10.000V	-0.000°	50.000Hz
Ub1	57.000V	-120.000°	50.000Hz
Uc1	57.000V	120.000°	50.000Hz
Ux1	0.000V	0.000°	50.000Hz
Ia1	0.300A	-45.000°	50.000Hz
Ib1	0.000A	15.000°	50.000Hz
Ic1	0.000A	255.000°	50.000Hz
Ix1	0.000A	-135.000°	50.000Hz

数据 设置 上一状态 下一状态 通道映射 故障计算 谐波设置

图 4-63 测试仪所加量

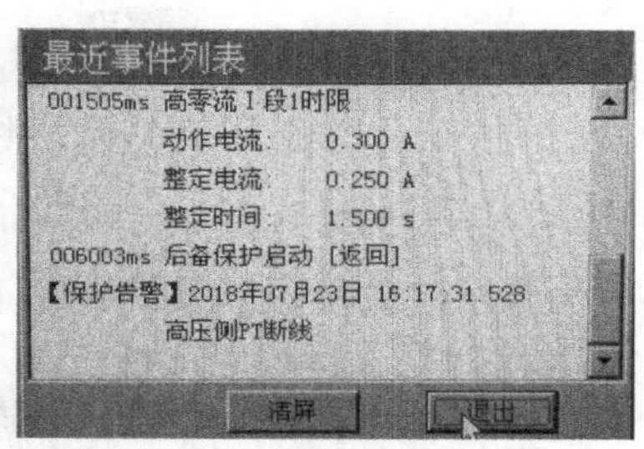

图 4-64 保护动作情况

开入量动作-1/2

开入量	变位次数	变位1(ms)	变位2(ms)	变位3(ms)
DI1	0			
DI2	1	[illegible]		
DI3	0			
DI4	0			
DI5	0			
DI6	0			
DI7	0			
DI8	0			

图 4-65 动作时间测试结果

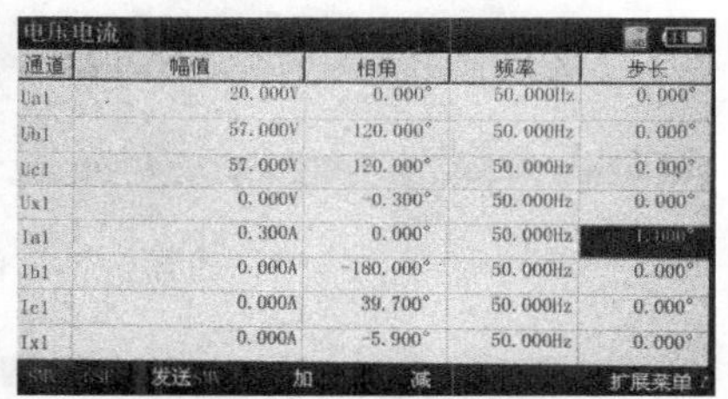

电压电流

通道	幅值	相角	频率	步长
Ua1	20.000V	0.000°	50.000Hz	0.000°
Ub1	57.000V	-120.000°	50.000Hz	0.000°
Uc1	57.000V	120.000°	50.000Hz	0.000°
Ux1	0.000V	-0.300°	50.000Hz	0.000°
Ia1	0.300A	0.000°	50.000Hz	1.000°
Ib1	0.000A	-180.000°	50.000Hz	0.000°
Ic1	0.000A	39.700°	50.000Hz	0.000°
Ix1	0.000A	-5.900°	50.000Hz	0.000°

发送 加 减 扩展菜单

图 4-66 测试仪所加量

五、过负荷保护测试

测试方法如下：

（1）高压侧通入 0.95×1.1 倍额定电流的模拟电流，装置无告警。

（2）通入 1.05×1.1 倍额定电流的模拟电流，经 10s 报“高压侧过负荷告警”。

六、失灵联跳保护校验

1. 测试方法

（1）投入主变保护高压侧后备保护功能软压板。

（2）投入主变保护高压侧失灵联跳控制字。

（3）投入主变保护“高压侧失灵联跳开入软压板”。

（4）用数字式继电保护测试仪模拟母差保护，并开出高压侧失灵联跳。

（5）失灵联跳开入进主变保护装置，同时 A 相输入 $1.05\times0.2I_e$ 的电流，保护正确动作。

2. 测试实例

模拟主变高压侧开关失灵，测试仪设置高压侧电流 0.2A，模拟失灵联跳开入，持续时间 100ms，如图 4-67 所示，保护装置失灵联跳动作报文如图 4-68 所示，失灵联跳测得时间如图 4-69 所示。

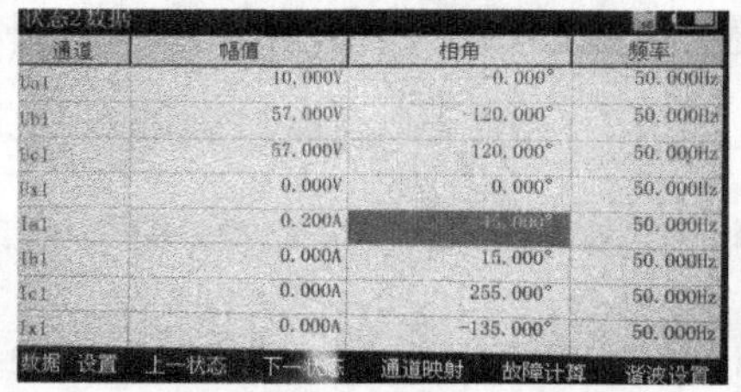

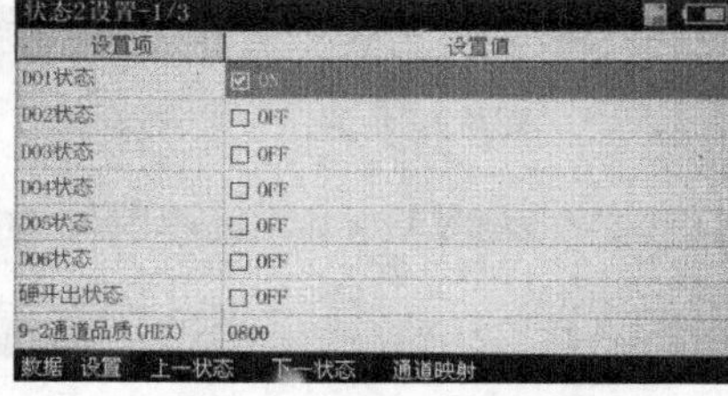

图 4-67　测试仪设置情况

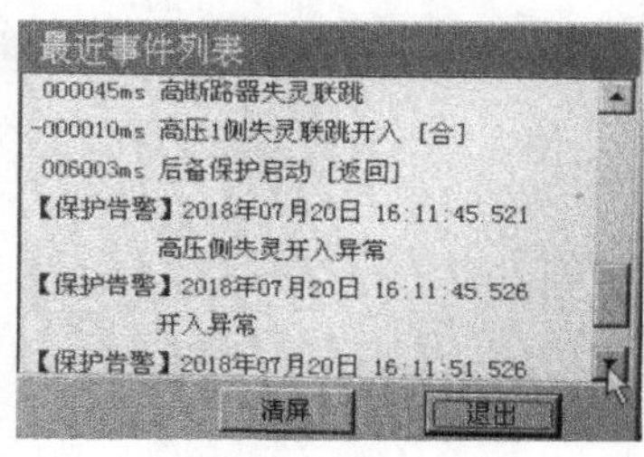

图 4-68　保护动作情况

图 4-69　失灵联跳时间测试

项目三

220kV主变保护(PCS-978T2-DA-G)装置验收

【项目描述】

本项目包含模拟量检查、开关量检查、定值核对及功能校验等内容。本项目编排以DL/T 995—2006《继电保护和电网安全自动装置检验规程》、Q/GDW 1809—2012《智能变电站继电保护校验规程》、Q/GDW 441—2010《智能变电站继电保护技术规范》、GB/T 32901—2016《智能变电站继电保护通用技术条件》、Q/GDW 1810—2015《智能变电站继电保护装置检验测试规范》、Q/GDW 11263—2014《智能变电站继电保护试验装置通用技术条件》和《NSR—378T2变压器保护装置技术和使用说明书》为依据，并融合了变电二次现场作业管理规范的内容，结合实际作业情况等内容。通过本项目内容的学习，了解主变保护的工作原理，熟悉保护装置的内部回路，掌握常规校验的项目。

任务一 模拟量检查

【任务描述】

本任务主要讲解模拟量检查内容。通过SCD可视化查看软件对SV虚端子进行检查，了解装置采样SVLD逻辑节点的基本构成，熟悉保护装置与合并单元之间的虚端子连接方式；熟练使用手持光数字测试仪（或常规模拟量测试仪）对保护装置进行加量，了解零漂检查、模拟量幅值线性度检验、模拟量相位特性检验的意义和操作流程。

【知识要点】

（1）虚端子回路的检查。

（2）保护装置模拟量查看及采样特性检查。

【技能要领】

一、SV虚端子检查

根据设计虚端子表（见图4-70）进行检查。检查SV虚端子连线有没有错位，有没有少连或者多连，如果发现合并单元模型文件没有设计需要的采样量，则需要更改合并单元模型文件。注意同一电流采样 SV 数据供不同保护使用时，保护需根据实际需求，各自选择连接正极性还是负极性。

PISV:SV输入　LLN0:管理逻辑节点　下移　上移　删除　设置端口　视图

	外部信号	外部信号描述	接	内部信号	内部信号描述
1	MT2202BMU/LLN0.DelayTRtg	#2主变高压侧第二套合并单元/额定延迟时间		PISV/SVINGGIO2.DelayTRtg	高压1侧MU额定延时
2	MT2202BMU/TCTR1.Amp	#2主变高压侧第二套合并单元/5P保护电流A相1		PISV/SVINGGIO10.AnIn1	高压1侧A相电流Ih1a1
3	MT2202BMU/TCTR1.AmpChB	#2主变高压侧第二套合并单元/5P保护电流A相2		PISV/SVINGGIO10.AnIn2	高压1侧A相电流Ih1a2
4	MT2202BMU/TCTR2.Amp	#2主变高压侧第二套合并单元/5P保护电流B相1		PISV/SVINGGIO10.AnIn3	高压1侧B相电流Ih1b1
5	MT2202BMU/TCTR2.AmpChB	#2主变高压侧第二套合并单元/5P保护电流B相2		PISV/SVINGGIO10.AnIn4	高压1侧B相电流Ih1b2
6	MT2202BMU/TCTR3.Amp	#2主变高压侧第二套合并单元/5P保护电流C相1		PISV/SVINGGIO10.AnIn5	高压1侧C相电流Ih1c1
7	MT2202BMU/TCTR3.AmpChB	#2主变高压侧第二套合并单元/5P保护电流C相2		PISV/SVINGGIO10.AnIn6	高压1侧C相电流Ih1c2
8	MT2202BMU/TCTR7.Amp	#2主变高压侧第二套合并单元/TP中性点零序电流1		PISV/SVINGGIO11.AnIn1	高压侧零序电流Ih01
9	MT2202BMU/TCTR7.AmpChB	#2主变高压侧第二套合并单元/TP中性点零序电流2		PISV/SVINGGIO11.AnIn2	高压侧零序电流Ih02
10	MT2202BMU/TCTR8.Amp	#2主变高压侧第二套合并单元/5P中性点间隙电流1		PISV/SVINGGIO11.AnIn3	高压侧间隙电流Ihj1
11	MT2202BMU/TCTR8.AmpChB	#2主变高压侧第二套合并单元/5P中性点间隙电流2		PISV/SVINGGIO11.AnIn4	高压侧间隙电流Ihj2
12	MT2202BMU/TVTR2.Vol	#2主变高压侧第二套合并单元/保护电压A相1		PISV/SVINGGIO9.AnIn1	高压侧A相电压Uha1
13	MT2202BMU/TVTR2.VolChB	#2主变高压侧第二套合并单元/保护电压A相2		PISV/SVINGGIO9.AnIn2	高压侧A相电压Uha2
14	MT2202BMU/TVTR3.Vol	#2主变高压侧第二套合并单元/保护电压B相1		PISV/SVINGGIO9.AnIn3	高压侧B相电压Uhb1
15	MT2202BMU/TVTR3.VolChB	#2主变高压侧第二套合并单元/保护电压B相2		PISV/SVINGGIO9.AnIn4	高压侧B相电压Uhb2
16	MT2202BMU/TVTR4.Vol	#2主变高压侧第二套合并单元/保护电压C相1		PISV/SVINGGIO9.AnIn5	高压侧C相电压Uhc1
17	MT2202BMU/TVTR4.VolChB	#2主变高压侧第二套合并单元/保护电压C相2		PISV/SVINGGIO9.AnIn6	高压侧C相电压Uhc2
18	MT2202BMU/TVTR9.Vol	#2主变高压侧第二套合并单元/零序电压1		PISV/SVINGGIO9.AnIn7	高压侧零序电压Uh01
19	MT2202BMU/TVTR9.VolChB	#2主变高压侧第二套合并单元/零序电压2		PISV/SVINGGIO9.AnIn8	高压侧零序电压Uh02
20	MT1102BMU/LLN0.DelayTRtg	#2主变中压侧第二套合并单元/额定延迟时间		PISV/SVINGGIO4.DelayTRtg	中压侧MU额定延时
21	MT1102BMU/TCTR1.Amp	#2主变中压侧第二套合并单元/5P保护电流A相1		PISV/SVINGGIO15.AnIn1	中压侧A相电流Ima1
22	MT1102BMU/TCTR1.AmpChB	#2主变中压侧第二套合并单元/5P保护电流A相2		PISV/SVINGGIO15.AnIn2	中压侧A相电流Ima2
23	MT1102BMU/TCTR2.Amp	#2主变中压侧第二套合并单元/5P保护电流B相1		PISV/SVINGGIO15.AnIn3	中压侧B相电流Imb1
24	MT1102BMU/TCTR2.AmpChB	#2主变中压侧第二套合并单元/5P保护电流B相2		PISV/SVINGGIO15.AnIn4	中压侧B相电流Imb2
25	MT1102BMU/TCTR3.Amp	#2主变中压侧第二套合并单元/5P保护电流C相1		PISV/SVINGGIO15.AnIn5	中压侧C相电流Imc1
26	MT1102BMU/TCTR3.AmpChB	#2主变中压侧第二套合并单元/5P保护电流C相2		PISV/SVINGGIO15.AnIn6	中压侧C相电流Imc2
27	MT1102BMU/TCTR7.Amp	#2主变中压侧第二套合并单元/TP中性点零序电流1		PISV/SVINGGIO16.AnIn1	中压侧零序电流Im01

图 4-70 主变保护 SV 虚端子

二、模拟量采样检查

对于智能站的 SV 采样保护装置，检查内容有零漂检查、模拟量幅值线性度检验、模拟量相位特性检验，采用手持光数字测试仪进行测试。

（一）零漂检验

1. 测试方法

（1）退出保护装置的 SV 接收软压板。

（2）查看各侧三相电流、三相母线电压、零序电流、间隙电流和零序电压的零点漂移。

2. 合格判据

要求 5min 内电流通道应小于 0.5A（5A 额定值 TA）或 0.1A（1A 额定值 TA），电压通道应小于 0.5V。

3. 测试实例

高压侧和低压侧零漂显示值如图 4-71 和图 4-72 所示。

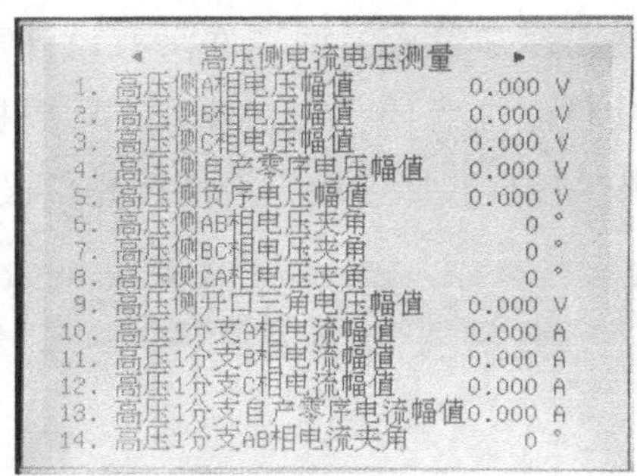

◄ 高压侧电流电压测量 ►

1. 高压侧A相电压幅值	0.000	V
2. 高压侧B相电压幅值	0.000	V
3. 高压侧C相电压幅值	0.000	V
4. 高压侧自产零序电压幅值	0.000	V
5. 高压侧负序电压幅值	0.000	V
6. 高压侧AB相电压夹角	0	°
7. 高压侧BC相电压夹角	0	°
8. 高压侧CA相电压夹角	0	°
9. 高压侧开口三角电压幅值	0.000	V
10. 高压1分支A相电流幅值	0.000	A
11. 高压1分支B相电流幅值	0.000	A
12. 高压1分支C相电流幅值	0.000	A
13. 高压1分支自产零序电流幅值	0.000	A
14. 高压1分支AB相电流夹角	0	°

图 4-71 高压侧零漂显示值

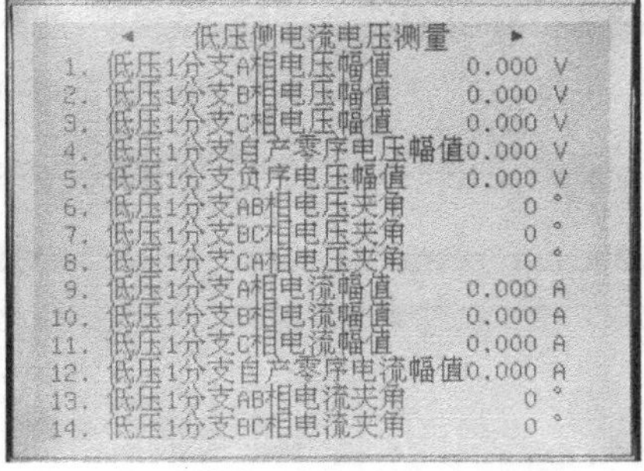

◄ 低压侧电流电压测量 ►

1. 低压1分支A相电压幅值	0.000	V
2. 低压1分支B相电压幅值	0.000	V
3. 低压1分支C相电压幅值	0.000	V
4. 低压1分支自产零序电压幅值	0.000	V
5. 低压1分支负序电压幅值	0.000	V
6. 低压1分支AB相电压夹角	0	°
7. 低压1分支BC相电压夹角	0	°
8. 低压1分支CA相电压夹角	0	°
9. 低压1分支A相电流幅值	0.000	A
10. 低压1分支B相电流幅值	0.000	A
11. 低压1分支C相电流幅值	0.000	A
12. 低压1分支自产零序电流幅值	0.000	A
13. 低压1分支AB相电流夹角	0	°
14. 低压1分支BC相电流夹角	0	°

图 4-72 低压侧零漂显示值

（二）幅值特性检验

1. 测试方法

（1）投“SV 接收软压板”。

（2）在交流电压测试时可以用测试仪为保护装置输入电压，用同时加对称正序三相电压方法检验采样数据，交流电压分别为 1、5、30、60V。

（3）在电流测试时可以用测试仪为保护装置输入电流，同时加对称正序三相电流方法检验采样数据，电流分别为 $0.05I_n$、$0.1I_n$、$2I_n$、$5I_n$。

（4）用数字测试仪为保护装置输入高中压侧外接零序电压、外接零序电流和间隙电流，比较采样显示值与测试仪所加模拟量。

2. 合格判据

检查保护测量和启动测量的交流量采样精度，其误差应小于±5%。

3. 测试实例

高压侧幅值特性测试和测试仪所加量如图 4-73 和图 4-74 所示。

◄ 高压侧电流电压测量 ►

1. 高压侧A相电压幅值	29.983	V
2. 高压侧B相电压幅值	30.017	V
3. 高压侧C相电压幅值	30.006	V
4. 高压侧自产零序电压幅值	0.006	V
5. 高压侧负序电压幅值	0.006	V
6. 高压侧AB相电压夹角	122	°
7. 高压侧BC相电压夹角	119	°
8. 高压侧CA相电压夹角	119	°
9. 高压侧开口三角电压幅值	51.923	V
10. 高压1分支A相电流幅值	1.999	A
11. 高压1分支B相电流幅值	1.999	A
12. 高压1分支C相电流幅值	1.999	A
13. 高压1分支自产零序电流幅值	0.001	A
14. 高压1分支AB相电流夹角	122	°

图 4-73 高压侧幅值特性测试

电压电流

通道	幅值	相角	频率	步长
Ua1	30.000V	0.000°	50.000Hz	0.000°
Ub1	30.000V	-120.000°	50.000Hz	0.000°
Uc1	30.000V	120.000°	50.000Hz	0.000°
Ux1	30.000V	0.000°	50.000Hz	0.000°
Ia1	2.000A	0.000°	50.000Hz	1.000°
Ib1	2.000A	-120.000°	50.000Hz	0.000°
Ic1	2.000A	120.000°	50.000Hz	0.000°
Ix1	2.000A	0.000°	50.000Hz	0.000°

发送 加 减 扩展菜单

图 4-74 测试仪所加量

（三）相位特性检验

1. 测试方法

（1）投“SV 接收软压板”。

（2）通过测试仪加入 $0.1I_n$ 电流、U_n 电压值，调节电流、电压相位，分别为 0°、120°。

2. 合格判据

要求保护装置的相位显示值与外部测试仪所加值的误差应不大于 3°。

3. 测试实例

测试仪所加量和装置显示值如图 4-75 和图 4-76 所示。

电压电流

通道	幅值	相角	频率	步长
Ua1	57.000V	0.000°	50.000Hz	0.000°
Ub1	57.000V	-120.000°	50.000Hz	0.000°
Uc1	57.000V	120.000°	50.000Hz	0.000°
[illegible]	0.000V	0.000°	50.000Hz	0.000°
Ia1	0.100A	-120.000°	50.000Hz	1.000°
[illegible]	0.100A	-240.000°	50.000Hz	0.000°
Ic1	0.100A	0.000°	50.000Hz	0.000°
[illegible]	0.000A	0.000°	50.000Hz	0.000°

SMV GSE 发送SMV 加 减 扩展菜单

图 4-75 测试仪所加量

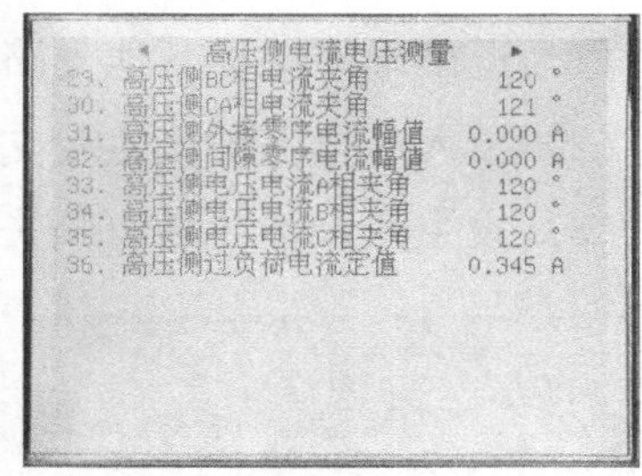

图 4-76 装置显示值

任务二 开 关 量 检 查

【任务描述】

本任务主要讲解开关量检查内容。通过对保护装置硬压板以及面板的操作，了解装置开入开出的原理及功能，掌握手持光数字测试仪模拟被开出对象，对开出量实时侦测功能的使用。

【知识要点】

（1）检修硬压板、远方操作硬压板和复归开入量的检查。

（2）失灵联跳开入量检查。

【技能要领】

（一）检修硬压板、远方操作硬压板和复归开入量的检查

测试方法如下：

（1）投、退“置检修状态”硬压板。

（2）投、退“远方操作”硬压板。

（3）操作复归按钮。

（4）查看保护装置是否收到该硬压板或复归按钮的开入信息。

（二）失灵联跳开入量检查

1. 测试方法

（1）退出母差保护其他支路所有GOOSE出口软压板。

（2）投入母差保护该主变支路失灵联跳出口软压板。

（3）投主变保护“高压侧失灵联跳开入软压板”。

（4）模拟母差保护的主变支路失灵动作或开出传动失灵联跳。

（5）查看主变保护高压侧失灵联跳开入。

2. 测试实例

利用手持测试仪为主变保护输入失灵联跳开入，检查主变保护装置失灵联跳开入变位情况，如图4-77所示。

图4-77 主变保护失灵联跳开入

任务三 定值核对及功能校验

【任务描述】

本任务主要讲解定值核对及功能校验内容。通过对保护装置定值功能的使用，熟练掌握查看、修改定值的操作；通过纵差差动保护校验，熟悉保护的动作原理及特征，掌握纵差保护、高压侧后备保护和低压侧后备保护的调试方法。

【任务描述】

（1）定值单核对。
（2）纵差差动定值校验。
（3）高压侧复压闭锁方向过流保护校验。
（4）高压侧零序方向过流保护校验。
（5）过负荷告警测试。
（6）失灵联跳功能测试。

【技能要领】

一、定值核对

根据整定单核对保护装置中的版本号、校验码、定值、控制字等参数。

二、纵差差动定值校验

校验保护定值时需投入差动保护的功能压板，投入各侧SV接收软压板。

（一）检查内容

检查设备的定值设置，以及相应的保护功能是否正常。

（二）检查方法

设置好设备的定值，通过测试系统给设备加入电流、电压量，观察设备面板显示和保护测试仪显示，记录设备动作情况和动作时间。

（三）差动速动段校验

1．测试方法

（1）投入差动保护功能软压板。

（2）投入保护控制字“纵差差动速断保护”。

（3）模拟故障，设置测试仪输入故障电流 $I=mI_{dz}$（I_{dz}为差动速断电流定值），故障持续时间小于30ms。

（4）模拟故障，设置故障电流为 1.05 倍差动速断电流定值，应可靠动作。

（5）模拟故障，设置故障电流为 0.95 倍差动速断电流定值，应可靠不动作。

（6）模拟故障，设置故障电流为 2 倍差动速断电流定值，测试保护动作时间。

2. 测试实例

校验差动速断电流定值（6 倍 I_e 额定电流 0.314A）实例：

（1）模拟故障电流为 1.05 倍速断电流定值，设置测试仪输入故障电流 $I=1.5\times1.05I_{dz}=2.97\text{A}$（见图 4-78），保护动作情况如图 4-79 所示。

2数据

通道	幅值	相角	频率
[illegible]	20.000V	-0.000°	50.000Hz
Ub1	57.000V	-120.000°	50.000Hz
[illegible]	57.000V	120.000°	50.000Hz
Ux1	0.000V	0.000°	50.000Hz
Ia1	[illegible]	-45.000°	50.000Hz
Ib1	0.000A	15.000°	50.000Hz
Ic1	0.000A	255.000°	50.000Hz
Ix1	0.000A	-135.000°	50.000Hz

数据 设置 上一状态 下一状态 通道映射 故障计算 谐波设置

图 4-78 测试仪所加量

图 4-79 保护动作情况

（2）模拟故障电流为 0.95 倍速断电流定值，设置测试仪输入故障电流 $I=1.5\times0.95I_{dz}=2.685\text{A}$（见图 4-80），保护动作情况如图 4-81 所示。

状态2数据

通道	幅值	相角	频率
Ua1	20.000V	-0.000°	50.000Hz
Ub1	57.000V	-120.000°	50.000Hz
Uc1	57.000V	120.000°	50.000Hz
Ux1	0.000V	0.000°	50.000Hz
Ia1	2.685A	-45.000°	50.000Hz
Ib1	0.000A	15.000°	50.000Hz
Ic1	0.000A	255.000°	50.000Hz
Ix1	0.000A	-135.000°	50.000Hz

数据 设置 上一状态 下一状态 通道映射 故障计算 谐波设置

图 4-80 试验设置

图 4-81 保护动作情况

（3）模拟故障电流为 2 倍速断电流定值，设置测试仪输入故障电流 $I=1.5\times2I_{dz}=5.652\text{A}$（见图 4-82），保护动作情况如图 4-83 所示，测试动作时间，测量结果如图 4-84 所示。

状态2数据

	幅值	相角	频率
Ua1	20.000V	-0.000°	50.000Hz
	57.000V	-120.000°	50.000Hz
Uc1	57.000V	120.000°	50.000Hz
	0.000V	0.000°	50.000Hz
Ia1	[illegible]	-45.000°	50.000Hz
Ib1	0.000A	15.000°	50.000Hz
Ic1	0.000A	255.000°	50.000Hz
Ix1	0.000A	-135.000°	50.000Hz

数据 设置 上一状态 下一状态 通道映射 故障计算 谐波设置

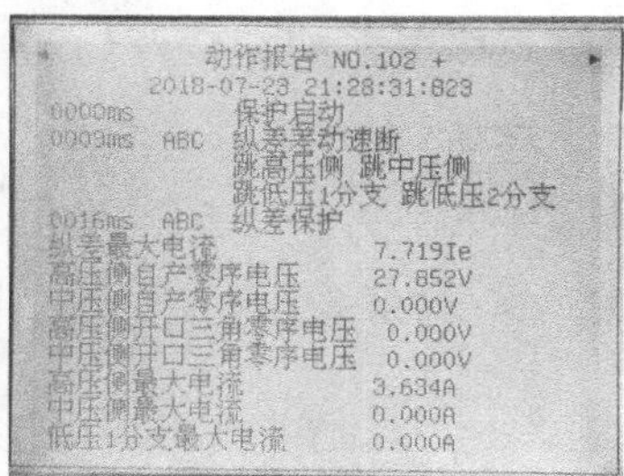

动作报告 NO.102

2018-07-23 21:28:31:823

0000ms 保护启动

0009ms ABC 纵差差动速断

跳高压侧 跳中压侧

跳低压1分支 跳低压2分支

0016ms ABC 纵差保护

纵差最大电流 7.719Ie

高压侧自产零序电压 27.852V

中压侧自产零序电压 0.000V

高压侧开口三角零序电压 0.000V

中压侧开口三角零序电压 0.000V

高压侧最大电流 3.634A

中压侧最大电流 0.000A

低压1分支最大电流 0.000A

图 4-82　保护动作情况　　　　图 4-83　测试仪所加量

开入量动作-1/2

开入量	变位次数	变位1(ms)	变位2(ms)	变位3(ms)
DI1	1	18.4		
DI2	0			
DI3	0			
DI4	0			
DI5	0			
DI6	0			
DI7	0			
DI8	0			

图 4-84　时间测试结果

（四）比率制动特性检验

1. 保护原理

比率差动动作曲线如图 4-85 所示。

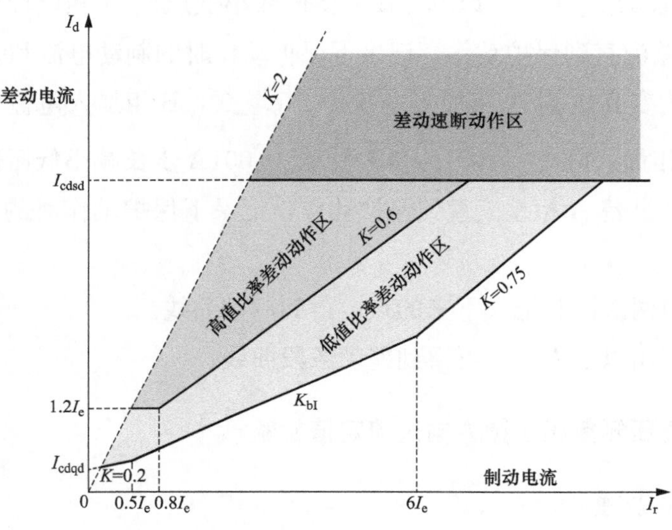

图 4-85　比率差动动作曲线

稳态比率差动动作方程如下：

$$
\begin{cases}
I_d > 0.2I_r + I_{cdqd} & I_r \leqslant 0.5I_e \\
I_d > K_{b1}[I_r - 0.5I_e] + 0.1I_e + I_{cdqd} & 0.5I_e \leqslant I_r \leqslant 6I_e \\
I_d > 0.75[I_r - 6I_e] + K_{b1}[5.5I_e] + 0.1I_e + I_{cdqd} & I_r > 6I_e \\
I_r = \dfrac{1}{2}\sum\limits_{i=1}^{m}|I_i| \\
I_d = \left|\sum\limits_{i=1}^{m} I_i\right|
\end{cases}
$$

式中：I_r 为制动电流；I_d 为差动电流；I_e 为变压器额定电流；I_{cdqd} 为稳态比率差动启动定值；I_i 为变压器各侧电流；K_{b1} 为比率制动系数整定值。

2. 测试方法

（1）投入差动保护软压板。

（2）投入保护控制字“纵差差动保护”。

（3）退出其他保护软压板、控制字。

（4）高压侧 A 相加入电流 $I_{he}\angle 0°$，B 相加入电流 $I_{he}\angle 180°$，低压侧 A 相加入电流$\sqrt{3}I_{he}\angle 180°$。以 0.001A 步长减小低压侧 A 相电流使装置产生纵差 A 相差流直到保护动作，记录下保护动作时的制动电流和差流大小。

（5）改变高压侧 A 相加入电流为 $2I_{he}\angle 0°$，B 相加入电流 $2I_{he}\angle 180°$，低压侧 A 相加入电流$\sqrt{3}\times 2I_{le}\angle 180°$。以 0.001A 步长减小低压侧 A 相电流使装置产生纵差 A 相差流直到保护动作，记录下保护动作时的制动电流和差流大小。

（6）由两次试验记录下来的点，得到制动曲线。

（7）利用以上方法，可得到差动各段曲线。

三、高压侧复压闭锁方向过流定值检验

1. 保护原理

方向元件采用正序电压，并带有记忆，近处三相短路时方向元件无死

区。接线方式为0°接线方式。方向指向变压器时，灵敏角为45°，方向指向母线时，灵敏角为225°，可以选择指向变压器或母线。方向元件动作特性如图4-86所示，阴影部分为动作区。

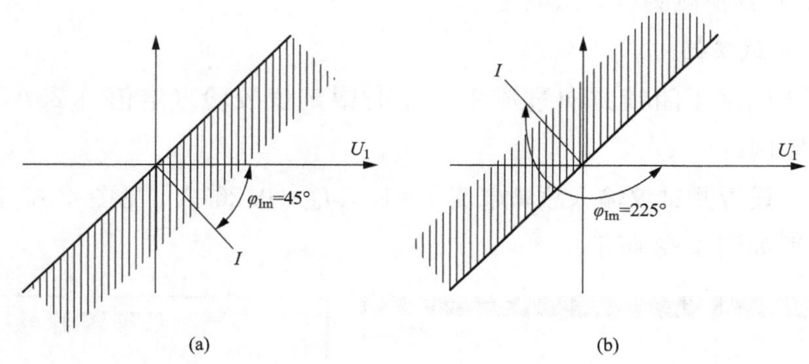

图4-86 方向元件动作特性

(a) 指向主变压器；(b) 指向母线

2. 测试方法

(1) 投入高压侧后备保护软压板。

(2) 投入高压侧复压过流Ⅰ段1时限控制字。

(3) 退出其他保护软压板、控制字。

(4) 高压侧复压过流Ⅰ段1时限，在0.95倍电流定值时，可靠不动作。

(5) 高压侧复压过流Ⅰ段1时限，在1.05倍电流定值时，可靠动作。

(6) 高压侧复压过流Ⅰ段1时限，在1.2倍电流定值时，可靠动作，测量保护动作时间。

(7) 利用上述方法，测试高压侧复压过流各段各时限，保护应正确动作。

(8) 投高压侧TV，退其他侧TV。

(9) 高压侧通入1.2倍电流定值的电流，通入正常电压。

(10) 同时以0.5V步长降低三相电压直到保护动作，该动作值应满足低电压闭锁定值。

(11) 高压侧通入1.2倍电流定值的电流，通入正常电压。

(12) 以0.5V步长降低单相电压直到保护动作，该负序电压应满足负序电压闭锁定值。

（13）高压侧通入 1.2 倍电流定值的电流，A 相电压 20V∠0°，电流角度从 0°～360°改变，测试保护动作范围，误差不大于 3°，并计算保护动作灵敏角。

（14）其他侧测试方法同上。

3. 测试实例

高压侧复压闭锁方向过流Ⅰ段 1 时限定值校验（定值 0.25A，时间 3.2s）实例：

（1）设置测试仪输入故障电流 $I=1.05I_{dz}=0.263A$（见图 4-87），保护动作情况如图 4-88 所示。

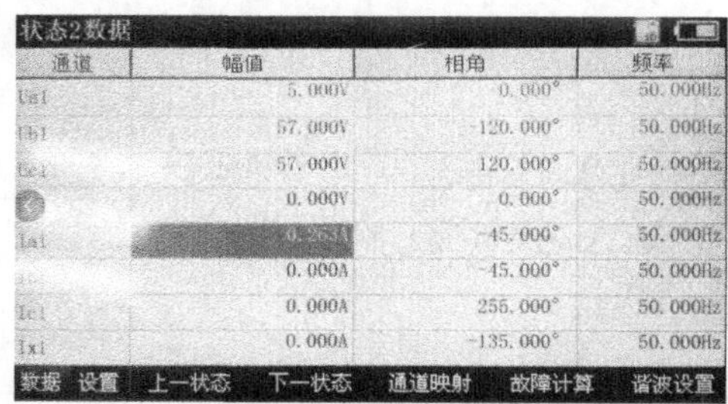

图 4-87 测试仪所加量

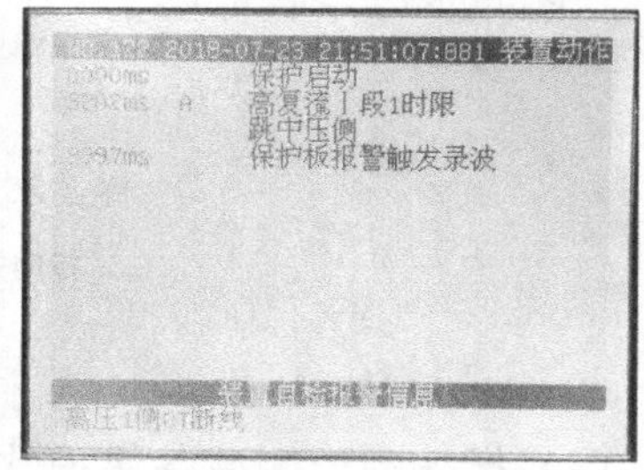

图 4-88 保护动作情况

（2）设置测试仪输入故障电流 $I=0.95I_{dz}=0.237A$，高压侧复压闭锁方向过流Ⅰ段 1 时限不动作。

（3）设置测试仪输入故障电流 $I=1.2I_{dz}=0.3A$（见图 4-89），保护动作情况如图 4-90 所示，测试高压侧复压闭锁方向过流Ⅰ段 1 时限动作时间，测试结果如图 4-91 所示。

状态2数据

通道	幅值	相角	频率
Ua1	10.000V	0.000°	50.000Hz
Ub1	10.000V	-120.000°	50.000Hz
Uc1	10.000V	120.000°	50.000Hz
Ux1	0.000V	0.000°	50.000Hz
Ia1	0.300A	-45.000°	50.000Hz
Ib1	0.300A	-165.000°	50.000Hz
Ic1	0.300A	75.000°	50.000Hz
Ix1	0.000A	-45.000°	50.000Hz

数据 设置 上一状态 下一状态 通道映射 故障计算 谐波设置

图 4-89 测试仪所加量

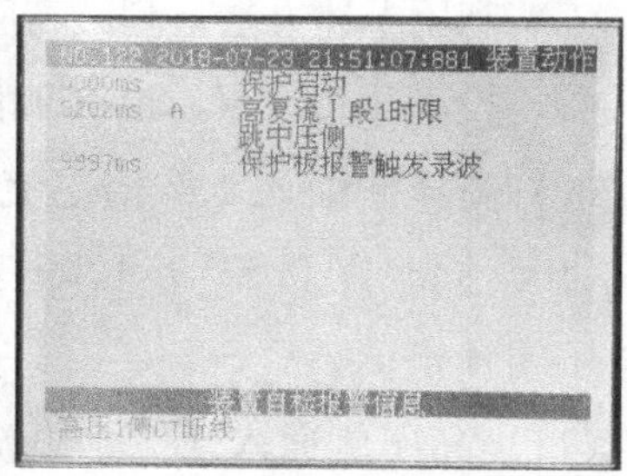

图 4-90 保护动作情况

开入量动作-1/2

开入量	变位次数	变位1(ms)	变位2(ms)	变位3(ms)
DI1	1	3226.9		
DI2	0			
DI3	0			
DI4	0			
DI5	0			
DI6	0			
DI7	0			
DI8	0			

图 4-91　动作时间测试结果

四、零序方向过流定值校验

1. 保护原理

方向元件所用零序电压固定为自产零序电压，电流固定为自产零序电流，可以选择指向变压器或母线。方向指向变压器，方向灵敏角为 255°，方向指向母线，方向灵敏角为 75°，如图 4-92 所示。

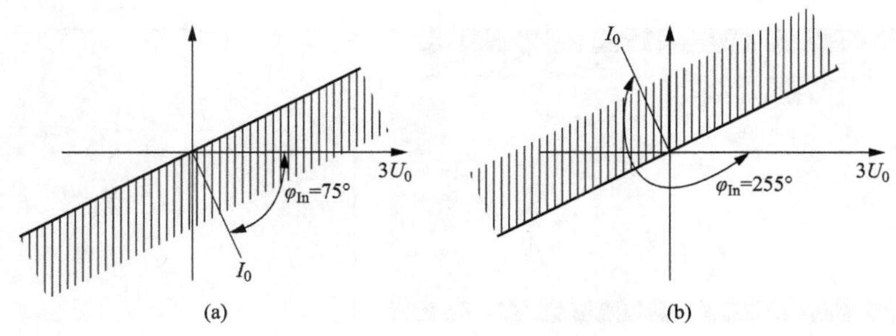

图 4-92　零序方向元件动作特性

(a) 指向系统；(b) 指向变压器

2. 测试方法

(1) 投入高压侧后备保护软压板。

(2) 投入高压侧零序过流 I 段 1 时限控制字。

(3) 退出其他保护软压板、控制字。

(4) 高压侧零序过流 I 段 1 时限，在 0.95 倍电流定值时，可靠不动作。

(5) 高压侧零序过流 I 段 1 时限，在 1.05 倍电流定值时，可靠动作。

(6) 高压侧零序过流 I 段 1 时限，在 1.2 倍电流定值时，可靠动作，测量保护动作时间。

（7）利用上诉方法，测试高压侧零序过流各段各时限，保护应正确动作。

（8）投高压侧 TV，退其他侧 TV。

（9）高压侧通入 1.2 倍电流定值的电流，A 相电压 20V∠0°，电流角度从 0°～360°改变，测试保护动作范围，误差不大于 3°，并计算保护动作灵敏角。

（10）其他侧测试方法同上。

3. 测试实例

（1）高压侧零序方向过流Ⅰ段 1 时限定值校验（定值 0.25A，时间 3.2s）实例：

1）1.05 倍动作电流定值，设置测试仪输入故障电流 $I=1.05I_{dz}=0.263A$，如图 4-93 所示，保护动作情况如图 4-94 所示。

图 4-93 测试仪所加量

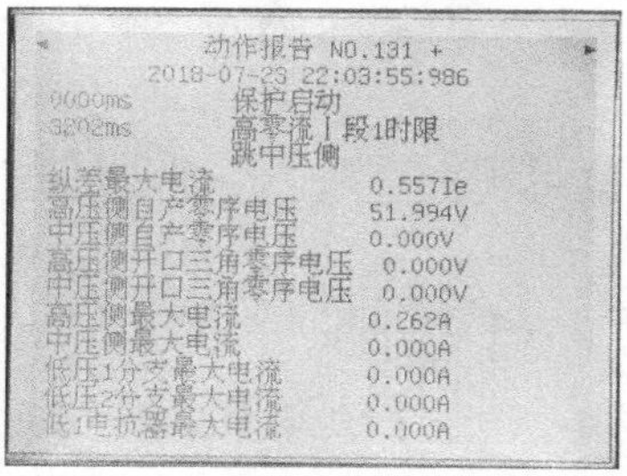

图 4-94 保护动作情况

2）0.95 倍动作电流定值，设置测试仪输入故障电流 $I=0.95I_{dz}=0.237A$，高压侧零序方向过流 1 段 1 时限不动作。

3）1.2 倍动作电流定值，测试动作时间设置测试仪输入故障电流 $I=1.2I_{dz}=0.3A$（见图 4-95），保护动作情况如图 4-96 所示，测试高压侧零序方向过流Ⅰ段 1 时限动作时间，测试仪所加量如图 4-97 所示，测试结果如图 4-98 所示。

（2）测试零序方向过流保护Ⅰ段 1 时限动作区：

在 1.2 倍零序方向过流保护Ⅰ段动作电流定值下，测试动作区间设置

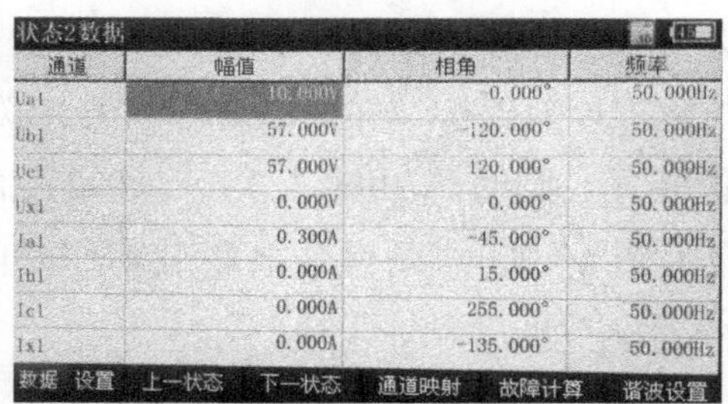

状态2数据

通道	幅值	相角	频率
Ua1	10.000V	0.000°	50.000Hz
Ub1	57.000V	-120.000°	50.000Hz
Uc1	57.000V	120.000°	50.000Hz
Ux1	0.000V	0.000°	50.000Hz
Ia1	0.300A	-45.000°	50.000Hz
Ib1	0.000A	15.000°	50.000Hz
Ic1	0.000A	255.000°	50.000Hz
Ix1	0.000A	-135.000°	50.000Hz

数据　设置　上一状态　下一状态　通道映射　故障计算　谐波设置

图 4-95　测试仪所加量

动作报告 NO.129 +
2018-07-23 22:00:52:213
0000ms　保护启动
3202ms　高零流Ⅰ段1时限
跳中压侧
纵差最大电流　0.636Ie
高压侧自产零序电压　52.017V
中压侧自产零序电压　0.000V
高压侧开口三角零序电压　0.000V
中压侧开口三角零序电压　0.000V
高压侧最大电流　0.299A
中压侧最大电流　0.000A
低压1分支最大电流　0.000A
低压2分支最大电流　0.000A
低1电抗器最大电流　0.000A

图 4-96　保护动作情况

电压电流

通道	幅值	相角	频率	步长
Ua1	20.000V	0.000°	50.000Hz	0.000°
Ub1	57.000V	-120.000°	50.000Hz	0.000°
Uc1	57.000V	120.000°	50.000Hz	0.000°
Ux1	0.000V	-0.300°	50.000Hz	0.000°
Ia1	0.300A	0.000°	50.000Hz	[illegible]
Ib1	0.000A	-180.000°	50.000Hz	0.000°
Ic1	0.000A	39.700°	50.000Hz	0.000°
Ix1	0.000A	-5.900°	50.000Hz	0.000°

发送　加　减　扩展菜单

图 4-97　测试仪所加量

开入量动作-1/2

开入量	变位次数	变位1(ms)	变位2(ms)	变位3(ms)
DI1	1	[illegible]		
DI2	0			
DI3	0			
DI4	0			
DI5	0			
DI6	0			
DI7	0			
DI8	0			

图 4-98　动作时间测试结果

测试仪输入故障电流 $I=1.2I_{dz}=0.3A$，角度从 15°～－165°变化，检查保护动作情况，该区间内保护正确动作，该区间外保护拒动。

测得保护在 A 相电流角度超前 A 相电压 15°和－165°为动作边界，则动作区间为 15°～－165°，灵敏角为 $3I_0$ 超前 $3U_0$ 为 105°。

五、过负荷保护测试

测试方法如下：

（1）高压侧通入 0.95×1.1 倍额定电流的模拟电流，装置无告警。

（2）通入 1.05×1.1 倍额定电流的模拟电流，经 10s 报“高压侧过负荷告警”。

六、失灵联跳保护校验

测试方法如下：

（1）投入主变保护高压侧后备保护功能软压板。

（2）投入主变保护高压侧失灵联跳控制字。

(3) 投入主变保护“高压侧失灵联跳开入软压板”。

(4) 用数字式继电保护测试仪模拟母差保护，并开出高压侧失灵联跳。

(5) 失灵联跳开入进主变保护装置，同时A相输入1.05×0.1I_n的电流（见图4-99），保护正确动作（见图4-100），测得失灵联跳动作时间如图4-101所示。

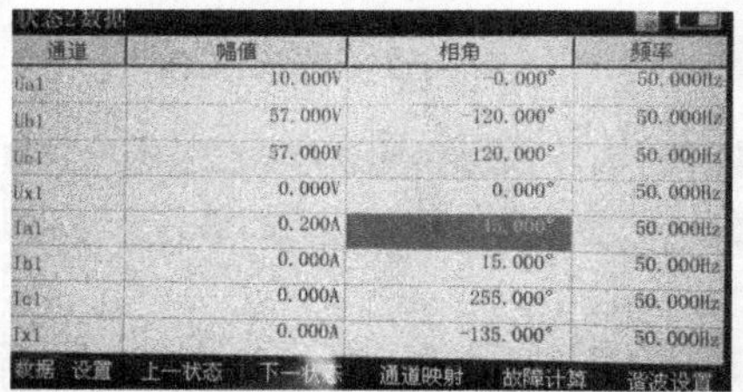

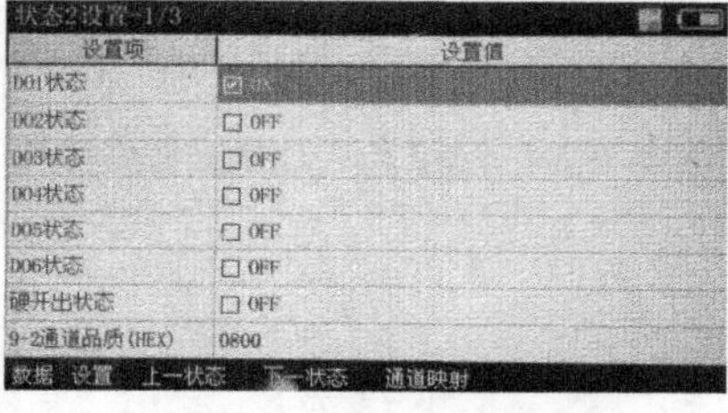

图4-99 测试仪设置情况

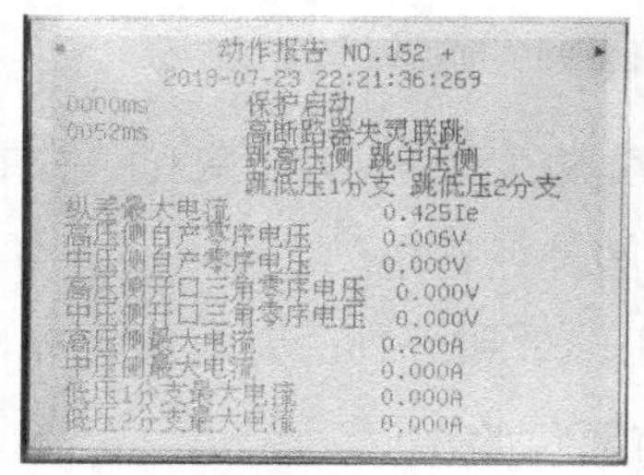

图4-100 保护动作情况

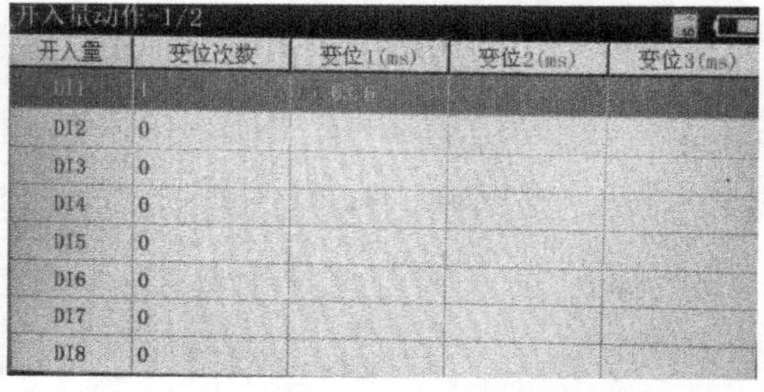

图4-101 测得失灵联跳动作时间

110kV主变保护
(PCS–978T1–DA–G)
装置验收

第五章 110kV主变保护（PCS–978T1–DA–G）装置验收

【项目描述】

本项目包含模拟量检查、开关量检查、定值核对及功能校验等内容。本项目编排以 DL/T 995—2006《继电保护和电网安全自动装置检验规程》、Q/GDW 1809—2012《智能变电站继电保护校验规程》、Q/GDW 441—2010《智能变电站继电保护技术规范》、GB/T 32901—2016《智能变电站继电保护通用技术条件》、Q/GDW 1810—2015《智能变电站继电保护装置检验测试规范》、Q/GDW 11263—2014《智能变电站继电保护试验装置通用技术条件》和《PCS-978T1-DA-G 变压器保护装置技术和使用说明书》为依据，并融合了变电二次现场作业管理规范的内容，结合实际作业情况等内容。通过本项目内容的学习，了解主变保护的工作原理，熟悉保护装置的内部回路，掌握常规校验的项目。

任务一 模拟量检查

【任务描述】

本任务主要讲解模拟量检查内容。通过 SCD 可视化查看软件对 SV 虚端子进行检查，了解装置采样 SVLD 逻辑节点的基本构成，熟悉保护装置与合并单元之间的虚端子连接方式；熟练使用手持光数字测试仪（或常规模拟量测试仪）对保护装置进行加量，了解零漂检查、模拟量幅值线性度检验、模拟量相位特性检验的意义和操作流程。

【知识要点】

一、虚端子回路检查

通过可视化虚端子配置工具检查 SCD 文件中的 SV 虚端子回路。

二、零漂检查

零漂检查包括电流回路的零漂检查和电压回路的零漂检查。检验零漂时，要求在一段时间内零漂值稳定。

三、采样值校验

采样值校验包括模拟量幅值线性度检验和模拟量相位特性检验。采样值通过手持光数字测试仪加出。

【技能要领】

一、SV 虚端子检查

根据设计虚端子表进行检查，主变保护 SV 虚端子如图 5-1 所示。

检查 SV 虚端子连线有没有错位，有没有少连或者多连，如果发现合并单元模型文件没有设计需要的采样量，则需要更改合并单元模型文件。注意同一电流采样 SV 数据供不同保护使用时，保护需根据实际需求，各自选择连接正极性还是负极性。

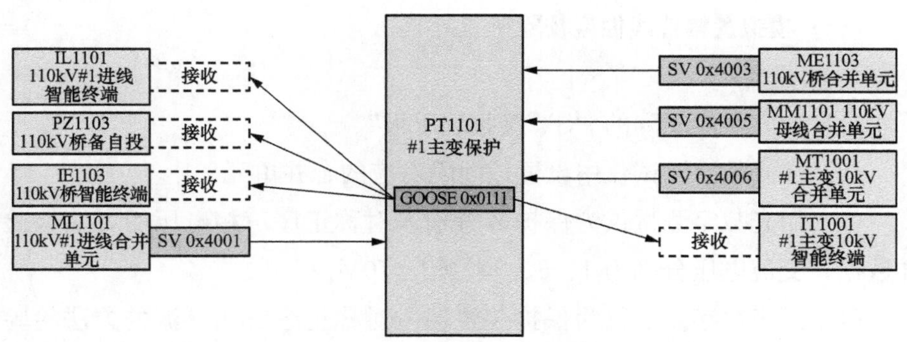

图 5-1 主变保护 SV 虚端子

二、零漂检查

1. 测试原理

进行本项目检验时要求保护装置不输入交流量，退出保护装置的 SV 接收软压板，然后查看保护装置的采样情况。

2. 测试方法

选择装置“主菜单”→“状态量”→“软压板状态”→“SV 接收软压板”，退出本间隔的 SV 接收软压板，如图 5-2 所示。然后进入装置“主菜单”→“模拟量”→“保护测量”模块查看各间隔的电流、电压零漂，如图 5-3 所示。

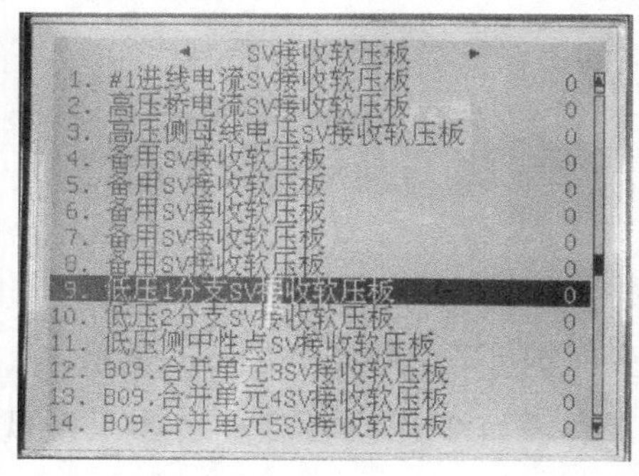

图 5-2 退出保护装置的 SV 接收软压板

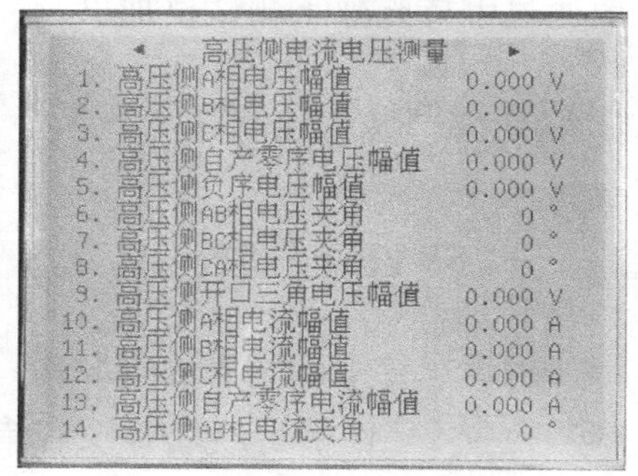

图 5-3 查看高压侧电流电压零漂

三、模拟量采样检查

（一）模拟量幅值线性度校验

1. 测试方法

（1）投入对应间隔的“SV 接收软压板”。

（2）在光数字测试仪中设置该间隔对应的合并单元。

（3）用光数字测试仪为保护装置输入对称正序三相电压的方法检验采样数据，交流电压分别为 1、5、30、60、70V。

（4）用光数字测试仪为保护装置输入对称正序三相电流的方法检验采样数据，电流分别为 $0.05I_n$、$0.1I_n$、$2I_n$、$5I_n$A。

2. 合格判据

查看“保护测量”、“启动测量”模块的电流电压值，要求保护装置的采样显示值与光数字测试仪所加值的幅值误差应小于 5%。

3. 测试实例

以高压侧电压为例，用光数字测试仪为保护装置输入对称正序三相电压 30V。步骤如下：

（1）投入高压侧母线电压 SV 接收软压板，如图 5-4 所示。

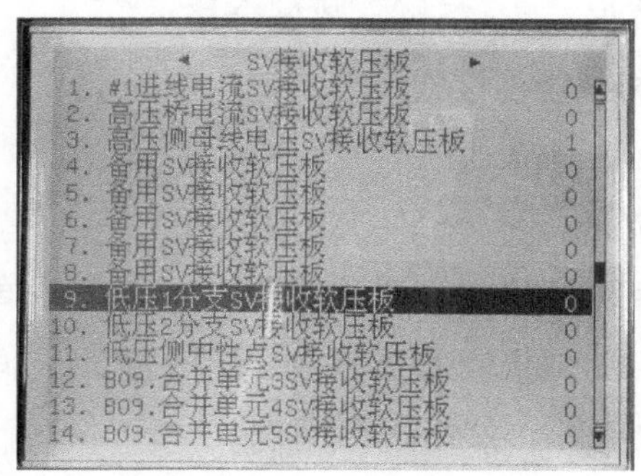

图 5-4 投入高压侧母线电压 SV 接收软压板

（2）在光数字测试仪手动试验菜单中输入对称正序三相电压 U_r30V，U_s 30V，U_t 30V，如图 5-5 所示。

电压

	幅值	角度	频率	直流
Ua	0.000 V	0.000 °	50.000 Hz	
Ub	0.000 V	-120.000 °	50.000 Hz	
Uc	0.000 V	120.000 °	50.000 Hz	
Ux	0.000 V	0.000 °	50.000 Hz	
Uy	0.000 V	-120.000 °	50.000 Hz	
Uz	0.000 V	120.000 °	50.000 Hz	
Uu	0.000 V	0.000 °	50.000 Hz	
Uv	0.000 V	-120.000 °	50.000 Hz	
Uw	0.000 V	120.000 °	50.000 Hz	
Ur(Ma)	30.000 V	0.000 °	50.000 Hz	
Us(Mb)	30.000 V	-120.000 °	50.000 Hz	
Ut(Mc)	30.000 V	120.000 °	50.000 Hz	

电流

	幅值	角度	频率	直流
Ia	0.000 A	0.000 °	50.000 Hz	
Ib	0.000 A	-120.000 °	50.000 Hz	
Ic	0.000 A	120.000 °	50.000 Hz	
Ix	0.000 A	0.000 °	50.000 Hz	
Iy	0.000 A	-120.000 °	50.000 Hz	
Iz	0.000 A	120.000 °	50.000 Hz	
Iu	0.000 A	0.000 °	50.000 Hz	
Iv	0.000 A	-120.000 °	50.000 Hz	
Iw	0.000 A	120.000 °	50.000 Hz	
Ir	0.000 A	0.000 °	50.000 Hz	
Is	0.000 A	-120.000 °	50.000 Hz	
It	0.000 A	120.000 °	50.000 Hz	

图 5-5 设置光数字测试仪输出参数

（3）查看保护装置显示值，如图 5-6 所示。

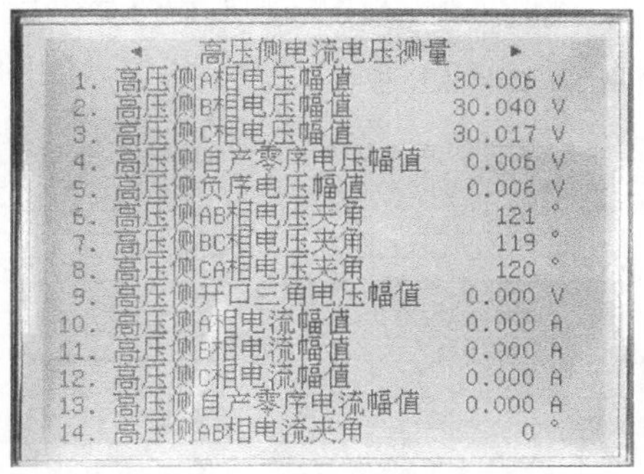

图 5-6 查看保护装置采样值

（4）计算幅值误差。

经计算，幅值误差 $P<5\%$，数据合格。

（二）模拟量相位特性检验

1. 测试方法

（1）投入对应间隔的“SV 接收软压板”。

（2）在光数字测试仪中设置该间隔对应的合并单元。

（3）用光数字测试仪同时加入 $0.1I_n$ 电流、U_n 电压值，调节电流、电压相位分别为 0°、120°，然后进行判别。

2. 合格判据

查看“保护测量”、“启动测量”模块的电流电压相角值，要求保护装置的相位显示值与外部表计所加值的误差应不大于 3°。

3. 测试实例

以高压侧为例，用光数字测试仪为 ABC 三相各加入电压 57V，角度为 0°，电流 0.1A，角度为 0°。步骤如下：

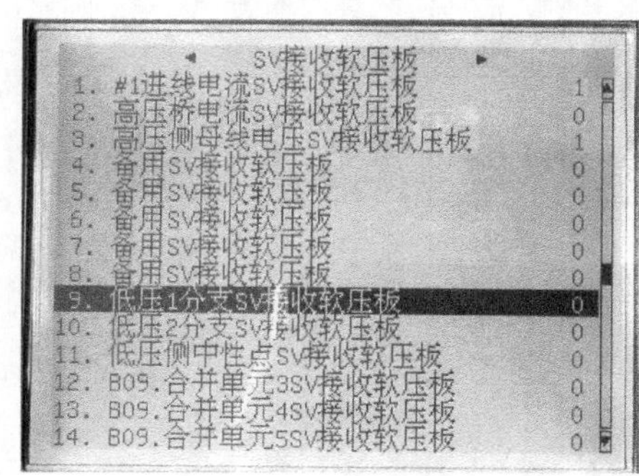

图 5-7 投入相应间隔 SV 接收软压板

（1）投入“高压侧母线电压 SV 接收软压板”，“♯1 进线电流 SV 接收软压板”，如图 5-7 所示。

（2）在光数字测试仪手动试验菜单中输入三相电压 U_r 57V，U_s 57V，U_t 57V，角度均为 0°，三相电流 I_a 0.1A，I_b 0.1A，I_c 0.1A，角度均为 0°，如图 5-8 所示。

电压

	幅值	角度	频率	直流
Ua	0.000 V	0.000 °	50.000 Hz	
Ub	0.000 V	-120.000 °	50.000 Hz	
Uc	0.000 V	120.000 °	50.000 Hz	
Ux	0.000 V	0.000 °	50.000 Hz	
Uy	0.000 V	-120.000 °	50.000 Hz	
Uz	0.000 V	120.000 °	50.000 Hz	
Uu	0.000 V	0.000 °	50.000 Hz	
Uv	0.000 V	-120.000 °	50.000 Hz	
Uw	0.000 V	120.000 °	50.000 Hz	
Ur(Ma)	57.700 V	0.000 °	50.000 Hz	
Us(Mb)	57.700 V	0.000 °	50.000 Hz	
Ut(Mc)	57.700 V	0.000 °	50.000 Hz	

电流

	幅值	角度	频率	直流
Ia	0.100 A	0.000 °	50.000 Hz	
Ib	0.100 A	0.000 °	50.000 Hz	
Ic	0.100 A	0.000 °	50.000 Hz	
Ix	0.000 A	0.000 °	50.000 Hz	
Iy	0.000 A	-120.000 °	50.000 Hz	
Iz	0.000 A	120.000 °	50.000 Hz	
Iu	0.000 A	0.000 °	50.000 Hz	
Iv	0.000 A	-120.000 °	50.000 Hz	
Iw	0.000 A	120.000 °	50.000 Hz	
Ir	0.000 A	0.000 °	50.000 Hz	
Is	0.000 A	-120.000 °	50.000 Hz	
It	0.000 A	120.000 °	50.000 Hz	

图 5-8 设置光数字测试仪输出参数

（3）查看保护装置显示值，如图 5-9 所示。

◄ 高压侧电流电压测量 ►

1. 高压侧A相电压幅值	57.790	V
2. 高压侧B相电压幅值	57.790	V
3. 高压侧C相电压幅值	57.790	V
4. 高压侧自产零序电压幅值	173.375	V
5. 高压侧负序电压幅值	0.006	V
6. 高压侧AB相电压夹角	0	°
7. 高压侧BC相电压夹角	0	°
8. 高压侧CA相电压夹角	0	°
9. 高压侧开口三角电压幅值	0.000	V
10. 高压侧A相电流幅值	0.093	A
11. 高压侧B相电流幅值	0.093	A
12. 高压侧C相电流幅值	0.093	A
13. 高压侧自产零序电流幅值	0.285	A
14. 高压侧AB相电流夹角	0	°

图 5-9　查看保护装置显示值

（4）计算相角误差。

经计算，相角误差 $P<5\%$，数据合格。

任务二　开入量检查

【任务描述】

本任务主要讲解开入量检查内容。通过对保护装置硬压板以及面板的操作，了解装置开入量的原理及功能。

【知识要点】

（1）“远方操作”开入量的检查。

（2）“置检修状态”开入量的检查。

（3）“信号复归”开入量的检查。

【技能要领】

一、硬压板开入量的检查

1. 测试方法

（1）投退保护屏上的“远方操作”硬压板。

（2）投退保护屏上的“置检修状态”硬压板。

（3）操作保护屏上的“信号复归”按钮。

（4）查看保护装置是否收到该硬压板或复归按钮的开入信息。

2. 合格判据

核对开入量的实际状态与保护装置显示开入量信息，确保两者一致。

3. 测试实例

（1）投入保护屏上的“远方操作”硬压板，核对保护装置显示开入量信息，如图 5-10 所示。

（2）投入保护屏上的“置检修状态”硬压板，核对保护装置显示开入量信息，如图 5-11 所示。

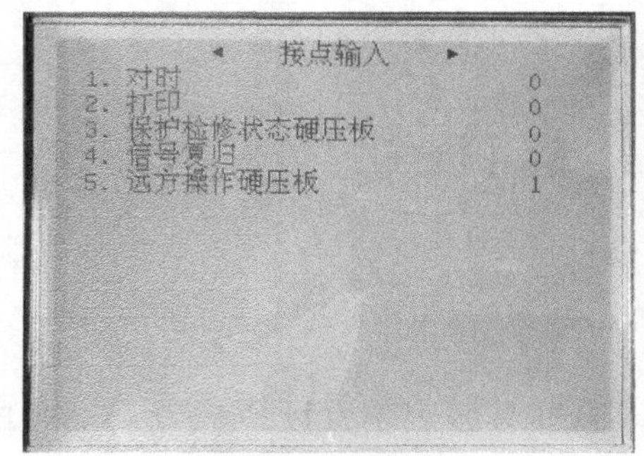

图 5-10 查看保护装置开入量状态

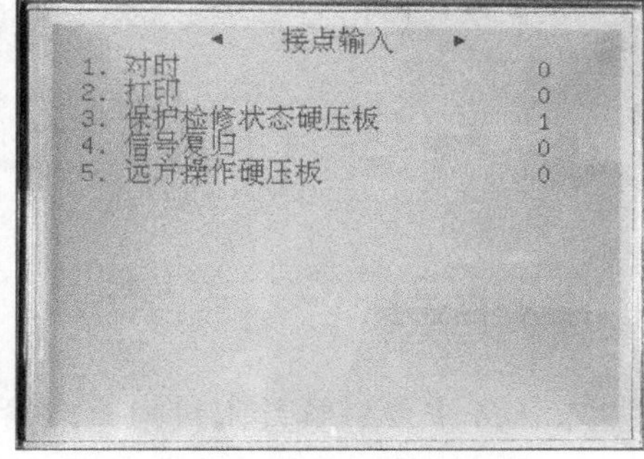

图 5-11 查看保护装置开入量状态

（3）按下保护屏上的“信号复归”按钮，核对保护装置显示开入量信息，如图 5-12 所示。

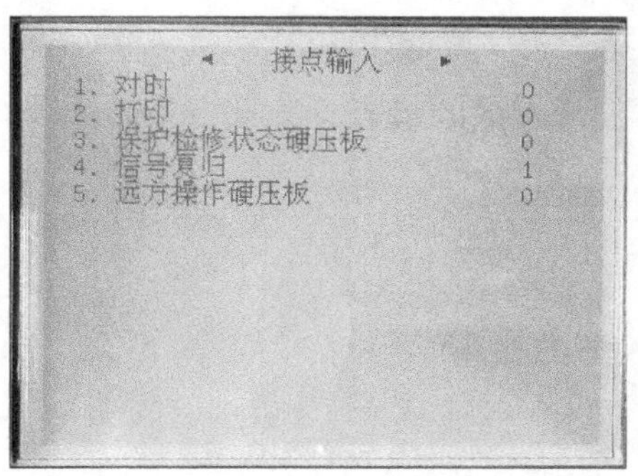

图 5-12 查看保护装置开入量状态

任务三 定值核对及功能校验

【任务描述】

本任务主要讲解定值核对及功能校验内容。通过对保护装置定值功能的使用，熟练掌握查看、修改定值的操作；通过纵差差动保护、后备保护校验，熟悉保护的动作原理及特征，掌握主变保护的调试方法。

【知识要点】

（1）定值单核对。

（2）纵差差动定值校验。

（3）高压侧后备保护定值校验。

（4）低压侧后备保护定值校验。

【技能要领】

一、定值核对

根据整定单核对保护装置中的版本号、校验码、设备参数、保护定值、控制字、软压板、跳闸矩阵等内容。

二、差动保护定值校验

差动保护定值校验项目由最小动作电流定值校验、差动速断定值校验、比率制动特性检验、二次谐波制动检验等项目构成。

（一）最小动作电流定值校验

1. 保护原理

最小动作电流计算公式如下：

$$I_{\mathrm{dZmin}} = m\frac{I_{\mathrm{cdqd}}}{0.9} \quad I_{\mathrm{r}} \leqslant 0.5I_{\mathrm{e}}$$

式中：I_r 为制动电流；I_e 为变压器额定电流；I_{cdqd} 为稳态比率差动启动定值；m 为系数，其值分别为 0.95、1.05。

2. 测试方法

（1）投入主保护软压板、纵差保护控制字。

（2）投入对应 SV 接收软压板。

（3）在光数字测试仪中设置该间隔对应的合并单元。

（4）用光数字测试仪为保护装置加入故障电流，在 1.05 倍定值时应可靠动作，在 0.95 倍定值时应可靠不动作，在 1.2 倍定值时，测试动作时间，检查保护装置动作情况。

3. 测试实例

本次以高压侧 A 相故障为例，步骤如下：

（1）投入主保护软压板、纵差保护控制字，投入高压侧电流 SV 接收软压板，如图 5-13、图 5-14 所示。

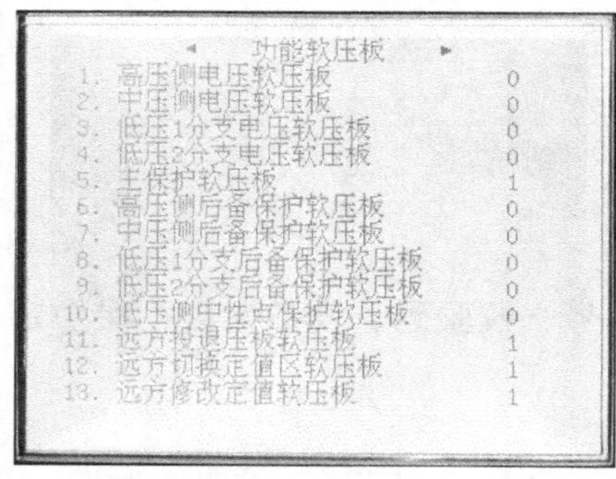

图 5-13 查看保护装置功能软压板

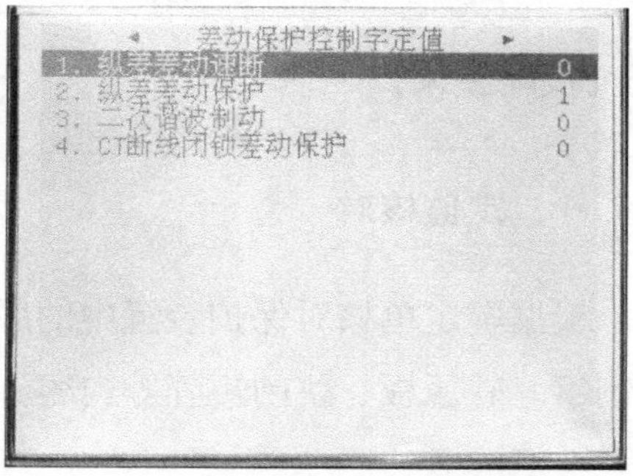

图 5-14 查看保护装置控制字

（2）在光数字测试仪手动测试菜单中，设置高压侧 A 相电流输出为 1.05 倍定值 1.14A，如图 5-15 所示。

（3）检查保护装置动作情况，如图 5-16 所示。

（二）差动速断定值校验

1. 保护原理

差动速断电流计算公式如下：

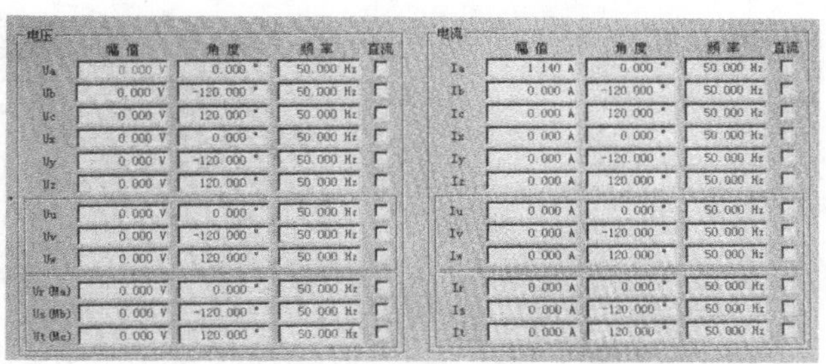

图 5-15　设置光数字测试仪输出参数

$$I_{\mathrm{sddZ}} = mI_{\mathrm{cdsd}}$$

式中：I_{cdsd}为差动速断定值；m为系数，其值分别为 0.95、1.05、1.2。

2. 测试方法

（1）投入主保护软压板，投入纵差差动速断、纵差差动保护控制字，退出其他保护功能控制字。

（2）投入对应 SV 接收软压板。

（3）在光数字测试仪中设置该间隔对应的合并单元。

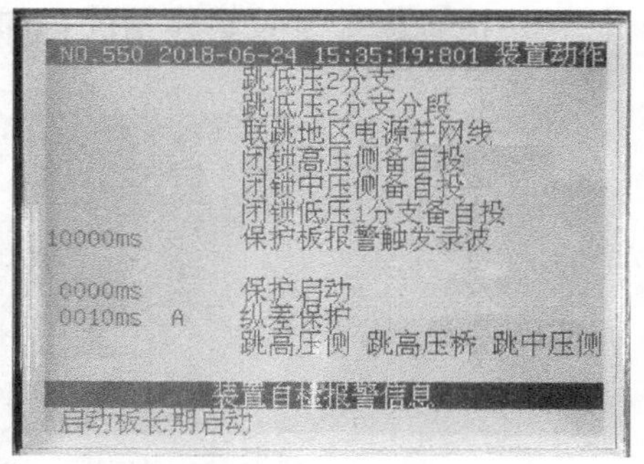

图 5-16　查看保护装置动作信息

（4）用光数测试仪为保护装置加入故障电流，在 1.05 倍定值时应可靠动作；在 0.95 倍定值时应可靠不动作；在 1.2 倍定值时，测试动作时间。检查保护装置动作情况。

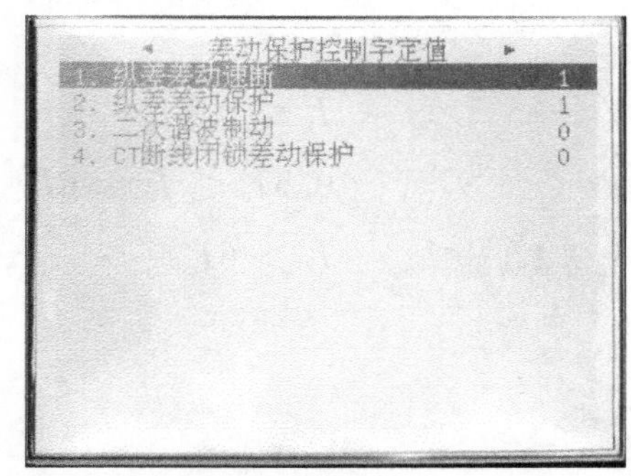

图 5-17　查看保护装置控制字

3. 测试实例

本次以高压侧 A 相故障为例，步骤如下：

（1）投入主保护软压板，投入纵差差动速断、纵差差动保护控制字，投入高压侧电流 SV 接收软压板，如图 5-17 所示。

（2）在光数字测试仪手动测试菜

单中，设置高压侧 A 相电流输出为 1.05 倍定值 20.69A，如图 5-18 所示。

电压

	幅值	角度	频率	直流
Ua	0.000 V	0.000 °	50.000 Hz	
Ub	0.000 V	-120.000 °	50.000 Hz	
Uc	0.000 V	120.000 °	50.000 Hz	
Ux	0.000 V	0.000 °	50.000 Hz	
Uy	0.000 V	-120.000 °	50.000 Hz	
Uz	0.000 V	120.000 °	50.000 Hz	
Uu	0.000 V	0.000 °	50.000 Hz	
Uv	0.000 V	-120.000 °	50.000 Hz	
Uw	0.000 V	120.000 °	50.000 Hz	
Ur(Ma)	0.000 V	0.000 °	50.000 Hz	
Us(Mb)	0.000 V	-120.000 °	50.000 Hz	
Ut(Mc)	0.000 V	120.000 °	50.000 Hz	

电流

	幅值	角度	频率	直流
Ia	20.690 A	0.000 °	50.000 Hz	
Ib	0.000 A	-120.000 °	50.000 Hz	
Ic	0.000 A	120.000 °	50.000 Hz	
Ix	0.000 A	0.000 °	50.000 Hz	
Iy	0.000 A	-120.000 °	50.000 Hz	
Iz	0.000 A	120.000 °	50.000 Hz	
Iu	0.000 A	0.000 °	50.000 Hz	
Iv	0.000 A	-120.000 °	50.000 Hz	
Iw	0.000 A	120.000 °	50.000 Hz	
Ir	0.000 A	0.000 °	50.000 Hz	
Is	0.000 A	-120.000 °	50.000 Hz	
It	0.000 A	120.000 °	50.000 Hz	

图 5-18　设置光数字测试仪输出参数

（3）检查保护装置动作情况，如图 5-19 所示。

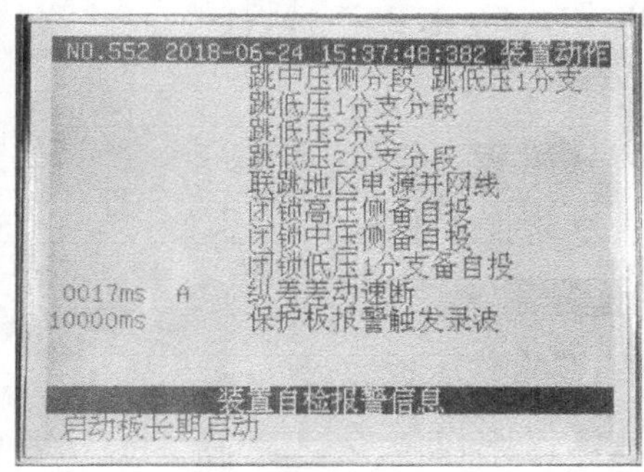

图 5-19　查看保护装置动作信息

（三）比率制动特性检验

1. 保护原理

比率差动动作曲线，如图 5-20 所示。

稳态比率差动动作方程如下：

$$
\begin{cases}
I_{\mathrm{d}} > 0.2I_{\mathrm{r}} + I_{\mathrm{cdqd}} & I_{\mathrm{r}} \leqslant 0.5I_{\mathrm{e}} \\
I_{\mathrm{d}} > K_{\mathrm{b1}}(I_{\mathrm{r}} - 0.5I_{\mathrm{e}}) + 0.1I_{\mathrm{e}} + I_{\mathrm{cdqd}} & 0.5I_{\mathrm{e}} \leqslant I_{\mathrm{r}} \leqslant 6I_{\mathrm{e}} \\
I_{\mathrm{d}} > 0.75(I_{\mathrm{r}} - 6I_{\mathrm{e}}) + K_{\mathrm{b1}}(5.5I_{\mathrm{e}}) + 0.1I_{\mathrm{e}} + I_{\mathrm{cdqd}} & I_{\mathrm{r}} > 6I_{\mathrm{e}} \\
I_{\mathrm{r}} = \dfrac{1}{2}\sum_{i=1}^{m} \mid I_i \mid & \\
I_{\mathrm{d}} = \left| \sum_{i=1}^{m} I_i \right| &
\end{cases}
$$

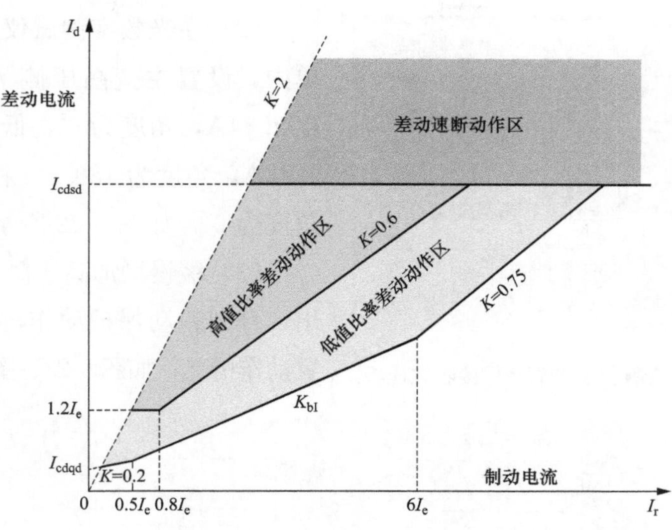

图 5-20 比率差动动作曲线

式中：I_r 为制动电流；I_d 为差动电流；I_e 为变压器额定电流；I_{cdqd} 为态比率差动启动定值；I_i 为变压器各侧电流；K_{b1} 为比率制动系数整定值。

2. 测试方法

（1）投入主保护软压板、纵差保护控制字，退出其他保护功能控制字。

（2）投入对应 SV 接收软压板。

（3）在光数字测试仪中设置各侧间隔对应的合并单元。

（4）在光数字测试仪手动测试菜单中，分别在 Y 侧的 A 相极性端通入一个 n 倍 Y 侧二次额定电流（$n\leqslant1$），在 Δ11 侧 a 相通入一个 n 倍 Δ11 侧二次额定电流（$n\leqslant1$）并经 C 相极性端流出的单相电流，A 相位为 0°，a 相位为 180°。

（5）先固定 I_2，缓慢地增加 I_1 的电流，且始终要保持 I_1 大于 I_2，使电流慢慢增加直到差动保护动作，出口动作时分别读取各点的动作电流值，并将测试电流转换为标幺值，则可计算出差动电流、制动电流和制动系数。

3. 测试实例

（1）投入主保护软压板、纵差差动保护控制字，投入高压侧电流 SV 接收软压板，低压侧电流 SV 接收软压板，如图 5-21 所示。

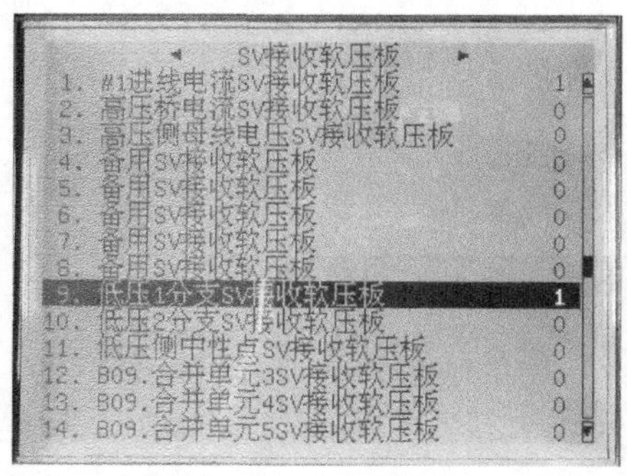

图 5-21 查看保护装置 SV 接收软压板

（2）在光数字测试仪手动测试菜单中，设置主变高压侧 A 相电流输出 2.84A，角度为 0°，低压侧 a 相为 3.44A，角度为 180°，c 相为 3.44A，角度为 0°，如图 5-22 所示。

（3）缓慢增加高压侧 A 相电流输出，直到差动保护动作，检查保护装置动作情况，如图 5-23、图 5-24 所示。

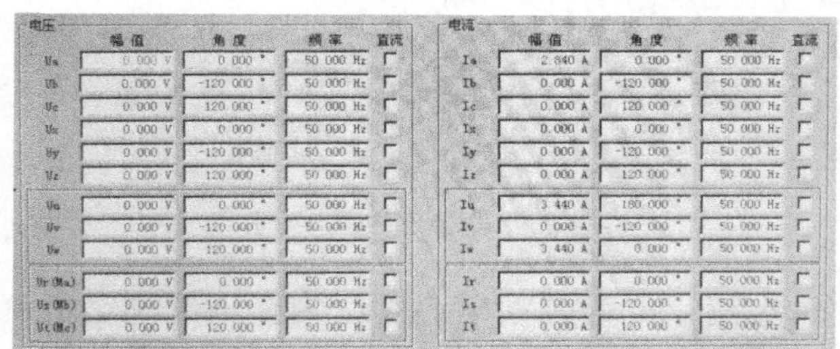

图 5-22 设置光数字测试仪输出参数

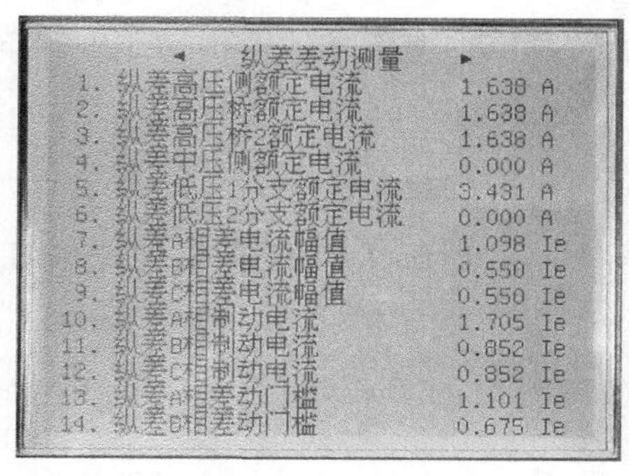

图 5-23 查看保护装置采样值

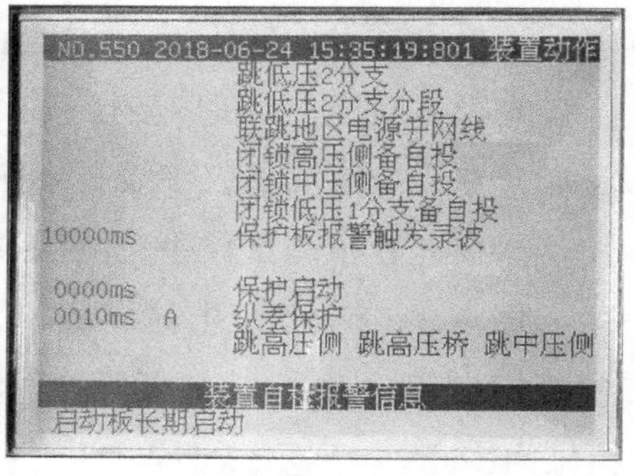

图 5-24 查看保护装置动作信息

（4）在光数字测试仪手动测试菜单中，设置主变高压侧 A 相电流输出 5.68A，角度为 0°，低压侧 a 相电流为 6.88A，角度为 180°，c 相电流为 6.88A，角度为 0°。

（5）缓慢增加高压侧 A 相电流输出，直到差动保护动作，检查保护装置动作情况。

（6）根据公式计算制动系数。

根据计算公式 $K=(I_{d2}-I_{d1})/(I_{r2}-I_{r1})$，得出比率制动系数 $K=0.49$，数据合格。

（四）二次谐波制动校验

1. 保护原理

装置采用三相差动电流中二次谐波的含量来识别励磁涌流，判别方程如下：

$$I_{2nd}>K_{2xb}I_{1st}$$

式中：I_{2nd}为每相差动电流中二次谐波；I_{1st}为对应相的差流基波；K_{2xb}为二次谐波制动系数整定值。

当三相中某一相被判别为励磁涌流，则闭锁该相比率差动元件。

2. 测试方法

（1）投入二次谐波制动软压板，保护控制字纵差差动保护投入。

（2）投入对应 SV 接收软压板。

（3）在光数字测试仪中设置该间隔对应的合并单元。

（4）在光数字测试仪手动测试菜单中加入基波电流分量，同时叠加二次谐波电流分量，从大于定值开始缓慢下降，直到差动保护动作。出口动作时分别读取基波和二次谐波的动作值，误差应不大于 5%。

3. 测试实例

本次以高压侧 A 相故障为例，步骤如下：

（1）投入主保护软压板，投入纵差差动保护、二次谐波制动控制字，如图 5-25 所示。

图 5-25　查看保护装置控制字

（2）在光数字测试仪谐波试验菜单中，设置基波为 5A，二次谐波为 20%，并缓慢降至 14%，如图 5-26 所示。

（3）检查保护装置动作情况，如图 5-27 所示。

（4）计算误差。经计算误差 $P<5\%$，数据合格。

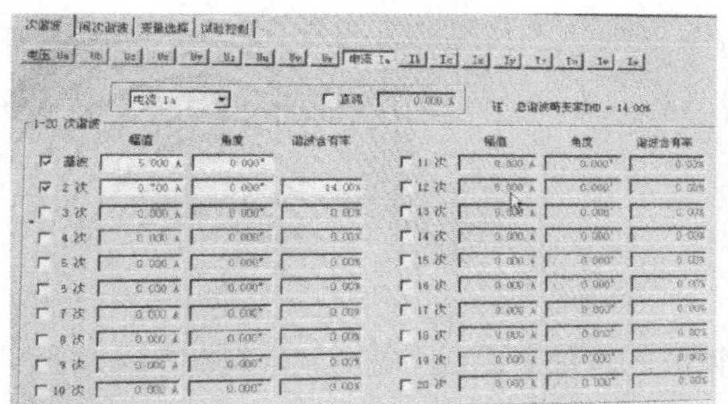

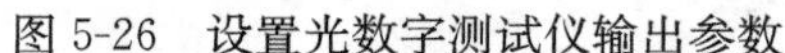
图 5-26 设置光数字测试仪输出参数

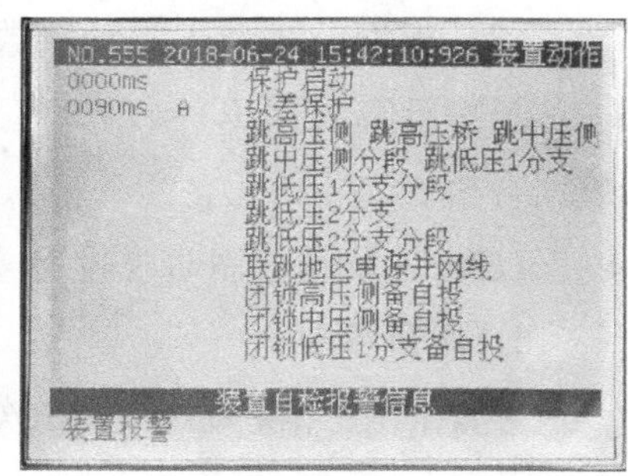

图 5-27 查看保护装置动作信息

三、高压侧后备保护定值检验

高压侧后备保护主要由相间过流保护、零序过流保护、零序过压保护、间隙零序过流保护、过负荷保护构成，中、低压侧后备保护主要由复合电压闭锁过流保护、过负荷保护构成，因此中、低压侧后备保护定值校验参考高压侧后备保护。

（一）相间过流保护定值校验

1. 保护原理

过流保护主要作为变压器相间故障的后备保护。方向元件的电流电压回路采用0°接线。以电压为参考相位，固定在0°角，改变电流的角度，当方向指向变压器时，最大灵敏角45°。其中任一夹角满足$-135°<\varphi<45°$，且与之对应的相电流大于过流定值。当方向指向系统时，灵敏角225°，动作范围与方向指向变压器时相反。

2. 测试方法

（1）投入高压侧后备保护、高压侧电压软压板，投入高压侧复压闭锁过流保护相关控制字，其他保护均退出。

（2）投入对应SV接收软压板。

（3）在光数字测试仪中设置该间隔对应的合并单元。

（4）用光数字测试仪为保护装置加入故障电流，在1.05倍定值时应可靠动作；在0.95倍定值时应可靠不动作；在1.2倍定值时，测试动作时间。检查保护装置动作情况，动作值和整定值的误差应不大于5%。

（5）复压闭锁定值检验。

1）高压侧负序电压元件动作值检查：

a. 投入高压侧后备保护、高压侧电压软压板，投入高压侧后备保护相关控制字，其他保护均退出。

b. 用光数字测试仪为保护装置高压侧加入三相对称额定电压，使“PT断线消失”报文出现。

c. 加入单相电流并大于整定值，监视动作接点，降低某相电压最终使保护动作（此时任一线电压大于低电压动作值），记录此时的电压值，并计算出此时负序电压的大小，即为负序电压元件的动作值。负序电压的大小为（正常电压－故障电压）/3。

2）高压侧低电压元件动作值检查：

a. 试验接线、试验方法同高压侧负序电压元件动作值检查。

b. 应同时降低三相对称电压，并记录动作值。整定单中所给出的是线电压。

c. 高压侧TV断线后或退出本侧电压投入压板后，复压闭锁过流保护受中低压侧复压元件控制。

3. 测试实例

以高压侧复压过流Ⅰ段1时限为例，步骤如下：

（1）投入高压侧后备保护、高压侧电压软压板，投入复压过流Ⅰ段1时限控制字，如图5-28、图5-29所示。

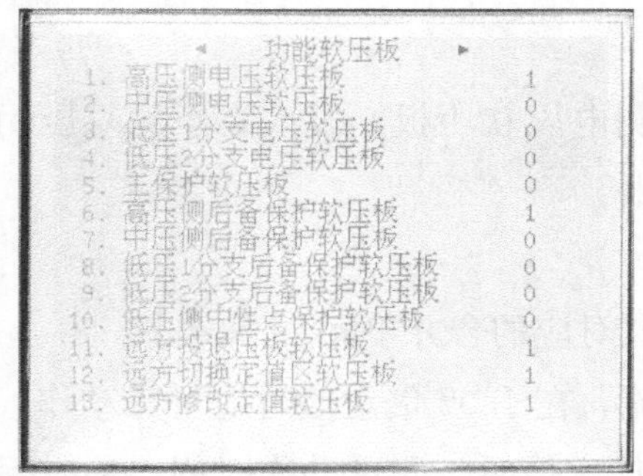

图5-28 查看保护装置功能软压板

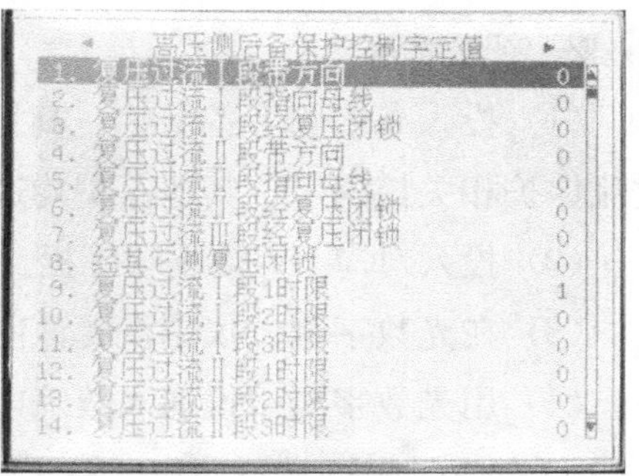

图5-29 查看保护装置控制字

（2）在光数字测试仪状态手动试验菜单中，设置高压侧 A 相电流输出为 1.05 倍定值 2.52A，如图 5-30 所示。

电压

	幅值	角度	频率	直流
Ua	0.000 V	0.000 °	50.000 Hz	
Ub	0.000 V	-120.000 °	50.000 Hz	
Uc	0.000 V	120.000 °	50.000 Hz	
Ux	0.000 V	0.000 °	50.000 Hz	
Uy	0.000 V	-120.000 °	50.000 Hz	
Uz	0.000 V	120.000 °	50.000 Hz	
Uu	0.000 V	0.000 °	50.000 Hz	
Uv	0.000 V	-120.000 °	50.000 Hz	
Uw	0.000 V	120.000 °	50.000 Hz	
Ur(Ma)	0.000 V	0.000 °	50.000 Hz	
Us(Mb)	0.000 V	-120.000 °	50.000 Hz	
Ut(Mc)	0.000 V	120.000 °	50.000 Hz	

电流

	幅值	角度	频率	直流
Ia	2.520 A	0.000 °	50.000 Hz	
Ib	0.000 A	-120.000 °	50.000 Hz	
Ic	0.000 A	120.000 °	50.000 Hz	
Ix	0.000 A	0.000 °	50.000 Hz	
Iy	0.000 A	-120.000 °	50.000 Hz	
Iz	0.000 A	120.000 °	50.000 Hz	
Iu	0.000 A	0.000 °	50.000 Hz	
Iv	0.000 A	-120.000 °	50.000 Hz	
Iw	0.000 A	120.000 °	50.000 Hz	
Ir	0.000 A	0.000 °	50.000 Hz	
Is	0.000 A	-120.000 °	50.000 Hz	
It	0.000 A	120.000 °	50.000 Hz	

图 5-30 设置光数字测试仪输出参数

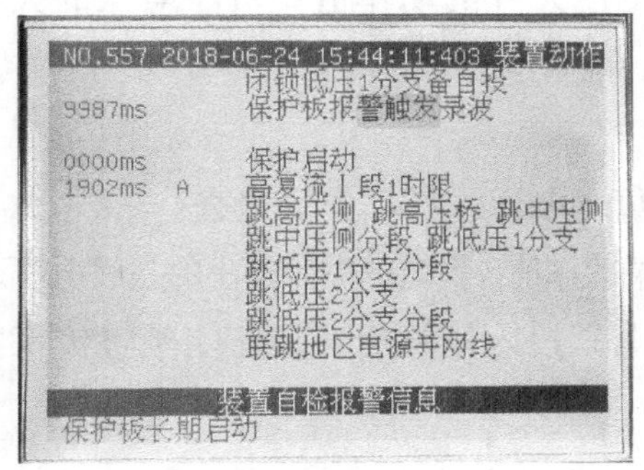

图 5-31 查看保护装置动作信息

（3）检查保护动作情况，如图 5-31 所示。

（二）零序过流保护

1. 保护原理

装置设有“零序过流用自产零序电流”控制字来选择零序过流各段所采用的零序电流。控制字为“1”时，采用自产零序电流；控制字为“0”时，采用外接零序电流。其方向元件固定使用自产零序进行判别。当方向指向变压器时，最大灵敏角 255°，当方向指向系统时，灵敏角 75°，动作范围与方向指向变压器时相反。

2. 测试方法

（1）投入高压侧后备保护、高压侧电压软压板，投入高压侧复压闭锁过流保护相关控制字，其他保护均退出。

（2）投入对应 SV 接收软压板。

（3）在光数字测试仪中设置该间隔对应的合并单元。

（4）用光数字测试仪加入故障电流，在 1.05 倍定值时应可靠动作，在 0.95 倍定值时应可靠不动作，在 1.2 倍定值时，测试动作时间，检查保护装置动作情况。

3. 测试实例

本次以零序过流 1 时限为例，步骤如下：

(1) 投入高压侧后备保护、高压侧电压软压板，零序过流 1 时限控制字。

(2) 在光数字测试仪手动试验菜单中，设置高压侧 C 相电流输出为 1.05 倍定值 3.15A，如图 5-32 所示。

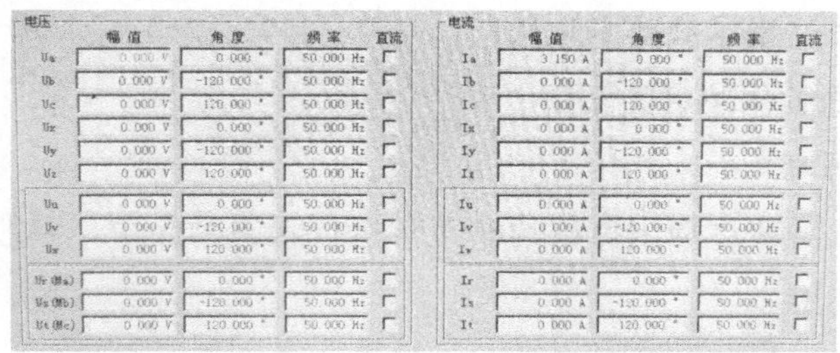

图 5-32 设置光数字测试仪输出参数

(3) 检查保护装置动作情况，如图 5-33 所示。

图 5-33 查看保护装置动作信息

(三) 间隙保护

1. 保护原理

装置设有零序过压和间隙零序过流保护作为变压器低压侧接地故障保护。零序过压和间隙零序过流保护动作并展宽一定时间后计时。考虑到在间隙击穿过程中，零序电流和零序电压可能交替出现，装置设有“间隙保护方式”控制字。零序电压保护的定值 $3U_0$ 固定为 180V，时间为 0.5s；间隙零序过流保护定值固定为一次值 100A。

2. 测试方法

(1) 投高间隙保护控制字置“1”。

(2) 投入对应 SV 接收软压板。

(3) 在光数字测试仪中设置该间隔对应的合并单元。

(4) 在光数字测试仪手动试验菜单为保护装置高压侧外接零序 TV 回路输入故障电压，同时监视该套保护的跳闸信号。在 1.05 倍定值时应可靠动作；在 0.95 倍定值时应可靠不动作；通入 1.2 倍整定电压，测试零序过压保护动作时间。

(5) 在手持式数字测试仪状态序列菜单为保护装置高压侧外接零序 TA 回路输入故障电流，同时监视该套保护的跳闸接点。在 1.05 倍整定值时应可靠动作；在 0.95 倍整定值时，应可靠不动作；通入 1.2 倍整定值，测试间隙零序过流保护动作时间。

(四) 过负荷保护定值校验

1. 保护原理

反映变压器超过额定负载的非正常运行状态的保护，一般动作于发信。

2. 测试方法

(1) 本保护装置过负荷保护固定投入。

(2) 投入对应 SV 接收软压板。

(3) 在光数字测试仪中设置该间隔对应的合并单元。

(4) 在手持式数字测试仪状态序列菜单为保护装置输出过负荷电流，持续时间 10s，然后查看保护装置面板动作情况。在 1.05 倍定值时应可靠动作；在 0.95 倍定值时应可靠不动作；通入 1.2 倍整定电压，测试过负荷保护动作时间。

3. 测试实例

本次以高压侧 A 相过负荷为例，测试步骤如下：

(1) 投入过负荷保护控制字。

(2) 在光数字测试仪手动测试菜单中，设置主变高压侧 A 相电流输出为 1.05 倍定值 1.89A，持续时间 10s，如图 5-34 所示。

电压

	幅值	角度	频率	直流
Ua	0.000 V	0.000 °	50.000 Hz	
Ub	0.000 V	-120.000 °	50.000 Hz	
Uc	0.000 V	120.000 °	50.000 Hz	
Ux	0.000 V	0.000 °	50.000 Hz	
Uy	0.000 V	-120.000 °	50.000 Hz	
Uz	0.000 V	120.000 °	50.000 Hz	
Uu	0.000 V	0.000 °	50.000 Hz	
Uv	0.000 V	-120.000 °	50.000 Hz	
Uw	0.000 V	120.000 °	50.000 Hz	
Ur(Ma)	0.000 V	0.000 °	50.000 Hz	
Us(Mb)	0.000 V	-120.000 °	50.000 Hz	
Ut(Mc)	0.000 V	120.000 °	50.000 Hz	

电流

	幅值	角度	频率	直流
Ia	1.890 A	0.000 °	50.000 Hz	
Ib	0.000 A	-120.000 °	50.000 Hz	
Ic	0.000 A	120.000 °	50.000 Hz	
Ix	0.000 A	0.000 °	50.000 Hz	
Iy	0.000 A	-120.000 °	50.000 Hz	
Iz	0.000 A	120.000 °	50.000 Hz	
Iu	0.000 A	0.000 °	50.000 Hz	
Iv	0.000 A	-120.000 °	50.000 Hz	
Iw	0.000 A	120.000 °	50.000 Hz	
Ir	0.000 A	0.000 °	50.000 Hz	
Is	0.000 A	-120.000 °	50.000 Hz	
It	0.000 A	120.000 °	50.000 Hz	

图 5-34 设置光数字测试仪输出参数

（3）检查保护装置动作情况，如图 5-35 所示。

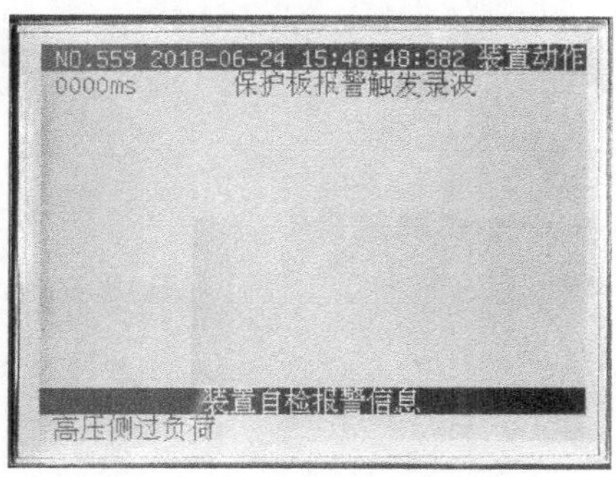

图 5-35 查看保护装置动作信息

第六章

110kV备自投装置验收

【项目描述】

本项目针对一次接线方式采用内桥接线的110kV变电站，详细介绍了110kV备用电源自动投入（简称备自投）装置（PCS9651DA-D）开展验收任务时，进行的模拟量检查、开关量检查、定值核对与校验、备自投功能校验等工作方法和操作步骤。通过本项目内容的学习，熟悉备自投的工作原理，掌握备自投常规验收项目。

任务一 模拟量检查

【任务描述】

本任务主要讲解模拟量检查内容。通过SCD可视化查看软件对SV虚端子进行检查，了解装置采样SVLD逻辑节点的基本构成，熟悉保护装置与合并单元之间的虚端子连接方式；熟练使用手持光数字测试仪（或常规模拟量测试仪）对保护装置进行加量，了解零漂检查、模拟量幅值线性度检验、模拟量相位特性检验的意义和操作流程。

【知识要点】

一、虚端子回路检查

通过可视化虚端子配置工具检查SCD文件中的SV和GOOSE虚端子回路。

二、零漂检查

零漂检查包括电流回路的零漂检查和电压回路的零漂检查。检验零漂时，要求在一段时间内零漂值稳定。

三、采样值校验

采样值校验包括模拟量幅值线性度检验和模拟量相位特性检验。采样值通过手持光数字测试仪加出。

【技能要领】

一、SV 虚端子检查

根据设计虚端子表进行检查。检查 SV 虚端子连线有没有错位，有没有少连或者多连。如果发现合并单元模型文件没有设计需要的采样量，则需要更改合并单元模型文件。

110kV 备自投装置 SV 接收虚端子、GOOSE 接收虚端子及 GOOSE 发送虚端子如图 6-1～图 6-3 所示。

二、零漂检查

进行零漂检验时要求保护装置不输入交流量。在测电流回路零漂时，对应的电流回路应处在开路状态；在测电压回路零漂时，对应电压回路处在短路状态。

合格判据：要求测得零漂值均在 $0.01I_n$（或 0.05V）以内。

三、采样值校验

1. 模拟量幅值线性度检验

(1) Ⅰ、Ⅱ段母线电压线性度检查。

(2) 1 号进线电流线性度检查。

(3) 2 号进线电流线性度检查。

采用手持光数字测试仪，测试仪 TX 口接装置对应的 RX 口，模拟与该装置相连的合并单元，根据 SCD 文件配置保护装置的电流，用同时加对称正序三相电流方法检验采样数据，电流分别为 $0.05I_n$、$0.1I_n$、$2I_n$、$5I_n$ 进行测试。要求保护装置的采样显示值与外部表计测量值的误差应小于 5%。在交流电压测试时，可以通过测试仪根据 SCD 文件配置保护装置的电压，用同时加对称正序三相电压方法检验采样数据，交流电压分别为 1、5、30、60、70V。

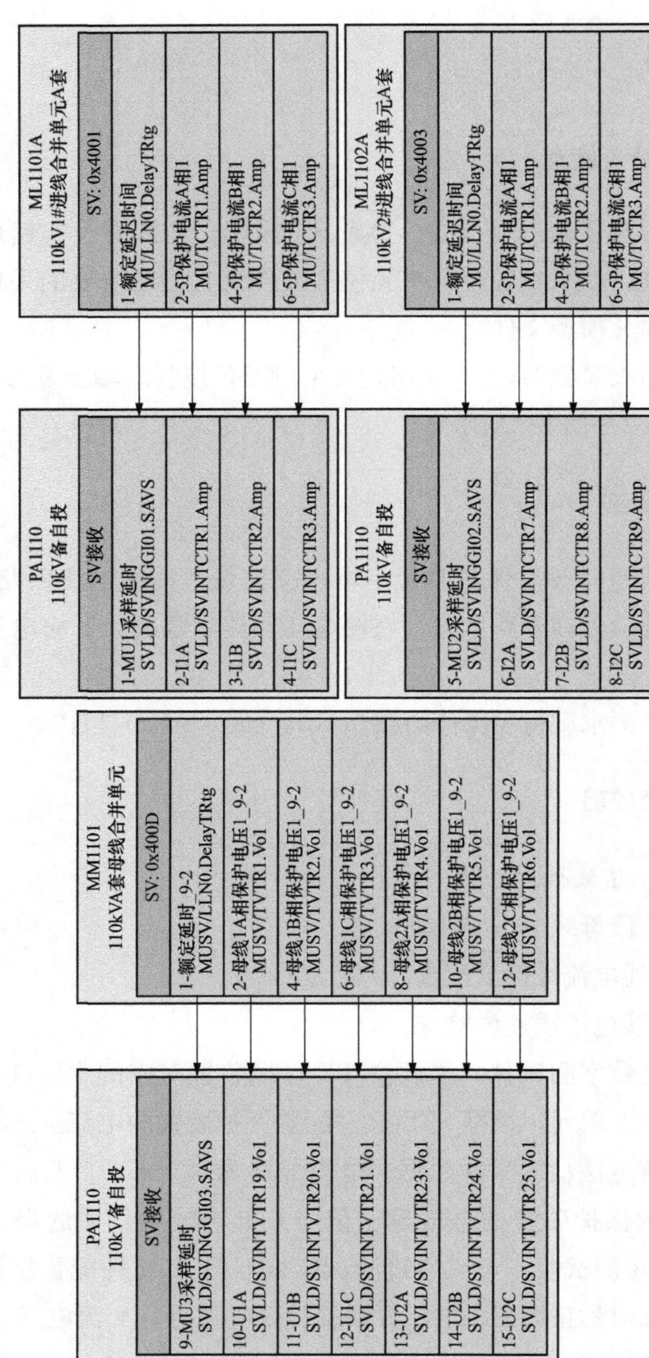

图 6-1 110kV备自投装置SV接收虚端子

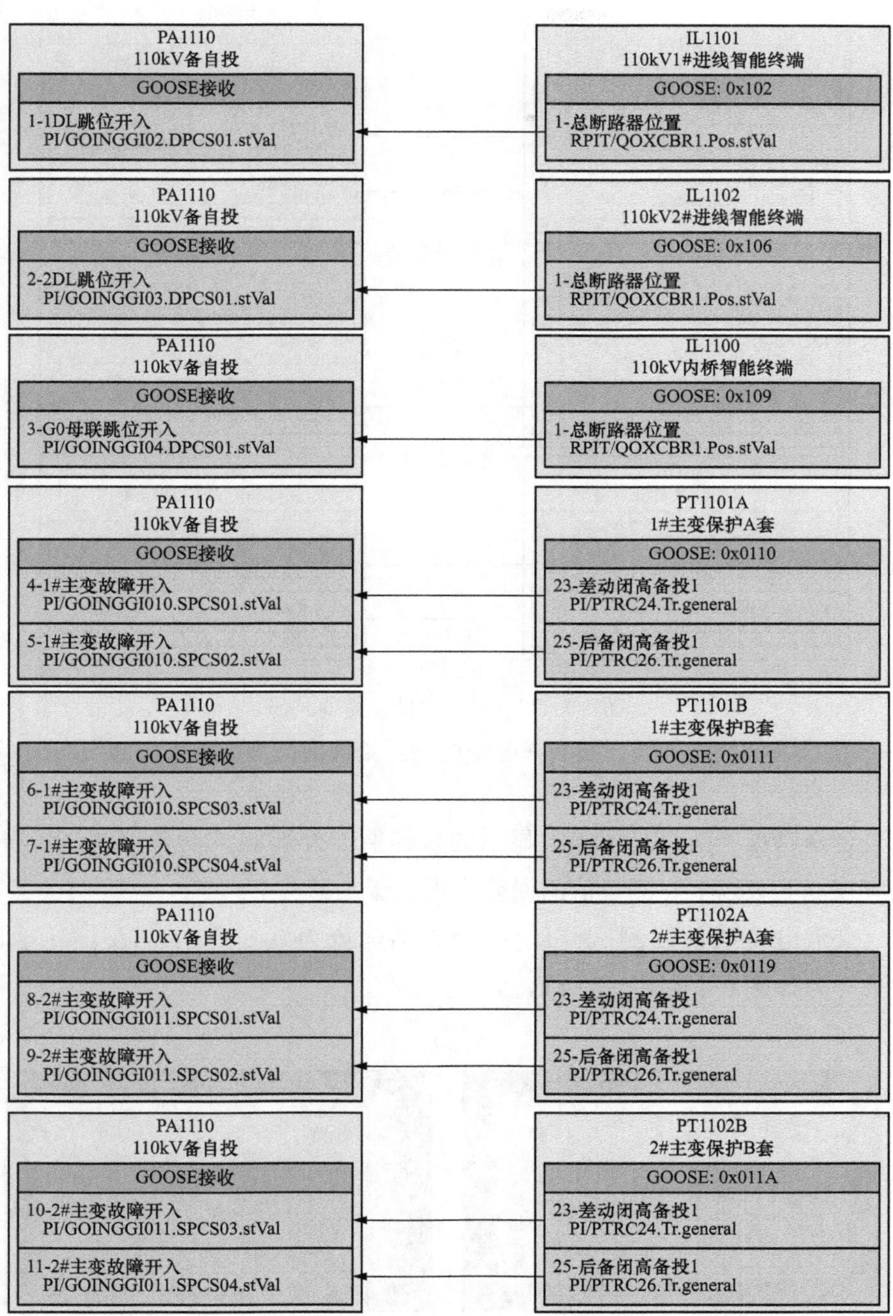

图 6-2 110kV 备自投装置 GOOSE 接收虚端子（位置及闭锁）

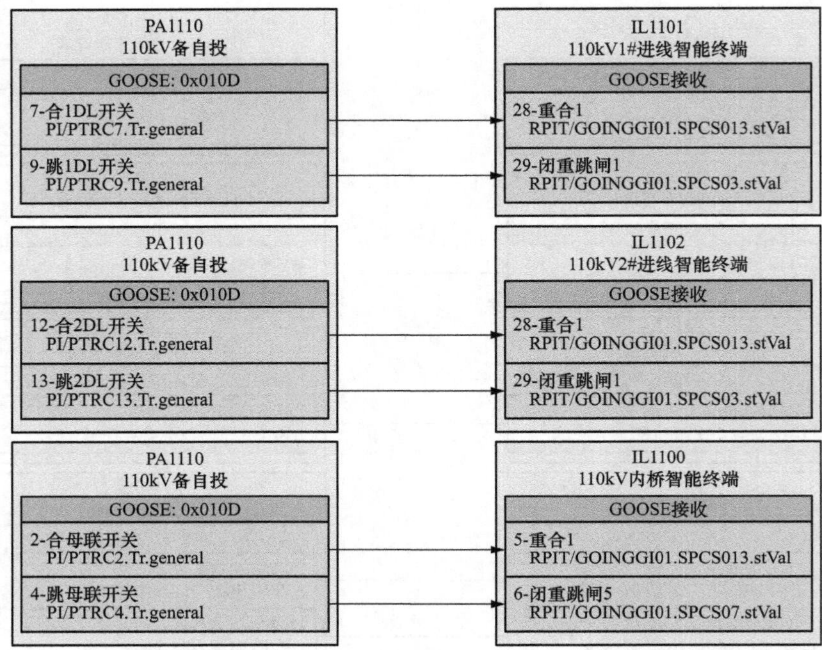

图 6-3 110kV 备自投装置 GOOSE
发送虚端子（跳、合闸）

合格判据：液晶显示屏上显示的采样值与外部测试设备（测试设备精度应在 0.5 级以上）测量值的误差应不大于±5%。

交流电流线性度测试：I_n 为 5A，则电流为 $0.05I_n$、$0.1I_n$、$2I_n$、$5I_n$ 时采样时如图 6-4～图 6-7 所示。

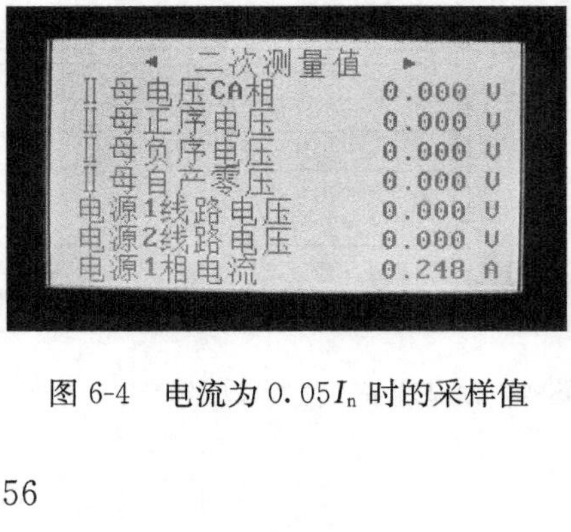

图 6-4 电流为 $0.05I_n$ 时的采样值

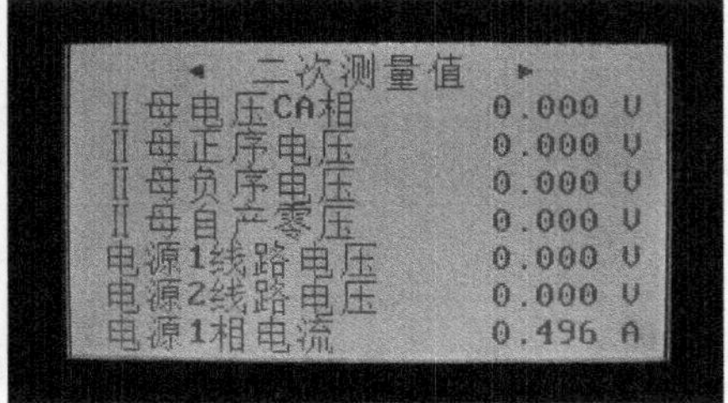

图 6-5 电流为 $0.1I_n$ 时的采样值

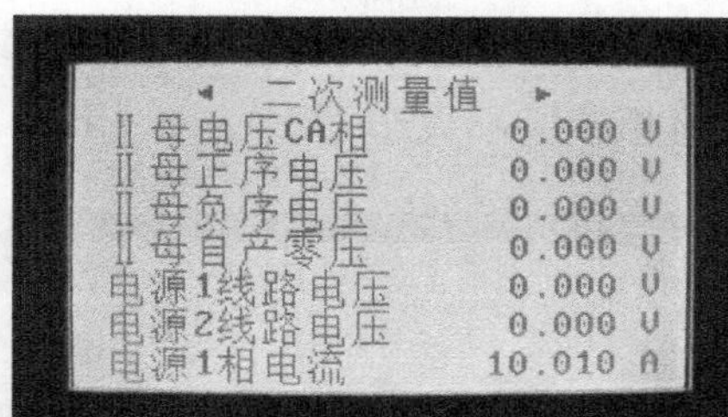

图 6-6 电流为 $2I_n$ 时的采样值

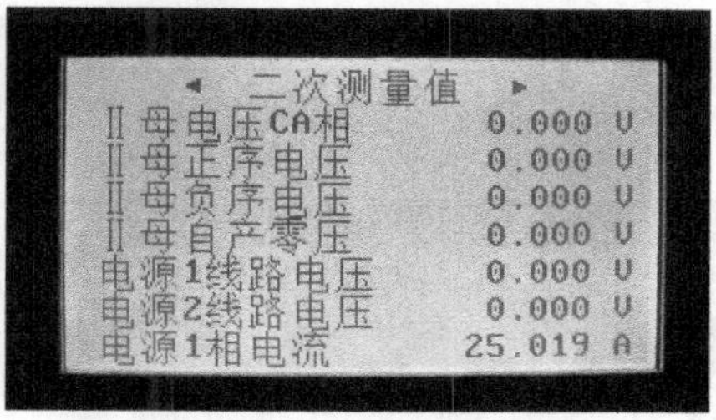

图 6-7 电流为 $5I_n$ 时的采样值

交流电压线性度测试：交流电压为 1、5、30、60、70V 时的采样值如图 6-8～图 6-12 所示。

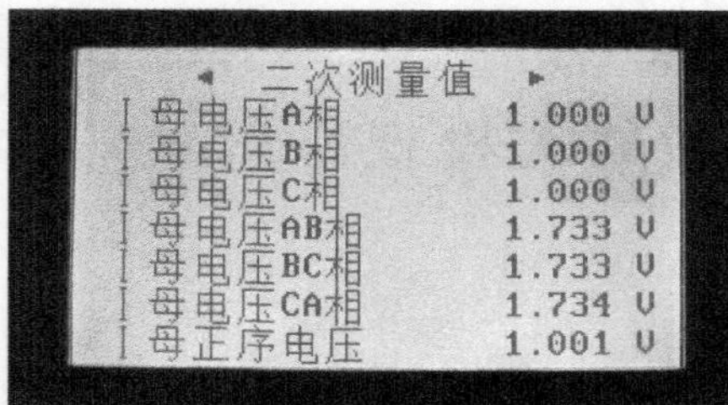

图 6-8 电压为 1V 时的采样值

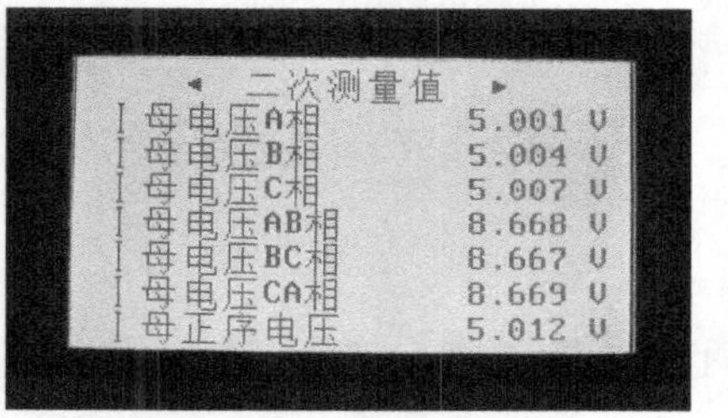

图 6-9 电压为 5V 时的采样值

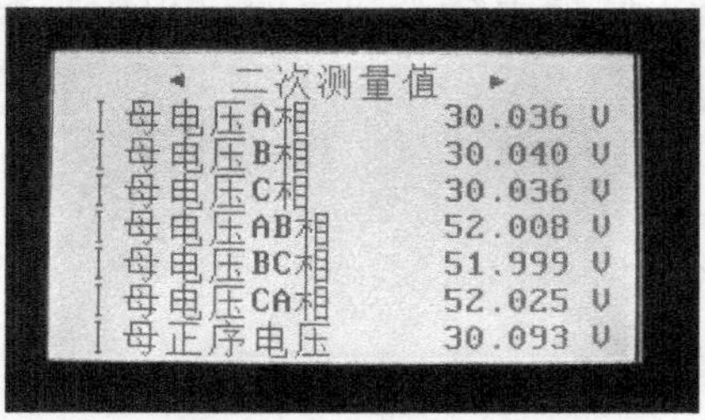

图 6-10 电压为 30V 时的采样值

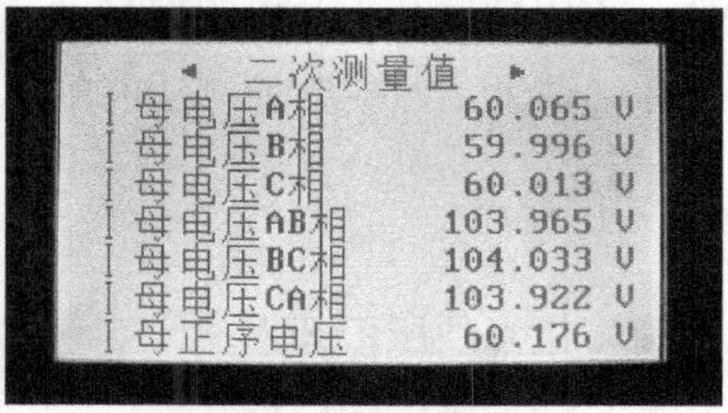

图 6-11 电压为 60V 时的采样值

2. 模拟量相位特性检验

模拟量相位特性检验方法同模拟量输入的幅值特性检验，将交流电压电流均加至额定值，同相别电压和电流相位差为 60°，此时 A、B、C 相电压应相差 120°（见图 6-13），

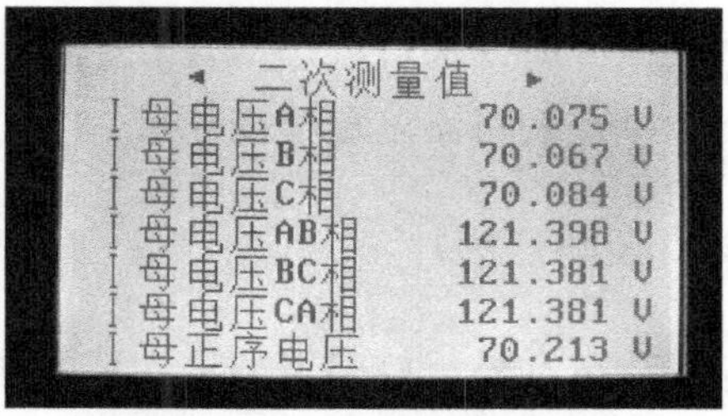

图 6-12 电压为 70V 时的采样值

A、B、C 相电流应相差 120°，同相电流应落后同相电压 60°（见图 6-14）。

合格判据：装置显示值与表计测量值相差应不大于 3°。

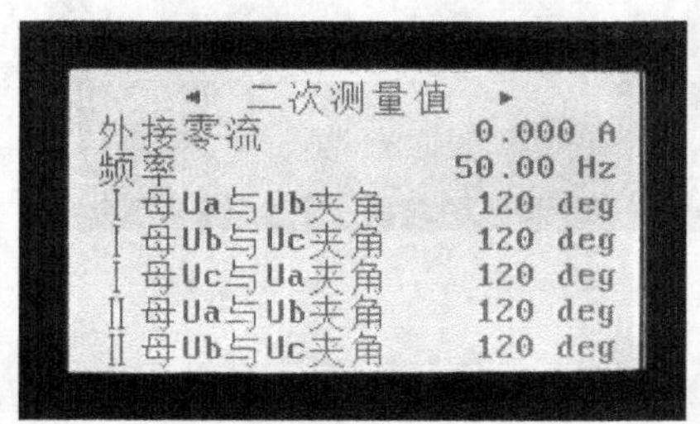

图 6-13 A、B、C 相电压之间的相位关系

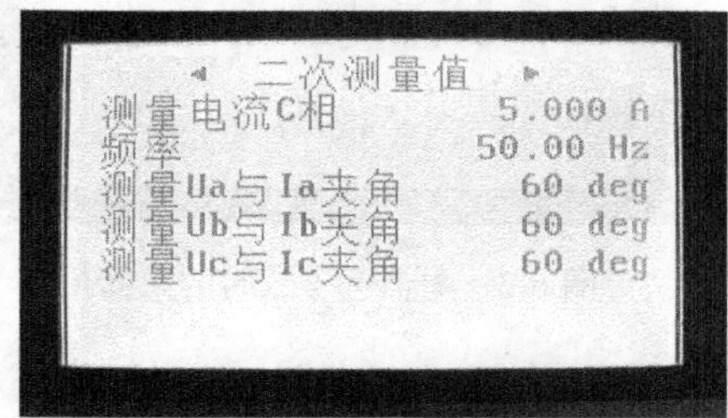

图 6-14 同相电压与同相电流间的相位关系

任务二 开关量输入检查

【任务描述】

本任务主要讲解开关量检查内容。通过对保护装置硬压板以及面板的操作，了解装置开入开出的原理及功能，掌握手持光数字测试仪模拟被开出对象，对开出量实时侦测功能的使用。

【知识要点】

（1）检修硬压板开入。

（2）远方操作硬压板开入。

（3）闭锁开入检查（主变保护闭锁备自投）。

（4）信号复归。

（5）断路器位置检查。

【技能要领】

在正常显示状态下，进入装置主菜单－状态量－输入量菜单中，依次进行开关量的投入和退出，同时监视液晶屏幕上显示的开关量变位情况。

1. 检修硬压板检查

装置检修硬压板投入时，面板指示灯或界面应有明显指示，如图 6-15 所示。

2. 远方操作硬压板检查

远方操作硬压板投入时，面板指示灯或界面应有明显指示，如图 6-16 所示。

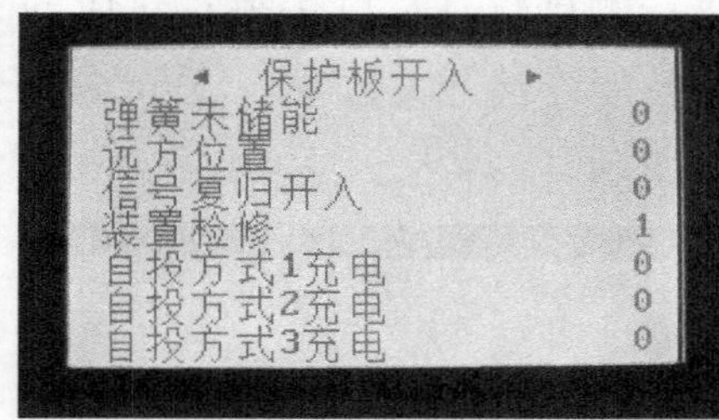

图 6-15　置检修压板投入后的开入量变化情况

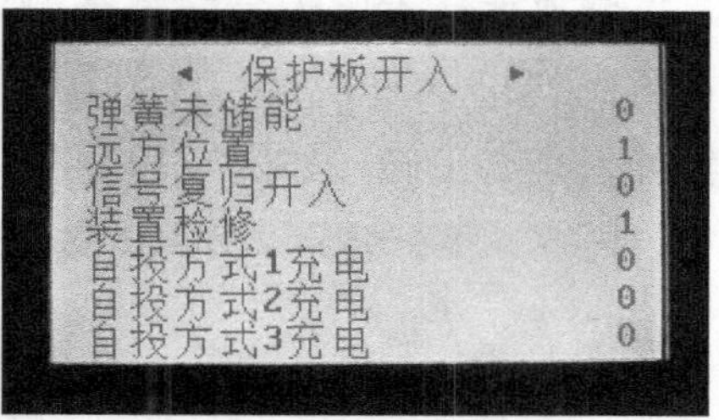

图 6-16　远方操作硬压板投入后的开入量变化情况

3. 主变保护闭锁备自投开入测试

（1）1 号主变第一套保护闭锁 110kV 备自投。

（2）1 号主变第二套保护闭锁 110kV 备自投。

（3）2 号主变第一套保护闭锁 110kV 备自投。

（4）2 号主变第二套保护闭锁 110kV 备自投。

注：主变保护只有差动保护和高后备保护闭锁 110kV 备自投。

试验方法：模拟主变保护动作，监视闭锁备投开入量变化，如图 6-17 所示。

4. 信号复归检查

信号复归按钮按下后，面板指示灯或界面应有明显指示，如图 6-18 所示。

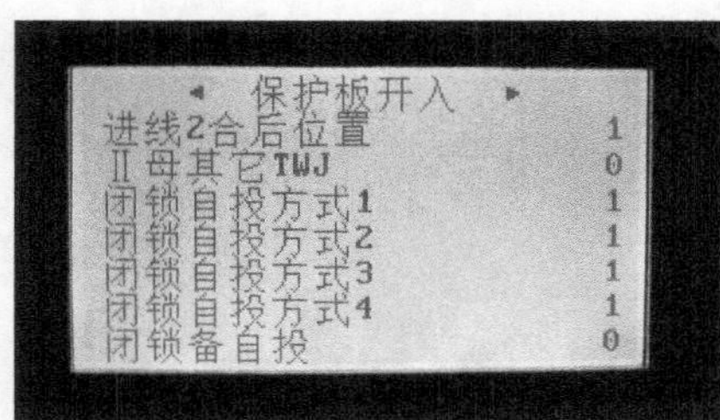

图 6-17　主变保护动作的开入量变化情况

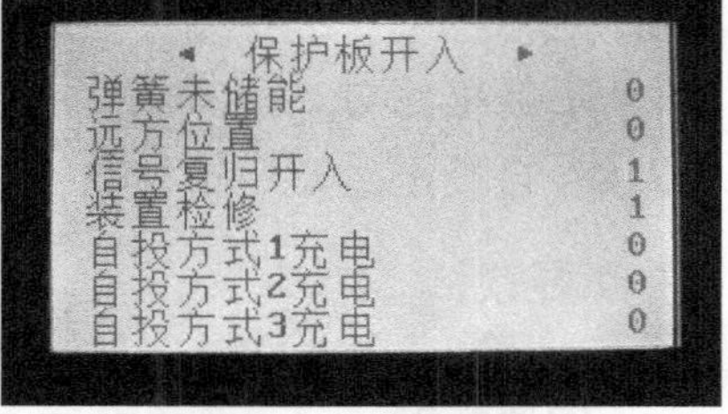

图 6-18　信号复归按钮按下后的开入量变化情况

5. 开关位置检查

(1) 1号进线开关位置开入检查（HWJ/TWJ）。

(2) 2号进线开关位置开入检查（HWJ/TWJ）。

(3) 母分开关位置开入检查（HWJ/TWJ）。

试验方法：采用手持光数字测试仪，测试仪TX口接装置对应的RX口，依照SCD文件模拟与该装置相连的智能终端开关位置，检测各侧开关位置开入是否正确，如图6-19、图6-20所示。

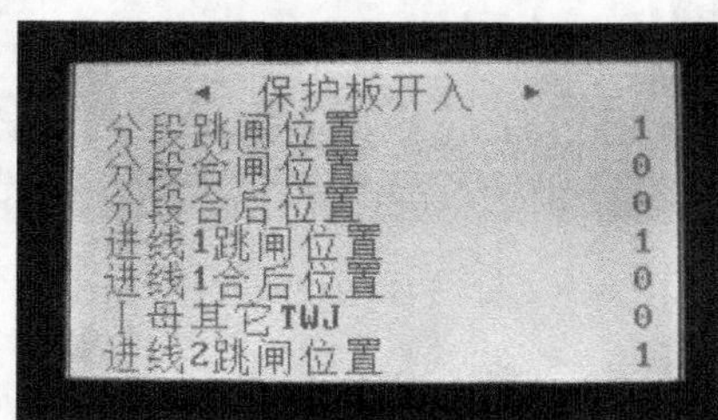

图6-19 断路器位置为断开位置时的开入量变化情况

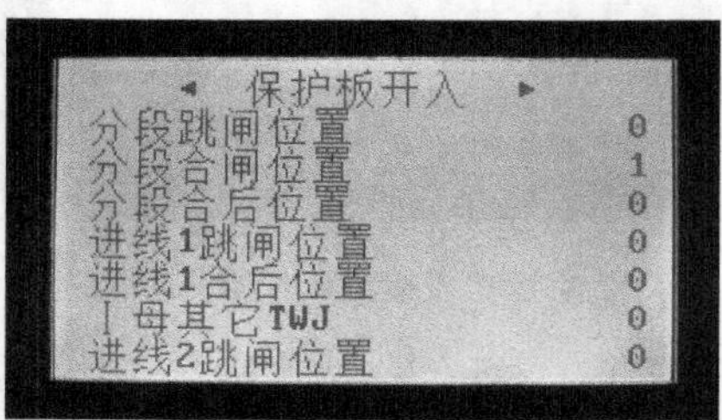

图6-20 断路器位置为闭合位置时的开入量变化情况

任务三　定值核对及功能校验

【任务描述】

本任务主要讲解定值核对及功能校验内容。通过对保护装置定值功能的使用，熟练掌握查看、修改定值的操作；通过备自投逻辑和定值校验，熟悉其动作原理及特征，掌握备自投的调试方法。

【知识要点】

(1) 定值单核对。

(2) 备自投定值及逻辑校验。

【技能要领】

一、定值核对

根据整定单核对保护装置中的版本号、校验码、装置型号、互感器变比、定值、控制字等参数。

二、定值校验

110kV 备自投定值包括有压定值、无压启动定值、无压合闸定值、进线无流定值、动作时间定值。定值校验将结合备自投逻辑进行校验。

1. *方式一*

如图 6-21 所示，方式一表示 1 号进线运行，2 号进线备用，即 1QF、3QF 在合位，2QF 在分位。

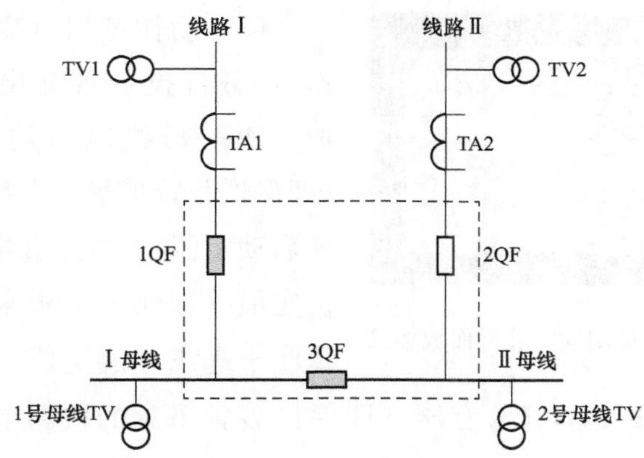

图 6-21　方式一的断路器位置示意图

(1) 充电情况：定值整定投入自投方式且无放电条件；两段母线线电压均大于有压定值（即保护装置采集的母线线电压大于有压定值）；“线路电压 2 检查”控制字投入时，U_{x2}有压（即保护装置采集的线路电压大于有压定值）；1QF、3QF 在合闸位置且在合后位置，2QF 在分闸位置。

(2) 放电情况：断路器位置异常、手跳/遥跳闭锁、备用电源电压低于有压定值延时 15s、闭锁备自投开入、备自投合上备用电源断路器、两段母线同时长时三相均失压、工作断路器跳闸失败、母线电压品质异常、1QF/2QF 断路器位置品质异常、SV 接入软压板退出、母线电压检修不一致、1QF/2QF 断路器检修不一致时备自投应放电。图 6-22 给出了断路器位置异常时装置面板信息，图 6-23、图 6-24 分别给出了备自投被闭锁时装置的开入量信息和面板信息。

图 6-22 断路器位置异常时装置面板信息

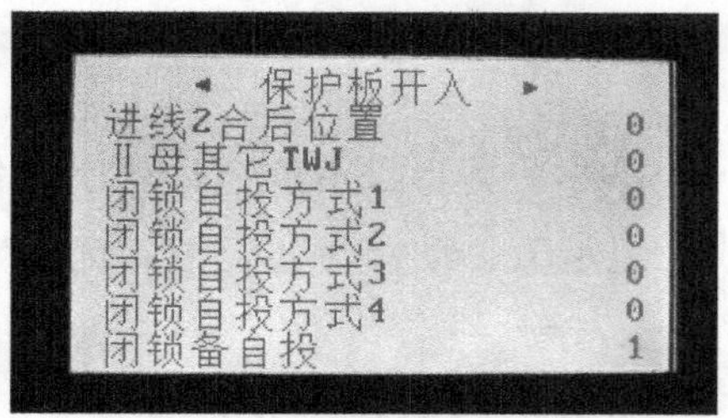

图 6-23 备自投被闭锁时装置开入量信息

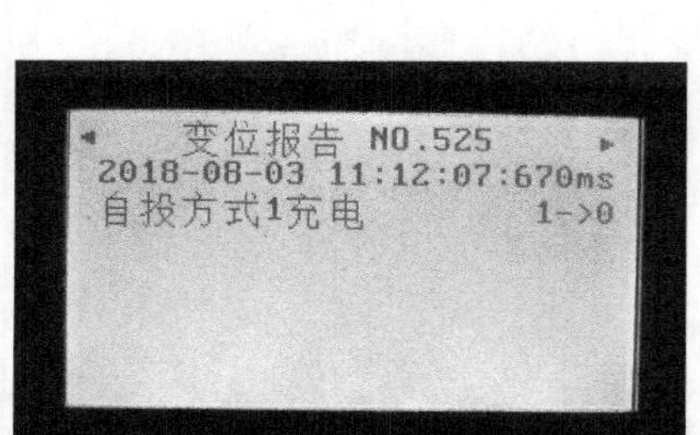

图 6-24 备自投被闭锁时装置面板信息

（3）动作逻辑（变压器保护不动作）：备自投装置充电灯亮，充电完成。两段母线电压均低于无压定值（即保护装置采集的母线线电压小于无压启动定值）；线路Ⅱ电流小于进线无流定值（即保护装置采集的线路Ⅱ电流小于进线无流定值）；“线路电压2检查”控制字投入时，U_{x2}有压（即保护装置采集的线路电压大于有压定值），备自投启动，延时（T_{t1}）跳1QF，确认1QF跳开后，延时（T_{h2}）合2QF。

（4）动作逻辑（3QF偷跳）：“分段偷跳自投”控制字投入；备自投装置充电灯亮，充电完成。如3QF偷跳，KKJ3合位（“合后位置接入”投入时），Ⅱ段母线电压低于无压定值，“线路电压2检查”控制字投入时，U_{x2}有压启动，则不经延时空跳3QF，确认3QF跳开后，延时（T_{h12}）合2QF。

（5）动作逻辑（变压器保护动作）：1号变压器保护动作跳开1QF和3QF时，经跳闸延时补跳3QF，确认3QF跳开后，延时合2QF。2号变压器保护动作闭锁备自投动作。

注：有压定值以定值的105%为有效、95%为无效的标准来检验。无压启动定值、无压合闸定值、进线无流定值以定值的105%为无效、95%为有效的标准来检验。动作时间应和整定值一致，时间定值的误差要求小于10%。

2. 方式二

如图 6-25 所示，方式二表示 2 号进线运行，1 号进线备用，即 2QF、3QF 在合位，1QF 在分位。

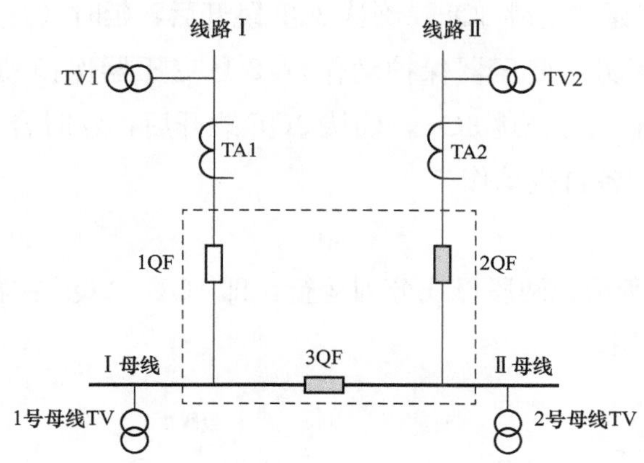

图 6-25 方式二的断路器位置示意图

(1) 充电情况：定值整定投入自投方式且无放电条件；两段母线线电压均大于有压定值（即保护装置采集的母线线电压大于有压定值）；“线路电压 1 检查”控制字投入时，U_{x1} 有压（即保护装置采集的线路电压大于有压定值）；2QF、3QF 在合闸位置且在合后位置，1QF 在分闸位置。

(2) 放电情况：断路器位置异常、手跳/遥跳闭锁、备用电源电压低于有压定值延时 15s、闭锁备自投开入、备自投合上备用电源断路器、两段母线同时长时三相均失压、工作断路器跳闸失败、母线电压品质异常、1QF/2QF 断路器位置品质异常、SV 接入软压板退出、母线电压检修不一致、1QF/2QF 断路器检修不一致时备自投应放电。

(3) 动作逻辑（变压器保护不动作）：备自投装置充电灯亮，充电完成。两段母线电压均低于无压定值（即保护装置采集的母线线电压小于无压启动定值）；线路Ⅰ电流小于进线无流定值（即保护装置采集的线路Ⅰ电流小于进线无流定值）；“线路电压 1 检查”控制字投入时，U_{x1} 有压（即保护装置采集的线路电压大于有压定值），备自投启动，延时（T_{t2}）跳 2QF，确认 2QF 跳开后，延时（T_{h1}）合 1QF。

（4）动作逻辑（3QF 偷跳）："分段偷跳自投"控制字投入；备自投装置充电灯亮，充电完成。如 3QF 偷跳，KKJ3 合位（"合后位置接入"投入时），Ⅰ段母线电压低于无压定值，"线路电压 1 检查"控制字投入时，U_{x1}有压启动，则不经延时空跳 3QF，确认 3QF 跳开后，延时（T_{h12}）合 1QF。

（5）动作逻辑（变压器保护动作）：2 号变压器保护动作跳开 2QF 和 3QF 时，经跳闸延时补跳 3QF，确认 3QF 跳开后，延时合 1QF。1 号变压器保护动作闭锁备自投动作。

3. 方式三

如图 6-26 所示，两段母线分列运行，即 1QF、2QF 在合位，3QF 在分位。（进线Ⅱ备用）

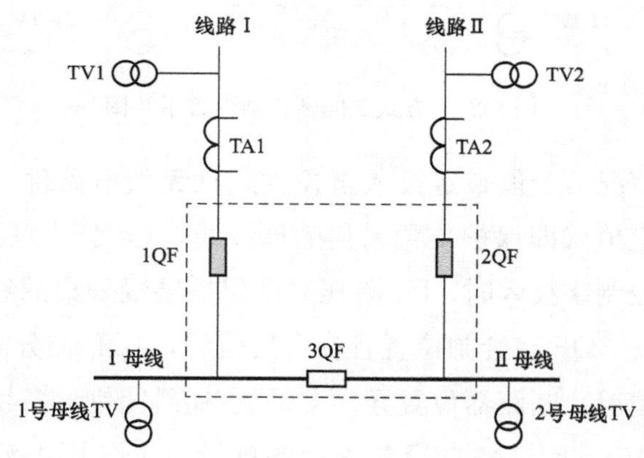

图 6-26　方式三、四的断路器位置示意图

（1）充电情况：定值整定投入自投方式且无放电条件；两段母线线电压均大于有压定值（即保护装置采集的母线线电压大于有压定值）；1QF、2QF 在合闸位置且在合后位置，3QF 在分闸位置。

（2）放电情况：断路器位置异常、手跳/遥跳闭锁、备用电源电压低于有压定值延时 15s、闭锁备自投开入、备自投合上分段断路器、两段母线同时长时三相均失压、工作断路器跳闸失败、母线电压品质异常、断路器位置品质异常、SV 接入软压板退出、母线电压检修不一致、断路器检修不一致时备自投应放电。

（3）动作逻辑（变压器保护不动作）：备自投装置充电灯亮，充电完成。Ⅰ段母线电压低于无压定值（即保护装置采集的母线线电压小于无压启动定值）；线路Ⅰ电流低于进线无流定值（即保护装置采集的线路Ⅰ电流小于进线无流定值）；备自投启动，延时（T_{t3}）跳 1QF，确认 1QF 跳开后，延时（T_{h3}）合 3QF。

（4）动作逻辑（1QF 偷跳）：备自投装置充电灯亮，充电完成。如 1QF 偷跳，KKJ1 合位（“合后位置接入”投入时），Ⅰ段母线电压低于无压定值，线路Ⅰ电流低于进线无流定值，则不经延时空跳 1QF，确认 1QF 跳开后，延时（T_{h34}）合 3QF。

（5）动作逻辑（变压器保护动作）：1 号主变保护动作跳开 1QF 时，闭锁备自投动作。

4. 方式四

两段母线分列运行，即 1QF、2QF 在合位，3QF 在分位（见图 6-25）。（进线Ⅰ备用）

（1）充电情况：定值整定投入自投方式且无放电条件；两段母线线电压均大于有压定值（即保护装置采集的母线线电压大于有压定值）；1QF、2QF 在合闸位置且在合后位置，3QF 在分闸位置。

（2）放电情况：断路器位置异常、手跳/遥跳闭锁、备用电源电压低于有压定值延时 15s、闭锁备自投开入、备自投合上分段断路器、两段母线同时长时三相均失压、工作断路器跳闸失败、母线电压品质异常、断路器位置品质异常、SV 接入软压板退出、母线电压检修不一致、断路器检修不一致时备自投应放电。

（3）动作逻辑（变压器保护不动作）：备自投装置充电灯亮，充电完成。Ⅱ段母线电压低于无压定值（即保护装置采集的母线线电压小于无压启动定值）；线路Ⅱ电流低于进线无流定值（即保护装置采集的线路Ⅱ电流小于进线无流定值）；备自投启动，延时（T_{t4}）跳 2QF，确认 2QF 跳开后，延时（T_{h4}）合 3QF。

（4）动作逻辑（2QF 偷跳）：备自投装置充电灯亮，充电完成。如

2QF 偷跳，KKJ2 合位（“合后位置接入”投入时），Ⅱ段母线电压低于无压定值，线路Ⅱ电流低于进线无流定值，则不经跳闸延时空跳 2QF，确认 2QF 跳开后，延时（T_{h34}）合 3QF。

（5）动作逻辑（变压器保护动作）：2 号主变保护动作跳开 2QF 时，闭锁备自投动作。

第七章

智能终端装置验收

》【项目描述】

本项目包含开入量检查、开出量检查、功能校验等内容。本项目编排以 DL/T 995—2006《继电保护和电网安全自动装置检验规程》、Q/GDW 1809—2012《智能变电站继电保护校验规程》为依据，并融合了变电二次现场作业管理规范的内容，结合实际作业情况等内容。通过本项目内容的学习，了解智能终端的工作原理，熟悉智能终端装置的内部回路，掌握常规校验项目。

任务一 开入量检查

》【任务描述】

本任务主要讲解 PCS222 智能终端装置检修压板开入、其他开入、GOOSE 发送开入检查等内容。通过任务描述知识要点、技能（技术）要领等，掌握智能终端装置开入量检查的具体内容。检查记录见本章附录 1。

》【知识要点】

（1）检修压板开入检查。
（2）其他开入检查。
（3）GOOSE 发送开入检查。

》【技能要领】

一、检修压板开入检查

检修压板检查一般在保护装置及后台设备调试完成后进行，将 PCS222 智能终端装置检修压板投入/退出（见图 7-1），面板指示灯和后台画面应有正确显示（见图 7-2）。当智能终端独立测试时，可以用已经安装了本站 SCD 文件的数字式测试仪在组网口扫描测试，检修压板由 fuse 变为 true。

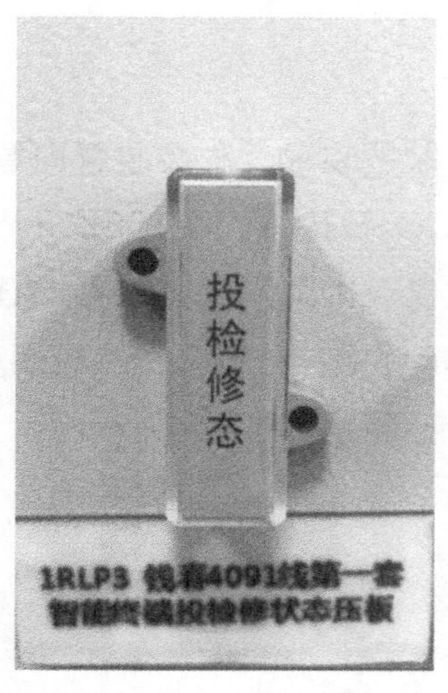

图 7-1 检修压板投入

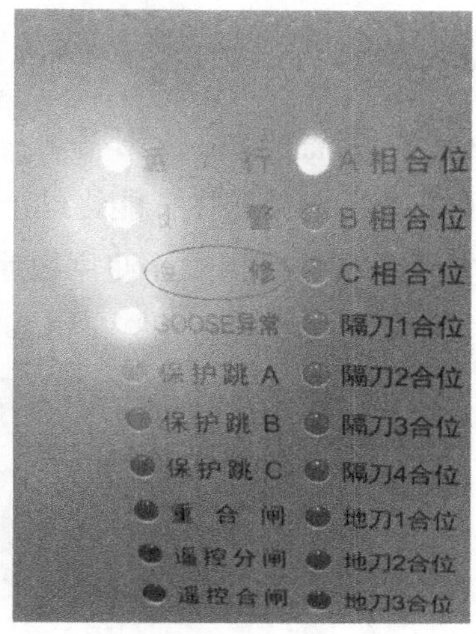

图 7-2 面板正确显示

二、其他开入检查

其他开入主要是信号复归、另一套装置闭重、告警断路器分合位、闸刀分合位等，使用万用表检查开入电压正常后，用短接线模拟（见图 7-3）或实际位置进行试验，检查面板指示灯和后台画面应有正确显示（见图 7-4）。

图 7-3 短接开入接点

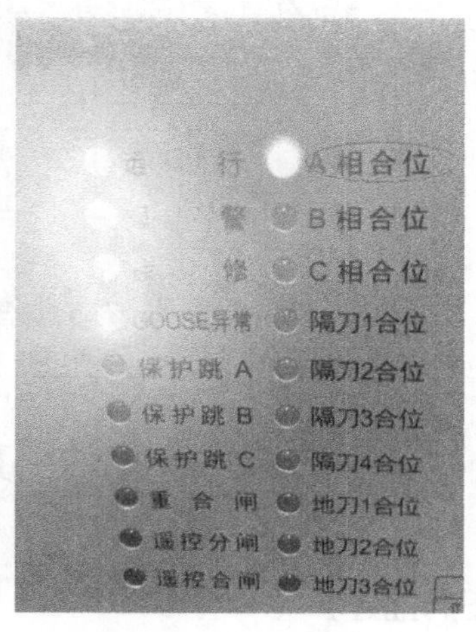

图 7-4 面板正确显示

三、GOOSE 开入检查

智能终端装置的 GOOSE 开入一般指保护装置、测控装置向智能终端发送的 GOOSE 信号，在智能终端上的 GOOSE 接收。GOOSE 开入检查一般在二次回路完善后测试，使用数字测试仪或本间隔保护装置向智能终端发送 GOOSE 信号（见图 7-5），本间隔智能终端应正确显示（见图 7-6）。

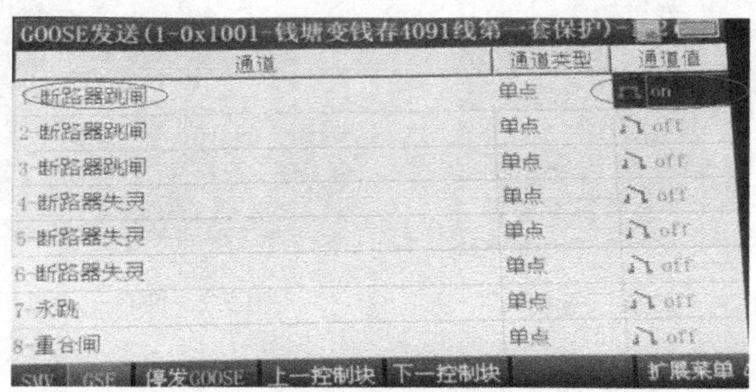

图 7-5 测试仪模拟开入接点

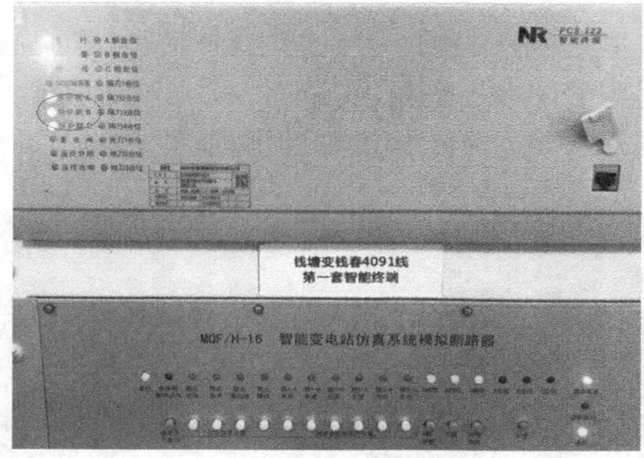

图 7-6 面板正确显示

任务二 开 出 量 检 查

【任务描述】

本任务主要讲解 PCS222 智能终端装置接点开出启动另一套智能终端

的闭重、闭锁、分合本间隔断路器、闸刀、保护动作跳合断路器等，GOOSE 开出断路器位置、闭锁本间隔保护等信号。通过任务描述、知识要点、技能（技术）要领等，掌握智能终端装置开出量检查的具体内容。检查记录见本章附录 2。

【知识要点】

（1）智能终端接点开出。

（2）智能终端 GOOSE 开出。

【技能要领】

一、智能终端接点开出

（1）模拟相关保护动作，发送 GOOSE 跳闸命令，智能终端正确开出。

（2）模拟测控遥控动作，发送 GOOSE 跳、合闸命令，智能终端正确开出。

（3）测试智能终端响应时间，小于 5ms。

（4）依照 SCD 文件，用数字式继电保护测试仪给智能终端发送 GOOSE 跳、合闸命令（见图 7-7），智能终端可通过 GOOSE 单帧实现跳闸功能（见图 7-8）。接收跳、合闸接点信息、启动另一套智能终端的闭重、闭锁信息，记录报文发送与硬接点输入时间差，智能终端动作时间不大于 7ms，用万用表检查接点开出或直接分合断路器、闸刀正常，检查智能终端显示正常。

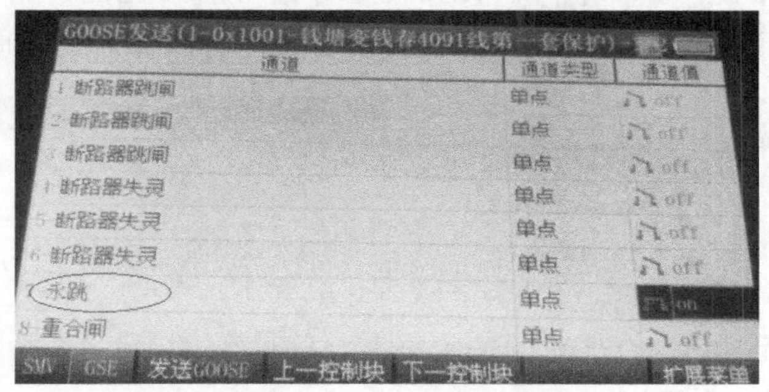

图 7-7 测试仪模拟跳闸输出

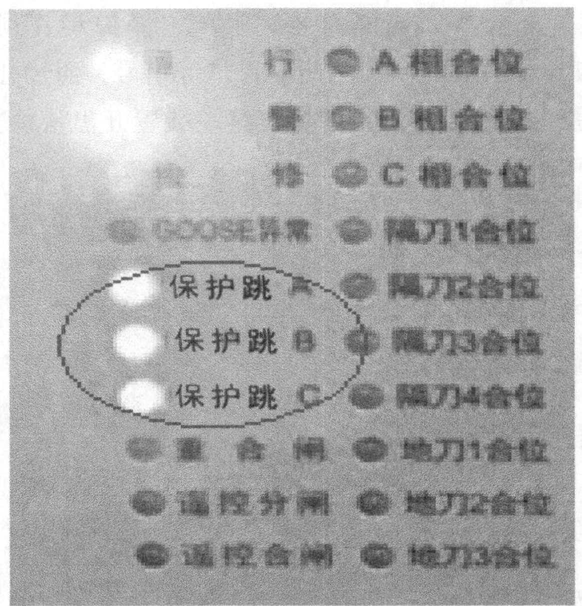

图 7-8 智能终端保护跳闸信号

二、智能终端 GOOSE 开出

依照 SCD 文件，用数字式继电保护测试仪模拟智能终端发送 GOOSE 开出断路器位置、闭锁本间隔保护等信号，检查本间隔对应的保护装置、母差及测控装置应该正确动作。

智能终端装置给母差保护发送正、副母闸刀位置等信号时（见图 7-9），合并单元、母差保护装置应有明显显示（见图 7-10）。

图 7-9 断路器位置合开入短接 A 相合闸位置

1/6-GOOSE实时值-0x100B-钱塘变线存1091线智能终端		
stNum=18	sqNum=5	TTL=10000
49-[单点]A相跳闸FB		FALSE
50-[时间戳]A相跳闸FB		06:13:17.824
51-[单点]B相跳闸FB		FALSE
52-[时间戳]B相跳闸FB		06:13:17.824
53-[单点]C相跳闸FB		FALSE
54-[时间戳]C相跳闸FB		06:13:17.824
55-[单点]A相合闸FB		TRUE
56-[时间戳]A相合闸FB		06:14:44.347

图 7-10 智能终端断路器 A 相合闸

任务三 功 能 校 验

【任务描述】

本任务主要讲解 PCS222 线路智能终端装置与另一套智能终端闭锁重合闸功能测试、线路第二套智能终端的合闸回路功能检查、智能终端装置通信中断功能检查、智能终端装置失电功能检查等内容。通过智能终端操作功能的原理分析，了解智能终端的主要操作功能，熟悉智能终端操作功能的主要作用，掌握智能终端操作功能的测试方法。检查记录见本章附录 3。

【知识要点】

（1）线路智能终端装置与另一套智能终端闭锁重合闸功能测试。

（2）线路第二套智能终端的合闸回路功能检查。

（3）装置通信中断功能检查。

（4）装置失电功能检查。

【技能（技术）要领】

一、线路智能终端装置与另一套智能终端闭锁重合闸功能测试

依照 SCD 文件，用数字式继电保护测试仪模拟保护装置永跳动作（见图 7-11）、单重时保护三跳、手合断路器、模拟本保护装置重合闸充电未完成、模拟母差保护动作跳本智能终端，用万用表检查智能终端闭锁另一套智能终端重合闸接点闭合，检查另一套保护闭锁重合闸动作开入正确（见图 7-12）。

二、线路第二套智能终端的合闸回路功能检查

依照设计图纸检查第二套智能终端的合闸回路及跳闸位置接点正确接入，用数字式测试仪模拟第一套智能终端手合（见图 7-13）、手分及第一套保护重合闸动作，用测试仪或后台及第二套保护装置检查第二套智能终端手合、手分信号正确（见图 7-14）。

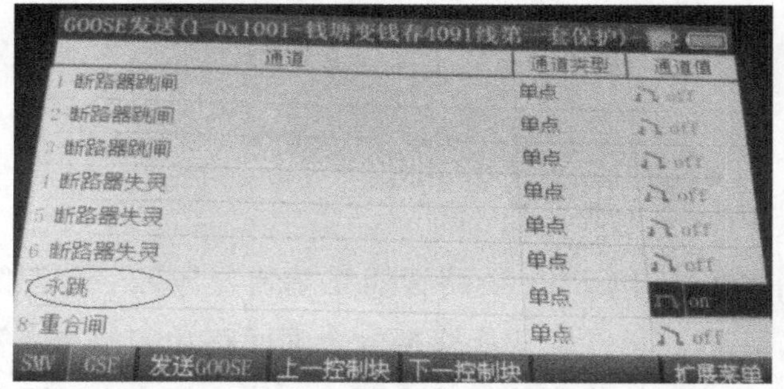

图 7-11　第一套智能终端模拟永跳

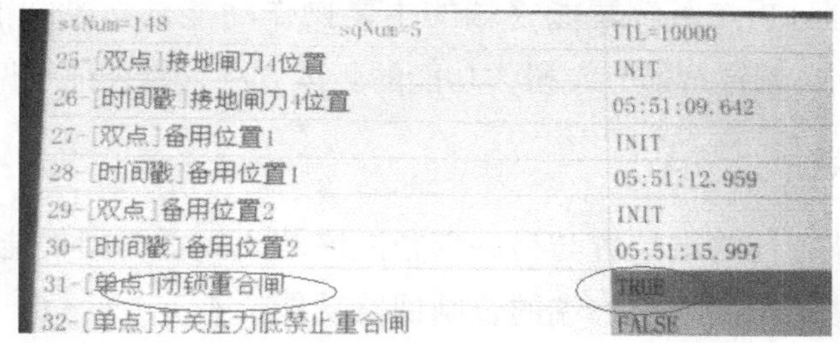

图 7-12　第二套智能终端 GOOSE 闭重

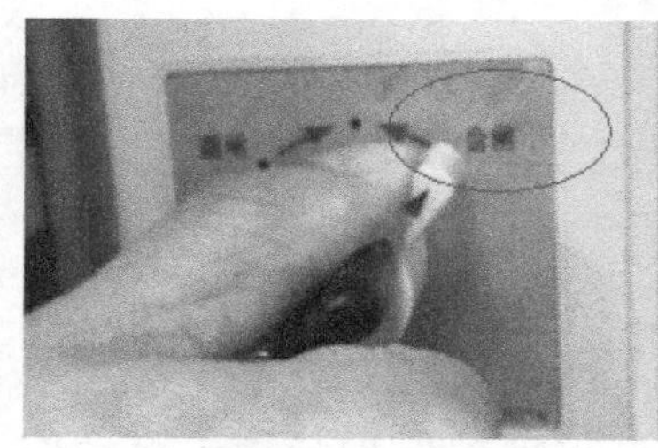

图 7-13　第一套智能终端手合

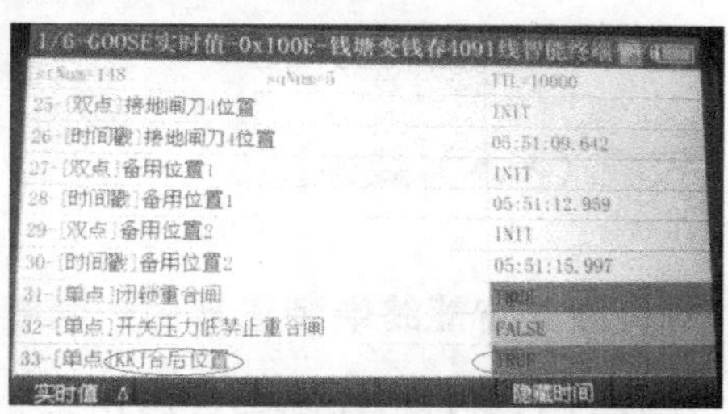

图 7-14　智能终端 KKJ 动作

三、装置通信中断功能检查

在智能终端通过插拔直接跳闸网口（见图 7-15），通过后台信号、GOOSE 二维表（见图 7-16）或网络分析仪检查对应光纤正确断开及恢复。

四、装置失电功能检查

在智能终端正常情况下，断开智能终端电源空气开关（见图 7-17），用万用表检查装置闭锁接点闭合（见图 7-18），通过各网口、后台信号检查装置掉电告警并发出装置闭锁信号。

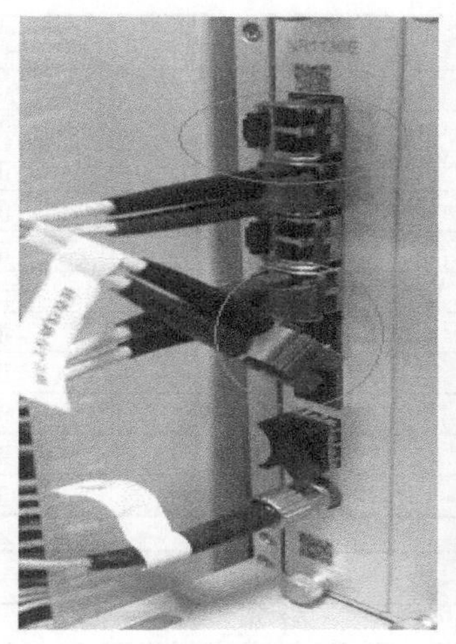

图 7-15 直接跳闸网口

图 7-16 GOOSE 异常灯点亮

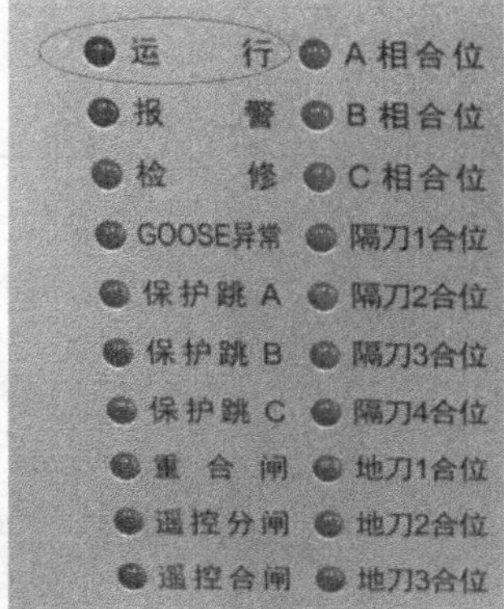

图 7-17 智能终端电源空气开关断开面板无任何指示

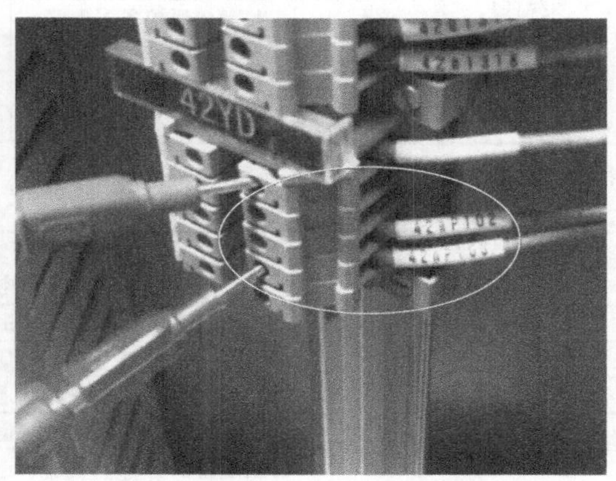

图 7-18 智能终端闭锁接点闭合

附录 1 **开入量检查记录表**

序号	信号名称	装置显示	数字测试仪显示	后台显示
1	检修压板合	正确□	正确□	正确□
2	检修压板分	正确□	正确□	正确□

序号	信号名称	装置显示	数字测试仪显示	后台显示
1	信号复归	正确□	正确□	正确□
2	另一套闭重	正确□	正确□	正确□
3	断路器合位	正确□	正确□	正确□
4	另一套闭锁	正确□	正确□	正确□
5	断路器分位	正确□	正确□	正确□
6	另一套告警	正确□	正确□	正确□
7	就地/远方	正确□	正确□	正确□
8	隔刀 1 分位	正确□	正确□	正确□
9	隔刀 2 分位	正确□	正确□	正确□
10	隔刀 1 合位	正确□	正确□	正确□
11	隔刀 2 合位	正确□	正确□	正确□

序号		信号名称	面板显示	备注
本间隔保护	1	断路器遥合 1	正确□	
	2	断路器遥合 2	正确□	
	3	断路器遥分 1	正确□	
	4	断路器遥分 2	正确□	
	5	遥控备用 1	正确□	
	6	遥控备用 2	正确□	
	7	闭锁重合闸	正确□	
	8	合后继电器动作	正确□	

附录 2

开出量检查记录表

序号	输入接口	出口类别	硬压板对应关系检查	智能终端动作情况及时间	结论
1	直跳口	A 相跳闸	投入/退出	正确□	合格□
2		B 相跳闸	投入/退出	正确□	合格□
3		C 相跳闸	投入/退出	正确□	合格□
4		永跳出口	投入/退出	正确□	合格□
5		A 相合闸	投入/退出	正确□	合格□
6		B 相合闸	投入/退出	正确□	合格□
7		C 相合闸	投入/退出	正确□	合格□
8		闭锁重合闸	投入/退出	正确□	合格□
9	母差口	母差三跳	投入/退出	正确□	合格□
10	组网口	A 相跳闸	投入/退出	正确□	合格□
11		B 相跳闸	投入/退出	正确□	合格□
12		C 相跳闸	投入/退出	正确□	合格□
13		永跳出口	投入/退出	正确□	合格□
14		A 相合闸	投入/退出	正确□	合格□
15		B 相合闸	投入/退出	正确□	合格□
16		C 相合闸	投入/退出	正确□	合格□
17		闭锁重合闸	投入/退出	正确□	合格□

序号		信号名称	保护显示	备注
母差保护	1	正母闸刀位置	正确□	
	2	副母闸刀位置	正确□	
合并单元	1	正母闸刀位置	正确□	
	2	副母闸刀位置	正确□	
本间隔保护	1	断路器位置	正确□	
	2	手合	正确□	
	3	压力闭重	正确□	
	4	其他保护闭重	正确□	
测控装置	1	断路器位置	正确□	
	2	闸刀位置	正确□	
	3	断路器异常信号	正确□	
	4	远方/就地	正确□	

附录3　　功能校验记录表

功能	序号	模拟	智能终端显示	另一套智能终端或保护装置
母差保护	1	三跳动作	正确□	正确□
本间隔保护测控	1	保护永跳	正确□	正确□
	2	单重时保护三跳	正确□	正确□
	3	手合	正确□	正确□
	4	保护未充电	正确□	正确□
智能终端	序号	模拟	智能终端显示	后台信号显示
	1	通信中断功能检查	正确□	正确□
	2	装置失电功能检查	正确□	正确□

110kV合并单元
（NSR-386AG）
装置验收

第八章
合并单元装置验收

【项目描述】

本项目包含 NSR-386AG 合并单元装置性能检查、时间性能检验、采样精度校验及告警输出检查等内容。通过任务描述、知识要点、技能（技术）要领，了解合并单元装置特性，熟悉合并单元功能原理，掌握合并单元功能调试验收等内容。

任务一 报文性能检查

【任务描述】

本任务主要讲解 NSR-386AG 合并单元报文性能检查内容。通过任务描述、知识要点、技能要领等，掌握合并单元装置报文性能检查的具体内容。

【知识要点】

（1）丢帧率检验。

（2）报文完整性。

（3）发送频率测试。

（4）品质位检查。

【技能要领】

一、丢帧率检验

检查 SV 报文丢帧率，丢帧率=(应该接收到的报文帧数−实际接收到的报文帧数)/应该接收到的报文帧数，要求 SV 报文在 10 分钟内不丢帧。

将 MU 输出 SV 报文接入手持光数字测试仪、网络记录分析仪、合并单元测试仪等具有 SV 报文接收和分析功能的装置，以 PNI302 合并单元测试仪为例，测试方法见图 8-1，试验参数设置 ABC 三相电流幅值 100% I_n，相位分别为 0°、−120°和 120°，试验时间 10min。测试结果如图 8-2 所示，在报文完整性—SV 异常报文统计中，丢包数应该为 0 帧。

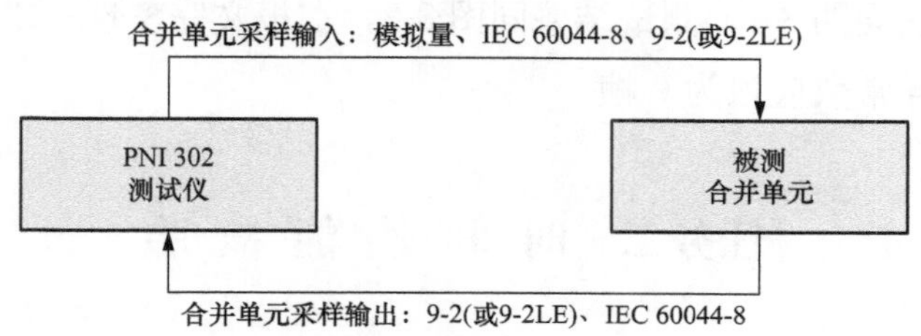

图 8-1 报文性能检查测试图

二、报文完整性

检查 SV 报文采样序号的连续变化性，SV 报文的序号应从 0 连续增加到 $50N-1$（N 为每周期采样点数），再恢复到 0，任意相邻两帧 SV 报文的序号应连续，要求在 10min 内无错序。

测试方法见图 8-1，测试结果见图 8-2，在报文完整性—SV 异常报文统计中，错序、重复数应该为 0 帧。

精确度 | 报文完整性 | 时钟同步测试 | SV报文波形图 | 输出功率

测试项目	名称	报文统计测试结果
SV异常	接收帧数	2432363
报文统计	丢包	0
	错序	0
	重复	0
	失步	0
	采样序号错误	0
	品质异常	0
	通讯超时恢复次数	0
	通讯中断恢复次数	0
帧发送间隔	-1uS～1uS	2432362
抖动统计	-3uS～3uS	
	-10uS～10uS	
	<-10uS, >10uS	
GOOSE异常	接收帧数	0
报文统计	变位次数	-
	TEST变位次数	-
	Sq丢失	-
	Sq重复	-
	St丢失	-
	St重复	-
	编码错误	-
	存活时间无效	-
	通讯超时恢复次数	-
	通讯中断恢复次数	-

图 8-2 SV 异常报文统计

三、发送频率测试

80 点采样时，SV 报文应每一个采样点一帧报文，检查 SV 报文的发送频率应与采样频率一致，即一个 APDU 包含一个 ASDU，要求在 10min 内采样序号正确。

测试方法同图 8-1，测试结果同图 8-2，在报文完整性—SV 异常报文统计中，采样序号错误数应该为 0 帧。

四、品质位检查

在 MU 工作正常时，SV 报文品质位应无置位；在 MU 工作异常时，

SV 报文品质位应不附加任何延时正确置位。检查品质异常结果，要求在 10min 内品质异常为 0。

测试方法同图 8-1，测试结果同图 8-2，在报文完整性—SV 异常报文统计中，品质异常数应该为 0 帧。

任务二 时间性能检验

【任务描述】

本任务主要讲解 NSR-386AG 合并单元时间性能检验内容。通过任务描述、知识要点、技能要点等，掌握合并单元装置时间性能检验的具体内容。

【知识要点】

（1）对时误差检验。

（2）守时误差检验。

（3）采样值发布离散值统计。

（4）采样值报文响应时间检验。

【技能要领】

一、对时误差检验

将合并单元测试仪光 B 码对时信号接入，稳定 1h 之后进行测试，比较合并单元输出的 1PPS 信号与参考时钟源 1PPS 信号之间的差值，要求 10min 内最大误差值应小于 $1\mu s$。

测试方法如图 8-3 所示，试验参数设置选择对时误差，试验时间 10min，测试结果如图 8-4 所示，在时间同步测试—对时精度测试中，最大误差小于 $1\mu s$。

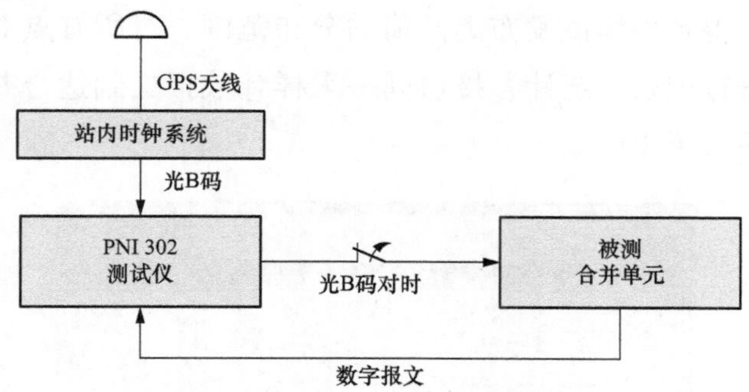

图 8-3 合并单元对时误差检验测试方法

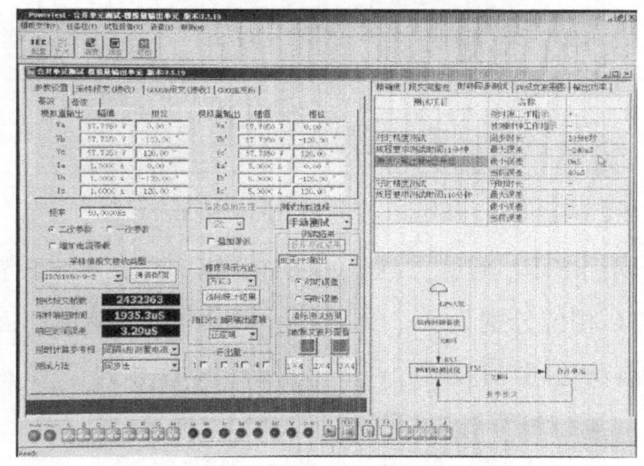

图 8-4 对时误差测试结果

二、守时误差检验

合并单元在外部对时信号消失后，在 10min 内应继续满足至少 4μs 同步精度要求。

测试接线同图 8-3，在守时测试之前，必须先保证被测合并单元之前已稳定对时。待对时稳定后，再断开 B 码对时信号，进行守时功能的测试。试验参数设置选择守时误差，试验时间 10min，测试结果如图 8-5 所示，在时间同步测试—守时精度测试中，最大误差小于 4μs。

三、采样值发布离散值统计

用合并单元测试仪持续统计 10min 内采样值报文的时间间隔与标准间

隔时间之差，得到采样值发布离散值的分布范围。对所有点对点输出接口的采样报文进行记录，统计各接口同一采样计数报文到达合并单元测试仪的时间差应不大于 10μs。

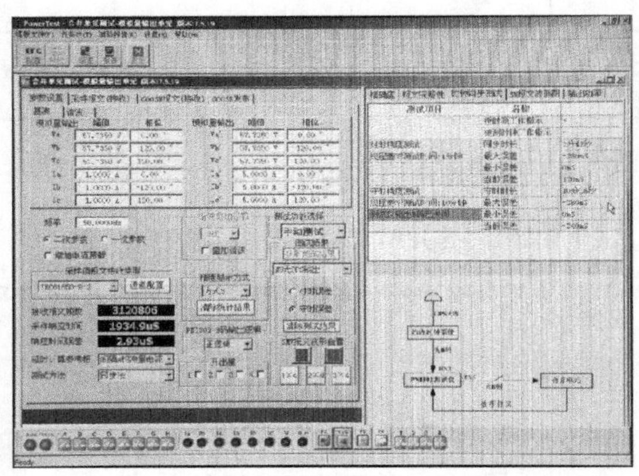

图 8-5 守时误差测试结果

测试接线同图 8-1，测试方法选择插值法，试验参数设置 ABC 三相电流幅值 $100\%I_n$，相位分别为 0°、−120°和 120°。测试结果如图 8-6 所示，在报文完整性—帧发送间隔抖动统计中，小于−10μs 和大于 10μs 的应为 0 帧。

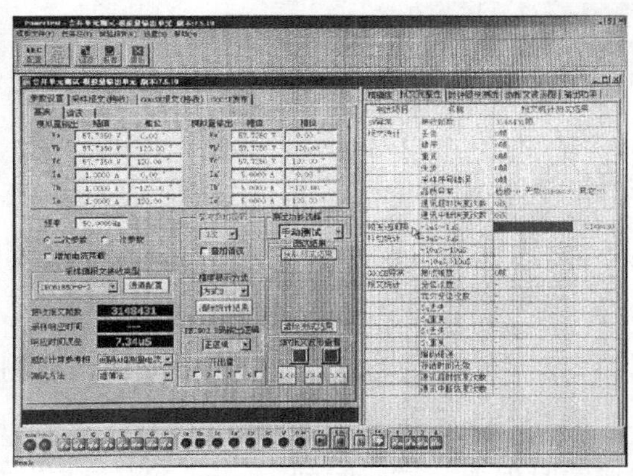

图 8-6 采样值发布离散值统计测试结果

四、采样值报文响应时间检验

用合并单元测试仪给模拟量输入式合并单元加量，检查合并单元采样响应时间不应大于 1ms，级联母线合并单元的间隔合并单元采样响应时间不应大于 2ms，误差不应超过 20us，测试时间 1min。

测试接线如图 8-7 所示，测试方法选择同步法，试验参数设置 ABC 三相电流幅值 100%I_n，相位分别为 0°、−120°和 120°；测试结果如图 8-8 所示，在采样响应时间中，对于级联母线合并单元的间隔合并单元，采样响应时间不大于 2ms。

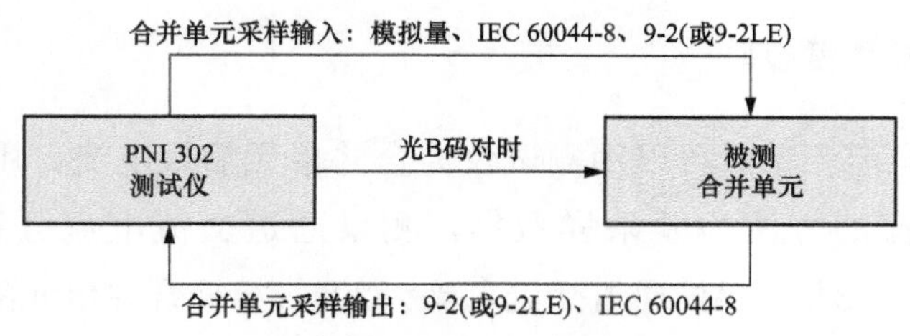

图 8-7　采样值报文响应时间检验

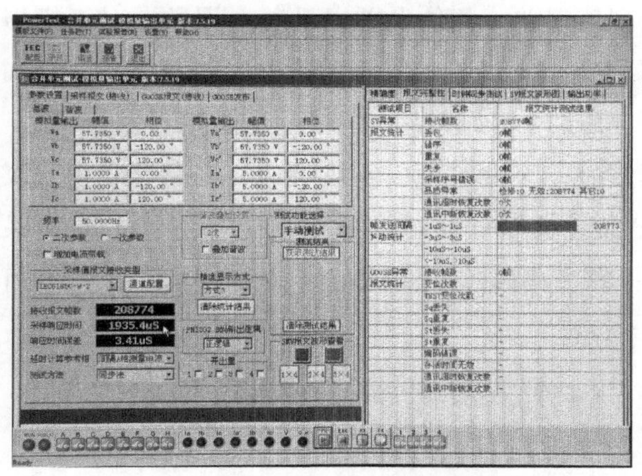

图 8-8　采样值报文响应时间测试结果

任务三　采样精度校验

【任务描述】

本任务主要讲解 NSR-386AG 合并单元采样精度校验内容。通过任务描述、知识要点、技能要领等，掌握合并单元装置采样精度校验的具体内容。

》【知识要点】

(1) 采样精度校验。

(2) 首周波测试。

》【技能要领】

一、采样精度校验

在交流电流测试时可以用测试仪为合并单元输入电流，用同时加对称正序三相电流的方法检验采样数据，测量通道交流电流分别为 $0.05I_{\mathrm{n}}$、$0.2I_{\mathrm{n}}$、$1I_{\mathrm{n}}$、$1.2I_{\mathrm{n}}$，保护通道交流电流为 $1I_{\mathrm{n}}$；根据合并单元的不同同步方式，网络采样选择同步法测试，直接采样选择插值法测试，记录合并单元测试仪显示的幅值误差、相位误差以及复合误差。对于模拟量输入式合并单元，合并单元稳态精度应满足以下要求：现场用测试仪加量检查电流幅值误差不超过±2.5%或 $0.02I_{\mathrm{n}}$，相位角度误差不超过1°。

插值法测试时，因为其可以不依赖于对时信号，测试接线同图 8-1 所示，导入 SCD 文件，采样通道配置分别选择测量电流和保护电流，设置 TA 变比，选择相应测试点。测试结果如图 8-9 和图 8-10 所示，结果显示在精确度菜单一栏。

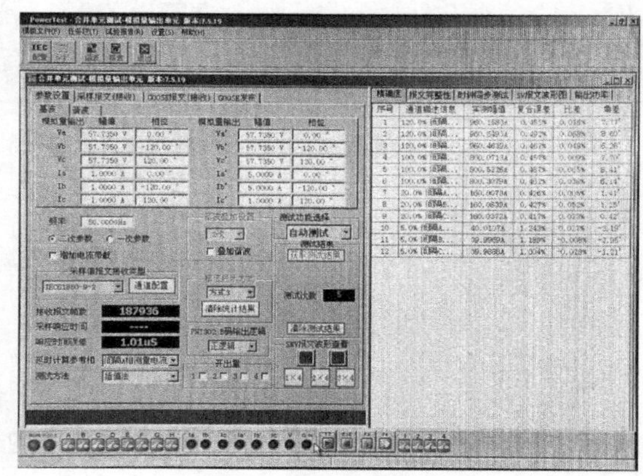

图 8-9 测量电流精确度结果

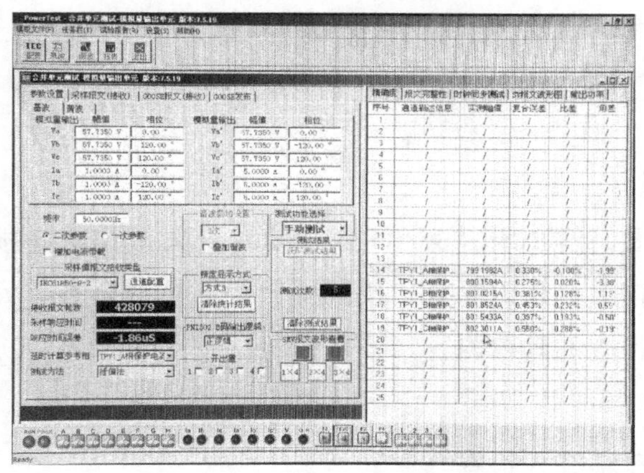

图 8-10　保护电流精确度结果

二、首周波测试

通过合并单元测试仪模拟系统三相故障，设置三相故障电流为 1A，检查合并单元输出电流波形与输入模拟量波形在录波图形上应基本重叠，误差不大于 2ms。

保持采样精度校验接线不变，测试功能选择首周波测试项目，开始试验并录波。分别检查相应合并单元三相输出电流波形与输入模拟量波形在录波图形上应基本重叠，误差即采样响应时间不大于 2ms，如图 8-11 所示。

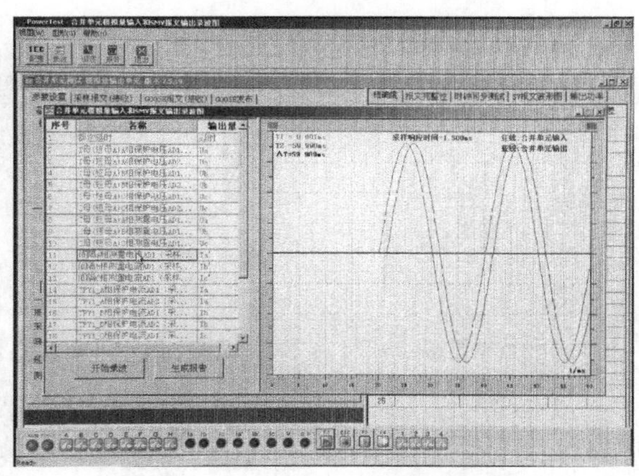

图 8-11　A 相测量电流首周波测试结果

任务四 开关量及软件版本信息检查

【任务描述】

本任务主要讲解 NSR-386AG 合并单元开关量及软件版本信息检查内容。通过任务描述、知识要点、技能要领等，掌握合并单元装置开关量及软件版本信息检查的具体内容。

【知识要点】

（1）检修压板开入检查。

（2）GPS 失步。

（3）采样异常。

（4）合并单元 GOOSE/SV 断链。

（5）合并单元软件版本信息。

【技能要领】

一、检修压板开入检查

将 NSR-386AG 合并单元装置检修压板分别投入和退出（见图 8-12），核对合并单元装置显示和后台画面显示检修位置应分别置 1 和置 0（见图 8-13），将核对结果填入表 8-1 中。

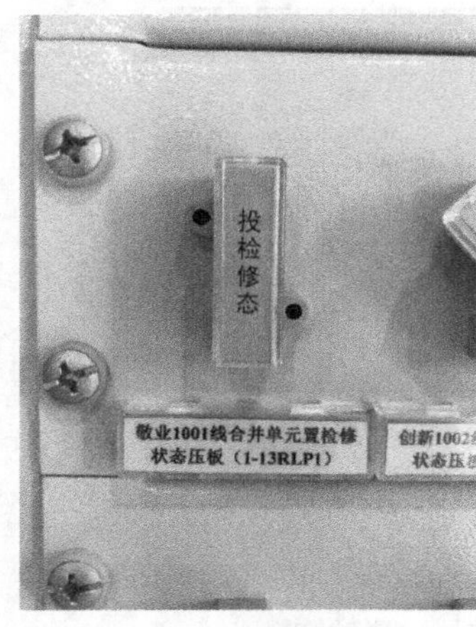

图 8-12 检修压板投入

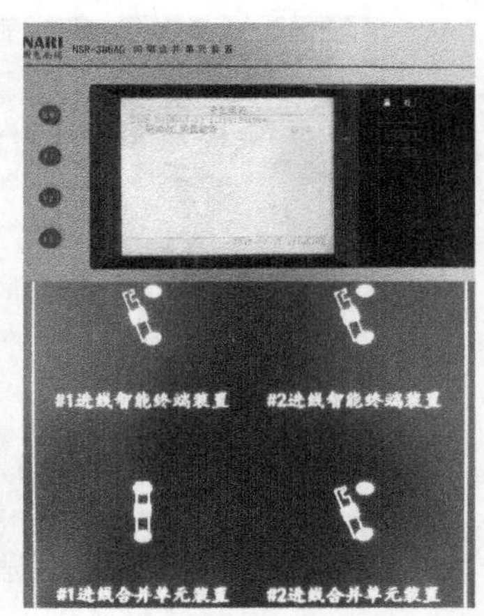

图 8-13 装置面板或后台画面正确显示

表 8-1　　　　检修压板核对

序号	信号名称	装置显示	后台画面显示	备注
1	检修压板合			
2	检修压板分			

二、合并单元 GPS 失步

在合并单元拔出 GPS 对时光纤（见图 8-14），10min 后超出守时精度，合并单元报“GPS 失步”，合并单元装置和后台显示 GPS 失步信号并告警（见图 8-15）。

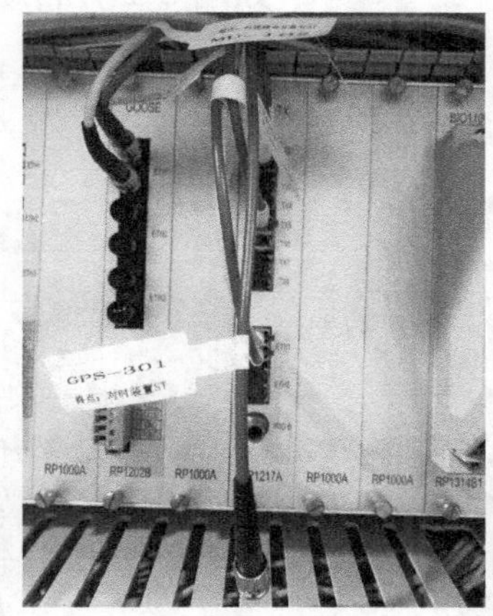

图 8-14　拔出 GPS 对时光纤

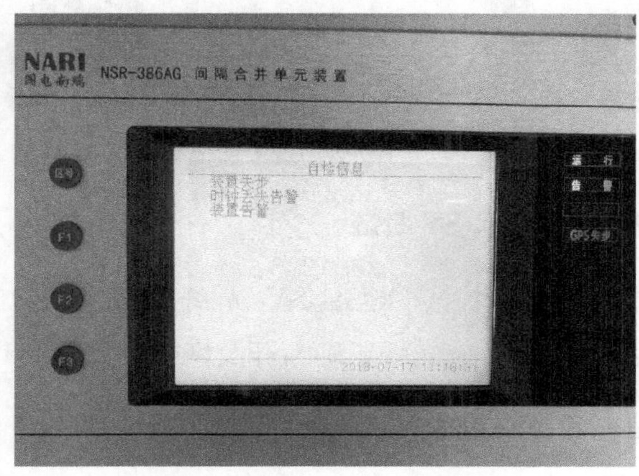

图 8-15　合并单元 GPS 失步告警

图 8-16　拔出母线电压级联光纤

三、采样异常

合并单元对于进入 DSP 芯片的交流采样值进行持续不断的监视，如果发现有采样值出错，合并单元报“采样异常”信号并告警。现场可通过插拔合并单元级联光纤的方式模拟采样值出错（见图 8-16），合并单元采样异常告警如图 8-17 所示。其他对于装置硬件或软件故障模拟采样异常，现场不具备条件实现。

图 8-17　合并单元采样异常告警

四、合并单元 GOOSE/SV 断链

在合并单元背板插拔 GOOSE/SV 光纤（见图 8-18），通过后台 GOOSE/SV 二维表检查对应光纤正确断开及恢复（见图 8-19）。

五、合并单元软件版本信息

检查合并单元软件版本信息，包括版本号和校验码两项内容，确认其通过开普检测并在国家电网公司公布的相应合并单元专业检测合格产品公告中。

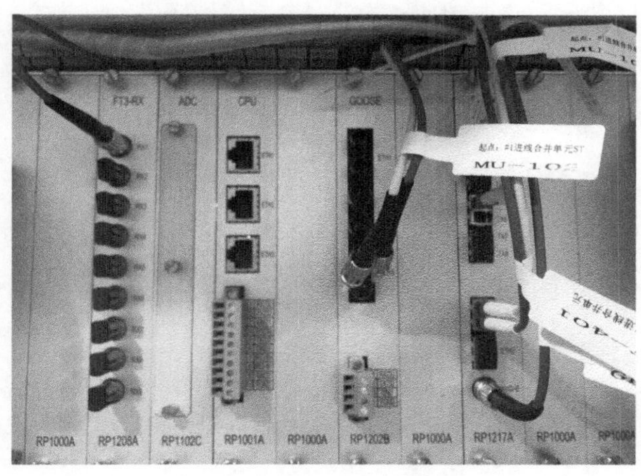

图 8-18　拔出背板相应光纤

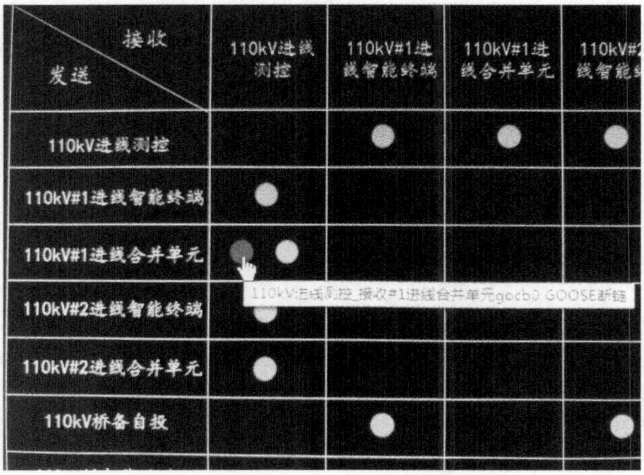

接收 发送	110kV进线测控	110kV#1进线智能终端	110kV#1进线合并单元	110kV#2线智能终
110kV进线测控		●	●	●
110kV#1进线智能终端	●			
110kV#1进线合并单元	● ●			
110kV#2进线智能终端	●			
110kV#2进线合并单元	●			
110kV桥备自投		●		●

110kV进线测控_接收#1进线合并单元gocb0 GOOSE断链

图 8-19　GOOSE/SV 二维表显示相应断链信号

第九章

线路间隔整组联动

》【项目描述】

本项目包含电压电流回路检查、开关传动试验、母差联动试验、检修机制检查、开关防跳试验、开关三相不一致功能试验等内容。本项目编排以 DL/T 995—2006《继电保护和电网安全自动装置检验规程》、Q/GDW 1809—2012《智能变电站继电保护校验规程》为依据，并融合了变电二次现场作业管理规范，结合实际作业情况等内容。通过本项目的学习，了解线路保护的工作原理，熟悉保护装置的外部回路构成，掌握常规校验项目。

1. 传动工作准备内容

试验仪器（光数字测试仪或常规模拟量测试仪），图纸、试验报告等已准备。通信畅通，安全监护人员到位。

2. 传动工作人员分组分工情况

根据实际情况，人员分若干组配合进行试验。若为常规采样保护装置，则分四组：①保护加量、观察保护动作情况及投退 GOOSE 出口软压板组；②母差保护、开关保护、故障录波等观察开入量组；③现场观察开关实际动作情况及投退出口硬压板组；④后台查看保护动作报文及开关动作信号情况组。若为合并单元采样，则保护加量需单独设置一组，其作用是在合并单元处就地加量。

任务一　电压电流回路检查

》【任务描述】

本任务主要讲解 SV 回路通流。通过使用常规模拟量测试仪合并单元进行加量，了解 TA、TV 二次回路接线是否正确，确保 TA、TV 的极性是否符合要求，熟悉二次回路的走向，验证采集模块调试工作是否正常，熟练使用常规测试仪和光数字测试仪。

【知识要点】

（1）保护装置 SV 压板功能试验。

（2）TA、TV 的极性、变比正确性检查，采样二次回路、虚端子连接的检查。

（3）整体采样精度的检查。

【技能要领】

一、SV 压板检查

在线路合并单元、母设合并单元处进行加量（已投运站拔下电压级联口光纤，对线路合并单元加数字电压量），投退该间隔保护 SV 压板，查看保护装置采样变化。取下对应 SV 接收压板，采样值为零；投上对应 SV 接收压板，采样值显示为实际加量值。

二、电流电压回路检查

投入保护装置 SV 压板，在合并单元处通入模拟量。加有效值分别为 0.1、0.2、0.3A 的正序电流，加有效值分别为 10、20、30V 的正序电压，保护装置采样显示大小、相序正确，即可验证合并单元电压电流回路、保护装置整定变比、虚端子正确。

三、采样精度检查

投入保护装置 SV 压板，在合并单元处通入模拟量进行 SV 回路通流，用测试仪为合并单元输入模拟量，用同时加对称正序三相电流方法检验采样数据，电流分别为 $0.05I_N$、$0.1I_N$、$2I_N$、$5I_N$ 进行测试，要求保护装置的采样显示值与外部表计测量值的误差应小于 5%。在交流电压测试时可以用测试仪为保护装置输入电压，用同时加对称正序三相电压方法检验采样数据，交流电压分别为 1、5、30、60、70V。

任务二 开关传动试验

【任务描述】

本任务主要讲解开关传动的验收流程。通过开关传动实验，了解保护装置、智能终端之间的相互关联关系。结合开关传动试验，验证 GOOSE 虚回路连接正确性以及 GOOSE 出口软压板功能正确性。

【知识要点】

智能终端跳闸、合闸出口应投上，开关合上，验证保护传动开关的正确性和断路器合闸回路的可靠性。

【技能要领】

（1）开关传动试验及保护装置 GOOSE 出口软压板、汇控柜出口硬压板检查：投入保护装置“SV 接收”软压板。开关置合位，待重合闸充电完成，在保护装置加数字量（或合并单元加模拟量），分别模拟不同相别的单相永久性接地故障。

（2）检查保护动作的可靠性和开关的跳、合闸回路正确性。

任务三 母差联动试验

【任务描述】

本任务主要介绍母差保护与本间隔传动的验收流程。通过母差动作跳本间隔试验、线路保护启动失灵试验，检查母差保护与本间隔合并单元、智能终端、保护装置之间的虚端子连接是否正确。同时，检查双重化配置下两套智能终端之间相互闭锁重合闸回路的正确性。

【知识要点】

（1）母差保护与线路合并单元 SV 虚端子检查。

（2）母差保护与线路间隔联动试验。

（3）线路保护启动失灵虚回路检查。

（4）两套智能终端相互闭锁重合闸回路验证。

【技能要领】

一、母差保护采样回路、SV压板检查

退出母差保护所有间隔SV接收压板，在本间隔合并单元加入电流量模拟量，母差保护采样显示为零；投入本间隔SV接收压板，在线路合并单元处通入电流模拟量，加入有效值分别为0.1、0.2、0.3A的正序电流，查看母差保护装置电流采样幅值、相序是否正确。

二、母差保护跳闸虚回路、GOOSE出口检查

开关置合位。仅投入母差保护本间隔SV接收压板、退出所有GOOSE出口压板，对母差保护加量使其跳闸，本线路间隔开关不跳闸；投入母差保护本间隔GOOSE出口压板，对母差保护加量使其跳闸，本线路间隔跳闸。

三、线路保护启动失灵虚回路检查

仅投入母差保护本间隔SV接收压板，对线路保护加量使其动作，同时检查母差保护是否有对应间隔的失灵开入，按照表9-1记录动作情况。

表9-1　母差联动试验动作情况表

线路保护启动失灵GOOSE发送软压板	母差保护本间隔启失灵GOOSE开入软压板	母差保护对应间隔失灵开入情况
退出	投入	无开入
投入	退出	无开入
投入	投入	有开入

四、智能终端相互闭锁重合闸回路检查及功能试验

开关置合位，仅投入母差保护本间隔SV接收压板、GOOSE出口压板，对母差保护加量使其动作（或采用测控装置进行手分），检查本间隔另一套保护装置“闭锁重合闸”开入是否正确。

任务四　检修机制检查

【任务描述】

本任务主要讲解智能站保护检修机制。通过对检修机制原理的全方位理解，熟练掌握智能站保护检修机制验收调试流程。

【知识要点】

（1）SV、GOOSE 检修机制原理。

（2）智能站保护检修机制验收流程。

【技能要领】

一、SV、GOOSE 检修机制原理

1. SV 报文检修机制实现

（1）当合并单元装置检修压板投入时，发送采样值报文中采样值数据的品质 q 的 Test 位应置 True。

（2）SV 接收端装置应将接收的 SV 报文中的 test 位与装置自身的检修压板状态进行比较，只有两者一致时才将该信号用于保护逻辑，否则应按相关通道采样异常进行处理。

（3）对于多路 SV 输入的保护装置，一个 SV 接收软压板退出时应退出该路采样值，以保证该 SV 中断或检修均不影响本装置运行。

2. GOOSE 报文检修机制实现

（1）当装置检修压板投入时，装置发送的 GOOSE 报文中的 test 应置为 True。

（2）GOOSE 接收端装置应将接收的 GOOSE 报文中的 test 位与装置自身的检修压板状态进行比较，只有两者一致时才将信号作为有效进行处理

或动作，不一致时宜保持一致前的状态。

（3）当发送方 GOOSE 报文中 test 置位时发生 GOOSE 中断，接收装置应报具体的 GOOSE 中断告警，不应报“装置告警（异常）”信号，不应点“装置告警（异常）”灯。

二、智能站保护检修机制验收流程

1. SV 检修机制验收流程

投退合并单元、保护装置的检修压板，对合并单元加大于保护动作定值的电流模拟量，按照表 9-2 记录动作情况。

表 9-2 SV 检修机制验收动作情况

接收装置	发送装置	检修压板状态	动作情况
线路保护	220kV 线路合并单元	检修压板状态一致	采样正确，保护动作□
		检修压板状态不一致	采样正确，保护不动作□
母线保护	220kV 线路合并单元	检修压板状态一致	采样正确，保护动作□
		检修压板状态不一致	采样正确，保护不动作□

2. GOOSE 检修机制验收流程

投退保护装置、智能终端的检修压板，对保护装置加大于保护动作定值的电流模拟量（合并单元与保护装置检修一致），操作保护装置面板进行开出。按照表 9-3 记录动作情况。

表 9-3 GOOSE 检修机制验收动作情况

接收装置	发送装置	检修压板状态	动作情况
线路保护	220kV 母线保护	检修压板状态一致	开入正确变位□
		检修压板状态不一致	保持原有状态□
220kV 母线保护	线路保护	检修压板状态一致	开入正确变位□
		检修压板状态不一致	保持原有状态□
220kV 侧智能终端	线路保护	检修压板状态一致	智能终端动作□
		检修压板状态不一致	智能终端不动作□
	220kV 母差保护	检修压板状态一致	智能终端动作□
		检修压板状态不一致	智能终端不动作□

任务五 开关防跳试验

【任务描述】

理解防跳回路的原理及意义，熟悉防跳回路各继电器及其触点的意义，熟练掌握开关防跳验收流程。

【知识要点】

（1）防跳回路原理。

（2）防跳功能验收。

【技能要领】

一、断路器操动机构防跳原理

根据 Q/GDW 11486—2015《智能变电站继电保护和安全自动装置验收规范》，智能终端不设防跳功能，而是由断路器本体操动机构防跳。若使用断路器操动机构的防跳回路，动作行为如下：断路器合于故障后，保护动作加速跳闸，跳闸完成后，断路器的动合触点启动 KCF；KCF 的一副动合触点使自己自保持，一副动断触点断开合闸回路，直到合闸脉冲解除，KCF 返回，原理如图 9-1 所示。

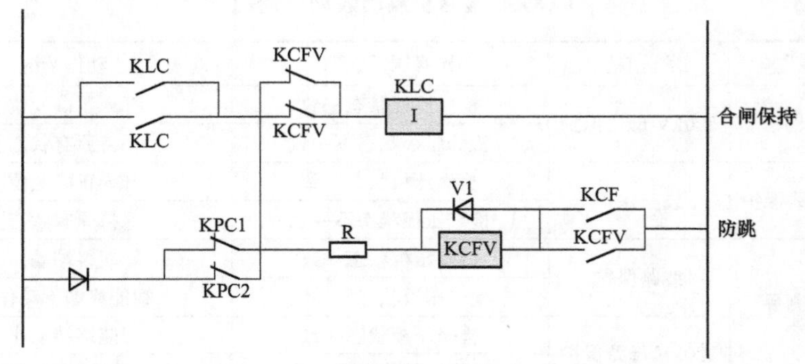

图 9-1 断路器操动机构防跳原理

二、防跳功能验收流程

将开关置分位，查看图纸，找到汇控柜开关手合、手分端子，短接手合、手分端子，同时引入正电并保持不放，开关合闸随后立刻跳闸，待开关储能结束后，开关不再合闸。上述动作现象可验证开关防跳功能正常。

任务六　开关三相不一致功能试验

【任务描述】

理解三相不一致的原理及意义，熟悉防跳回路各个继电器及其触点的意义，熟练掌握开关防跳验收流程。

【知识要点】

（1）开关三相不一致原理及意义。

（2）开关三相不一致功能校验。

【技能要领】

一、开关三相不一致原理及意义

断路器一相跳开，而其他两相仍在合闸位置，这种运行方式称为非全相运行，是一种非正常的运行方式。当系统发生非全相异常运行时，会产生零序分量和负序分量，它们会对发电机、电动机造成危害。三相不一致保护一般由断路器自身实现，当系统出现非全相，达到一定时间就跳开其他两相。

二、开关三相不一致功能校验

退出汇控柜智能终端重合闸出口硬压板，查看图纸，找到分相跳闸出口触点对应的端子跳 A、跳 B、跳 C，分别引入正电。断路器先跳开对应单相，经过一定时间三相跳闸。上述动作现象可验证开关三相不一致功能正常。

任务七 整 组 试 验

【任务描述】

本任务主要讲解开关传动的验收流程。通过开关联动试验，了解保护装置的动作机制，以及合并单元、保护装置、智能终端之间的相互关联关系。结合开关传动试验，验证虚回路连接正确性以及 GOOSE 出口软压板功能正确性。确保每个信号的实际状态与测控装置显示、后台光字及报文显示、远动数据的状态显示、网络分析仪的信息显示、故障录波器的状态信息显示、保护信息子站的信息状态显示均一一对应。

【知识要点】

（1）智能终端跳闸、合闸出口应投上，开关合上，分别模拟以下情况进行开关传动试验：①模拟单相永久性接地故障；②模拟相间瞬时性故障；③在重合闸停用方式下模拟单相瞬时性接地故障。

（2）上述试验应同时核查保护显示、报告情况和自动化信号核对。对于新安装检验，须进行装置与其他相关保护二次回路的联动试验。

【技能要领】

整组试验是指自装置的电流、电压、二次回路端子的引入端子处，向被保护设备的所有装置通入模拟电压、电流量，以检验各装置在故障过程中的动作情况。它是检查继电保护装置接线是否正确合理，工作是否可靠的最有效方法。

开关传动试验及保护装置 GOOSE 出口软压板、汇控柜出口硬压板检查：投入保护装置相关保护功能，投入“SV 接收”软压板，模拟运行状态。开关置合位，待重合闸充电完成，在保护装置加数字量（或合并单元加模拟量），分别模拟单相永久性接地故障、相间瞬时性故障、重合闸停用方式下单相瞬时性接地故障。同时，测量智能终端出口时间，检查保护跳闸、重合闸时间是否符合整定要求。

按照表 9-4 记录动作情况。

表 9-4　　整组试验验收动作情况

<table>
<tr><th>试验项目</th><th>保护装置GOOSE跳闸、重合闸出口软压板</th><th>智能终端跳闸、重合闸出口硬压板</th><th>保护装置动作情况</th><th>智能终端动作情况</th><th>开关动作情况</th></tr>
<tr><td rowspan="3">分别模拟A、B、C相单永久性故障</td><td>退出</td><td>投入</td><td>保护装置跳闸、重合灯亮</td><td>不动作</td><td>不动作</td></tr>
<tr><td>投入</td><td>退出</td><td>保护装置跳闸、重合灯亮</td><td>智能终端跳闸、重合灯亮</td><td>不动作</td></tr>
<tr><td>投入</td><td>投入</td><td>保护装置跳闸、重合灯亮</td><td>智能终端跳闸、重合灯亮</td><td>开关单相跳闸、重合、三跳</td></tr>
<tr><td rowspan="3">分别模拟AB、BC、AC相间瞬时性故障</td><td>退出</td><td>投入</td><td>保护装置跳闸灯亮</td><td>不动作</td><td>不动作</td></tr>
<tr><td>投入</td><td>退出</td><td>保护装置跳闸灯亮</td><td>智能终端跳闸灯亮</td><td>不动作</td></tr>
<tr><td>投入</td><td>投入</td><td>保护装置跳闸灯亮</td><td>智能终端跳闸灯亮</td><td>开关三相跳闸</td></tr>
<tr><td>重合闸停用方式下模拟单相瞬时性接地故障</td><td>投入</td><td>投入</td><td>保护装置三相跳闸灯亮</td><td>智能终三相跳闸灯亮</td><td>开关三相跳闸</td></tr>
</table>

核对后台、测控、网分、故障录波器对于联动试验显示开关位置、保护动作信号是否正确。

第十章

110kV主变间隔整组联动

【项目描述】

本项目是在主变保护装置单体试验的基础上，以SCD文件为指导，着重验证保护装置之间的相互配合。本项目包含电压电流回路检查、开关传动试验、主变保护联动试验、检修机制检查的内容。本项目内容以DL/T 995—2006《继电保护和电网安全自动装置检验规程》、Q/GDW 1809—2012《智能变电站继电保护校验规程》为蓝本，融合了变电二次现场作业管理规范的内容，结合实际作业情况编制而成。通过本项目内容的学习，了解线路保护的工作原理，熟悉保护装置的外部回路构成，掌握投运验收项目。

任务一 传 动 试 验

【任务描述】

本任务主要讲解开关传动的验收流程。通过开关传动试验，了解保护装置的动作机制，以及合并单元、保护装置、智能终端之间的相互关联关系。结合开关传动试验，验证虚回路连接正确性以及GOOSE出口软压板功能正确性。确保每个信号的实际状态与测控装置显示、后台光字及报文显示、远动数据的状态显示、网络分析仪的信息显示、故障录波器的状态信息显示、保护信息子站的信息状态显示均一一对应。

【知识要点】

（1）智能终端跳闸、合闸出口应投上，模拟主变压器差动保护动作，进行开关传动试验。

（2）上述试验应同时核查保护显示、报告情况和自动化信号核对。

【技能要领】

一、开关传动试验及保护装置GOOSE出口软压板、汇控柜出口硬压板检查

投入保护装置“SV接收”软压板。主变压器三侧开关置合位，在保护

装置加数字量（或合并单元加模拟量），模拟主变压器差动保护动作。同时，测量智能终端出口时间，检查保护跳闸时间是否符合整定要求。

按照表 10-1 记录动作情况。

表 10-1　　主变压器开关传动试验动作情况表

试验项目	保护出口	GOOSE 出口软压板	智能终端跳闸硬压板	保护装置动作情况	智能终端动作情况	三侧开关动作情况
主变差动护动作	跳主变三侧开关	退出	投入	保护装置跳闸灯亮	不动作	不动作
		投入	退出	保护装置跳闸灯亮	智能终端跳闸灯亮	不动作
		投入	投入	保护装置跳闸灯亮	智能终端跳闸灯亮	三侧开关动作

二、核对正误

核对后台、测控、网分、故障录波器对于联动试验显示开关位置、保护动作信号是否正确。

（1）在保护装置加数字量或合并单元加模拟量（见图 10-1），模拟主变压器差动保护动作，保护装置加量面板显示和保护装置动作信息显示如图 10-2、图 10-3 所示。

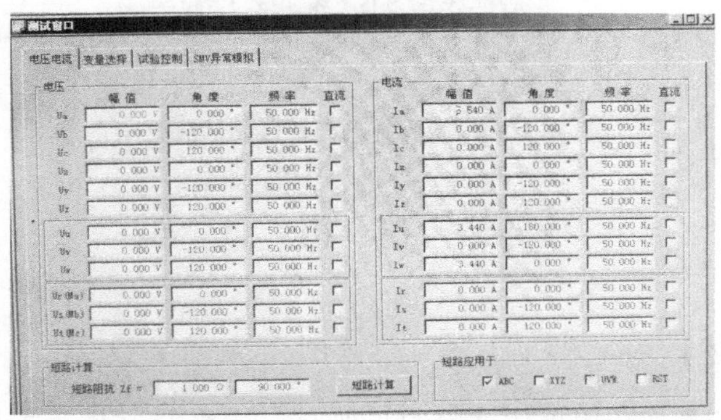

图 10-1　测试仪加量图

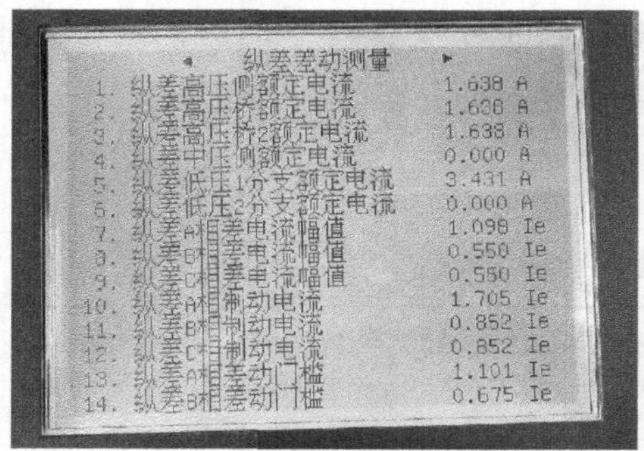

图 10-2 保护装置加量面板显示

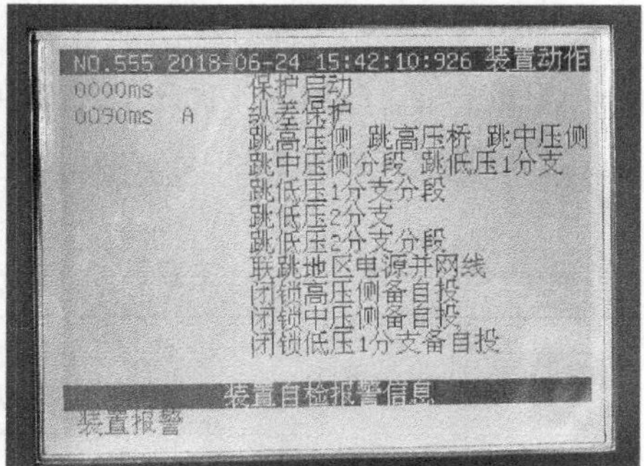

图 10-3 保护装置动作信息显示

（2）检查保护动作情况。主变压器 10kV 侧智能终端、进线智能终端、110kV 母分智能终端面板灯均应显示运行、保护跳闸、断路器分位灯亮，如图 10-4 所示。

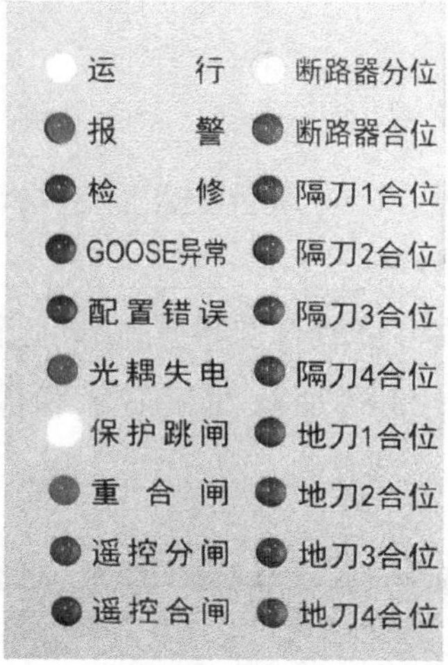

运行 断路器分位
报警 断路器合位
检修 隔刀1合位
GOOSE异常 隔刀2合位
配置错误 隔刀3合位
光耦失电 隔刀4合位
保护跳闸 地刀1合位
重合闸 地刀2合位
遥控分闸 地刀3合位
遥控合闸 地刀4合位

图 10-4 智能终端面板灯显示情况

任务二 整 组 试 验

【任务描述】

整组试验是在装置单体试验的基础上，以 SCD 文件为指导，着重验证保护装置之间的相互配合，以检验本主变压器保护装置的动作正确性。整组试验的电流、电压量应为模拟量，加入对应的合并单元。

【知识要点】

主变压器保护整组试验（保护装置及相关智能终端、合并单元正确性）。

【技能要领】

（1）保护的“SV 接收”、“GOOSE 跳闸出口”软压板均投入。各相关保护功能软压板均投入，各相关保护功能控制字均投入。三侧断路器处于合闸位置。投入智能终端的跳闸出口硬压板。间隔合并单元、保护装置、智能终端检修状态压板均退出。

（2）通过模拟输出保护测试仪给合并单元加入电流、电压及相关的触点开入，并通过接受保护的 GOOSE 开出确定保护的动作行为。

（3）整组试验内容包括：①整组试验时应检查各保护之间的配合、装置动作行为、断路器动作行为；②应检查与主变压器保护存在闭锁关系的回路，其性能是否与设计符合。

（4）试验时工作人员需观察保护装置动作情况、合并单元的指示灯、就地智能终端的动作情况是否正确，以验证保护回路的正确性。

（5）实例（以差动保护整组试验为例）。

1）在变压器单侧合并单元加入 1.05 倍门槛电流（见图 10-5），模拟某侧故障，保护装置加量面板显示如图 10-6 所示。

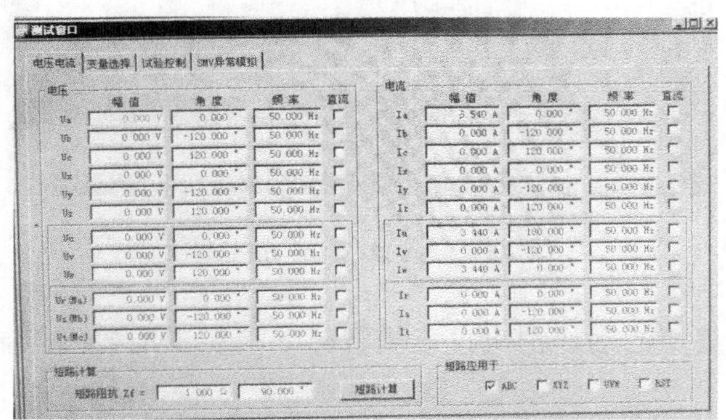

图 10-5 测试仪加量图

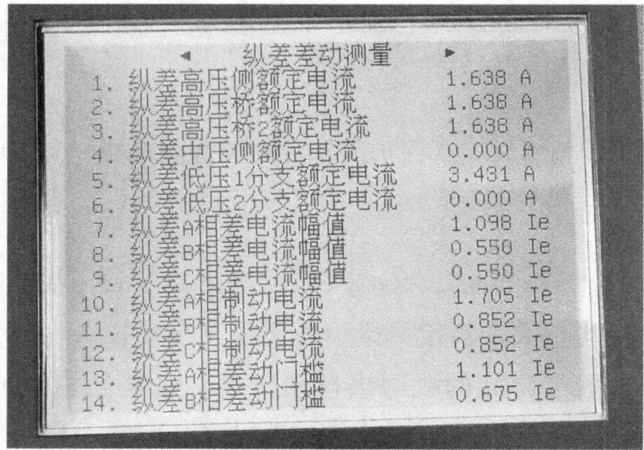

图 10-6　保护装置加量面板显示

2）根据保护动作逻辑，应瞬时跳开变压器各侧断路器，观察保护装置动作情况，如图 10-7 所示。

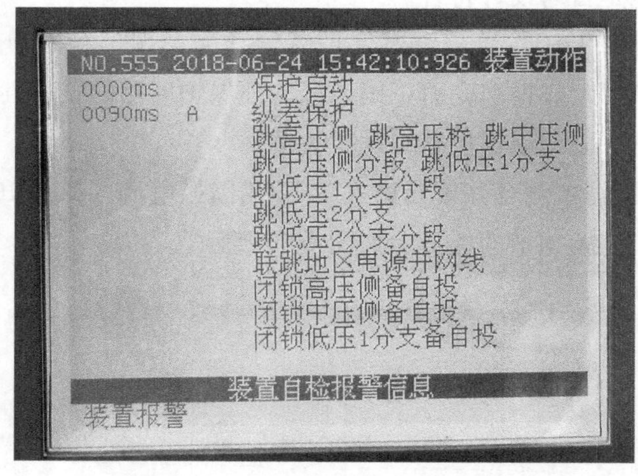

图 10-7　保护装置动作信息显示

3）智能终端的动作情况：三侧智能终端装置面板均应显示为图 10-8 所示状态。

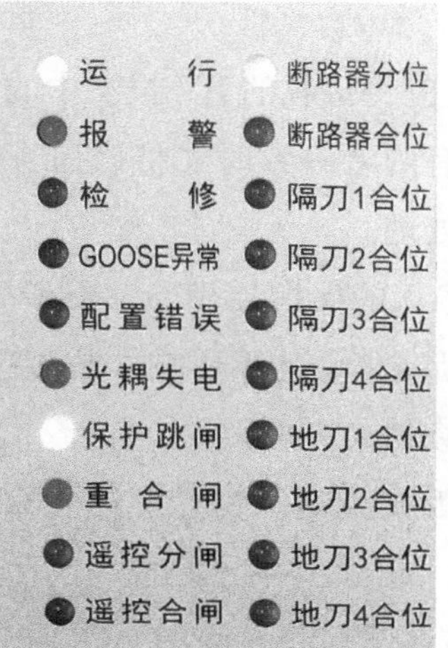

图 10-8　智能终端面板灯显示情况

任务三　主变间隔检修机制检查

【任务描述】

本任务主要讲解智能站主变保护检修机制。通过对检修机制原理的全方位理解，熟练掌握智能站保护检修机制验收调试流程。

【知识要点】

（1）SV、GOOSE 检修机制原理验收流程。

（2）SV、GOOSE 检修机制下主变保护动作验收流程。

【技能要领】

一、SV、GOOSE 检修机制原理验收

1. SV 报文检修机制实现

（1）当合并单元装置检修压板投入时，发送采样值报文中采样值数据

的品质 q 的 Test 位应置 True。

（2）SV 接收端装置应将接收的 SV 报文中的 test 位与装置自身的检修压板状态进行比较，只有两者一致时才将该信号用于保护逻辑，否则应按相关通道采样异常进行处理。

（3）对于多路 SV 输入的保护装置，一个 SV 接收软压板退出时应退出该路采样值，该 SV 中断或检修均不影响本装置运行。

2. GOOSE 报文检修机制实现

（1）当装置检修压板投入时，装置发送的 GOOSE 报文中的 test 应置为 True。

（2）GOOSE 接收端装置应将接收的 GOOSE 报文中的 test 位与装置自身的检修压板状态进行比较，只有两者一致时才将信号作为有效进行处理或动作，不一致时宜保持一致前的状态。

（3）当发送方 GOOSE 报文中 test 置位时发生 GOOSE 中断，接收装置应报具体的 GOOSE 中断告警，不应报“装置告警（异常）”信号，不应点亮“装置告警（异常）”灯。

二、SV、GOOSE 检修机制下主变压器保护动作验收流程。

1. SV 检修机制下主变压器保护动作验收流程

投退合并单元、保护装置的检修压板，对合并单元加大于保护动作定值的电流模拟量。按照表 10-2 记录动作情况。

表 10-2　　SV 检修机制验收表

接收装置	发送装置	检修压板状态	动作情况
主变压器保护装置	进线合并单元	检修压板状态一致	采样正确，保护动作□
		检修压板状态不一致	采样正确，保护不动作□
	110kV 母分合并单元	检修压板状态一致	采样正确，保护动作□
		检修压板状态不一致	采样正确，保护不动作□
	主变压器低压侧合并单元	检修压板状态一致	采样正确，保护动作□
		检修压板状态不一致	采样正确，保护不动作□

2. GOOSE检修机制下主变压器保护动作验收流程

投退保护装置、智能终端的检修压板，对保护装置加大于保护动作定值的电流模拟量（合并单元与保护装置检修一致），操作保护装置面板进行开出。按照表10-3记录动作情况。

表10-3　　GOOSE检修机制验收表

发送装置	接收装置	检修压板状态	动作情况
主变压器保护装置	进线智能终端	检修压板状态一致	智能终端动作□
		检修压板状态不一致	智能终端不动作□
	110kV母分智能终端	检修压板状态一致	智能终端动作□
		检修压板状态不一致	智能终端不动作□
	主变压器低压侧智能终端	检修压板状态一致	智能终端动作□
		检修压板状态不一致	智能终端不动作□

第十一章

备自投整组联动

》【项目描述】

本项目包含110kV备自投带断路器整组联动试验、检修机制检查。通过本节内容的学习，了解110kV备自投装置的工作原理，熟悉110kV备自投保护装置的外部回路和检修机制，掌握110kV备自投保护动作时各个断路器的动作情况。

1. 联动试验工作准备

试验仪器（光数字测试仪或常规模拟量测试仪）、图纸、试验报告等已准备，通信畅通，安全监护人员到位。

2. 联动试验工作人员分组分工情况

根据实际情况，试验人员分为四组配合进行：①在合并单元处就地加模拟量组；②观察备自投采样情况及投退GOOSE出口软压板组；③现场观察断路器实际动作情况及投退出口硬压板组；④查看后台、故录和网分保护动作报文及断路器动作信号情况组。

任务一　整组联动试验

》【任务描述】

本任务主要讲解110kV备自投带断路器整组联动的试验流程。通过知识要点、技能要领、案例分析，了解110kV备自投装置的动作过程，以及合并单元、备自投装置、智能终端之间的相互关系。结合断路器联动试验，验证虚回路连接正确性以及GOOSE出口软压板功能正确性。确保每个信号的实际状态与测控装置显示、后台光字及报文显示、远动数据的状态显示、网络分析仪的信息显示、故障录波器的状态信息显示、保护信息子站的信息状态显示均一一对应。

》【知识要点】

（1）智能终端跳闸、合闸出口硬压板应投上，分别模拟四种备自投方式。方式一和方式二，对应1＃和2＃进线互为明备用的两种动作方式；方式三和方式四，对应通过母分断路器实现Ⅱ母和Ⅰ母互为暗备用的两种动作方式。且：方式一、方式二增加了分段偷跳，自投合备用电源开关的功能。本任务仅列举方式一的整组联动条件及试验过程。

（2）上述试验应同时核查保护显示、报告情况和自动化信号核对。

【技能要领】

投入备自投保护装置 GOOSE 出口软压板、智能终端出口硬压板：投入备自投保护装置“SV 接收”软压板。分别模拟四种备自投方式，待充电完成后，启动备自投保护装置动作，同时检查各断路器的动作情况是否符合整定要求。

（一）方式一整组联动试验

1＃进线运行，2＃进线备用，即 1QF、3QF 在合位，2QF 在分位，如图 11-1 所示。

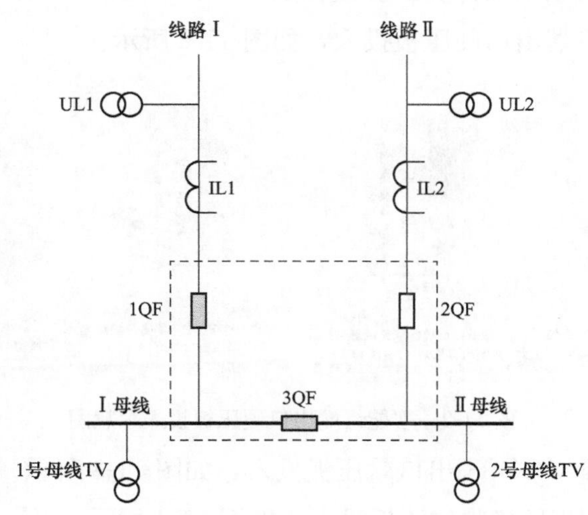

图 11-1　方式一的断路器位置示意图

按照表 11-1 记录动作情况。

表 11-1　　方式一时备自投动作情况统计表

试验项目	动作逻辑	备自投装置GOOSE出口软压板	智能终端出口硬压板	保护装置动作情况	智能终端动作情况	开关动作情况
方式一	跳1QF	退出	投入	备自投装置跳闸灯亮	不动作	不动作
		投入	退出	备自投装置跳闸灯亮	智能终端跳闸灯亮	不动作
		投入	投入	备自投装置跳闸灯亮	智能终端跳闸灯亮	开关跳闸
	合2QF（跳1QF成功后）	退出	投入	备自投装置合闸灯亮	不动作	不动作
		投入	退出	备自投装置合闸灯亮	智能终端合闸灯亮	不动作
		投入	投入	备自投装置合闸灯亮	智能终端合闸灯亮	开关合闸
方式一偷跳逻辑	3QF偷跳，合2QF	投入	投入	备自投装置合闸灯亮	智能终端合闸灯亮	开关合闸

备自投整组联动条件及试验过程如下：

（1）智能终端出口硬压板投入，如图 11-2 所示。

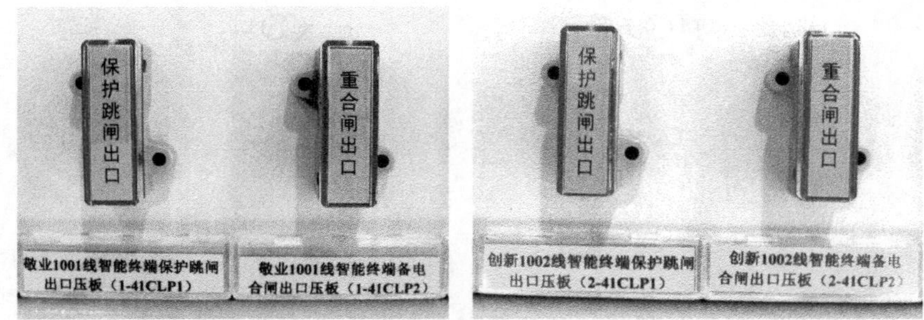

图 11-2　智能终端出口硬压板投入示意图

（2）备自投 GOOSE 出口软压板投入，如图 11-3 所示。

（3）备自投 SV 接收软压板投入，如图 11-4 所示。

（4）保护装置充电情况，如图 11-5 所示。

（5）备自投动作前敬业 1001 线、110kV 母分、创新 1002 线智能终端显示情况，如图 11-6 所示。

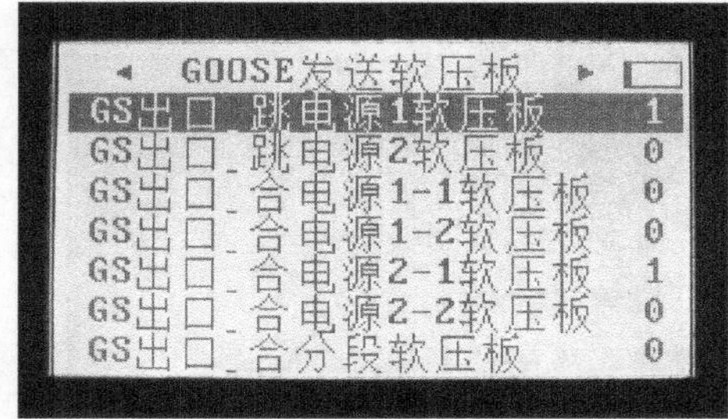

图 11-3 GOOSE 出口软压板投入示意图

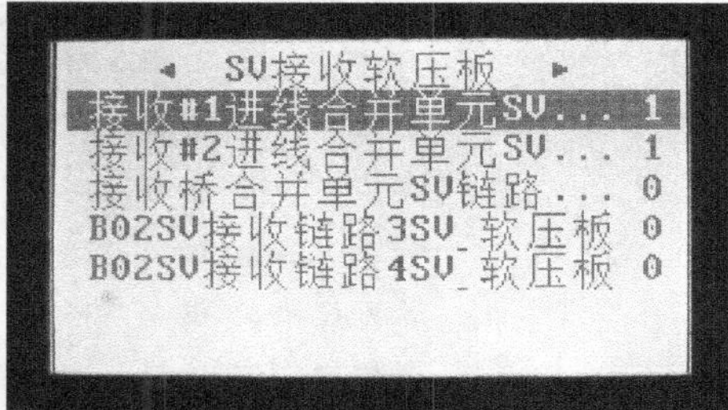

图 11-4 SV 接收软压板投入示意图

图 11-5 保护装置充电后装置面板显示情况

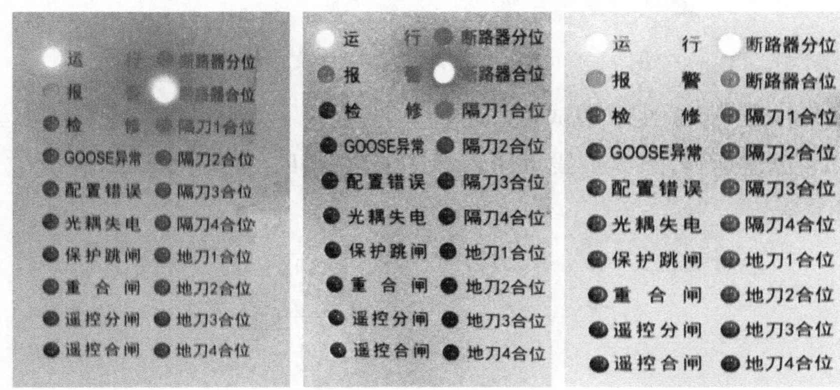

图 11-6 备自投动作前智能终端指示灯显示情况

（6）备自投动作后敬业 1001 线、创新 1002 线智能终端显示情况，如图 11-7 所示。

（7）备自投动作后保护装置及报文显示情况，如图 11-8 所示。

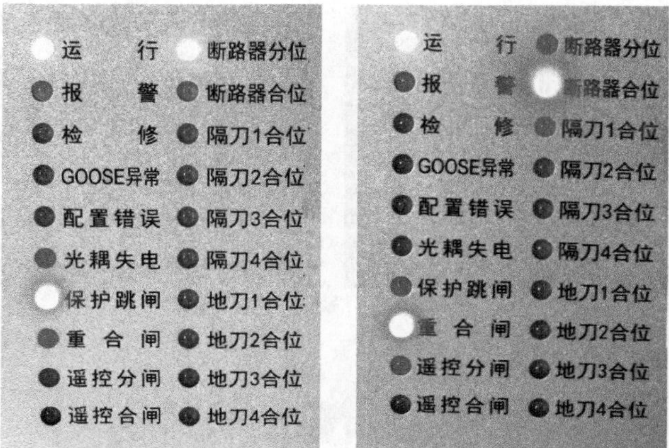

图 11-7 备自投动作后智能终端指示灯显示情况

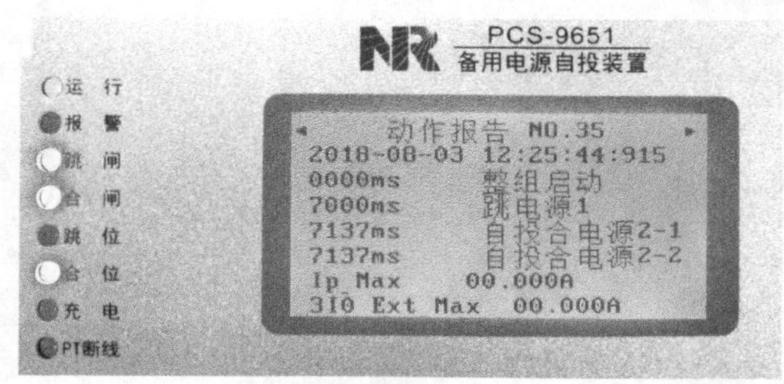

图 11-8 备自投动作后装置及报文显示情况

（二）方式二整组联动试验

2＃进线运行，1＃进线备用，即 2QF、3QF 在合位，1QF 在分位，如图 11-9 所示。

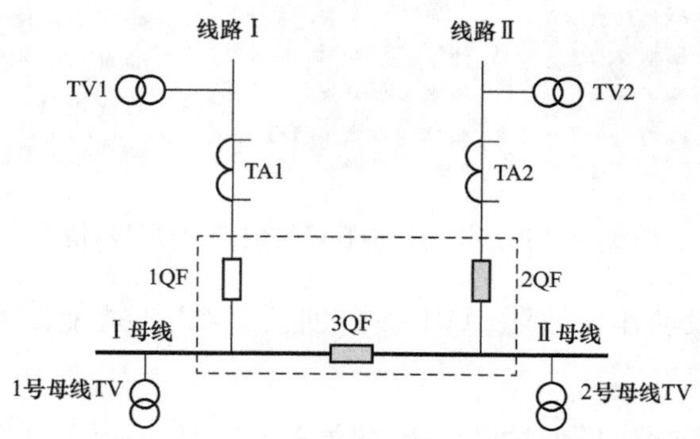

图 11-9 方式二的断路器位置示意图

按照表 11-2 记录动作情况。

表 11-2 方式二时备自投动作情况统计表

试验项目	动作逻辑	备自投装置 GOOSE 出口软压板	智能终端出口硬压板	保护装置动作情况	智能终端动作情况	开关动作情况
方式二	跳 2QF	退出	投入	备自投装置跳闸灯亮	不动作	不动作
		投入	退出	备自投装置跳闸灯亮	智能终端跳闸灯亮	不动作
		投入	投入	备自投装置跳闸灯亮	智能终端跳闸灯亮	开关跳闸
	合 1QF（跳 2QF 成功后）	退出	投入	备自投装置合闸灯亮	不动作	不动作
		投入	退出	备自投装置合闸灯亮	智能终端合闸灯亮	不动作
		投入	投入	备自投装置合闸灯亮	智能终端合闸灯亮	开关合闸
方式二偷跳逻辑	3QF 偷跳，合 1QF	投入	投入	备自投装置合闸灯亮	智能终端合闸灯亮	开关合闸

（三）方式三和方式四

两段母线分列运行，即 1QF、2QF 在合位，3QF 在分位，如图 11-10 所示。

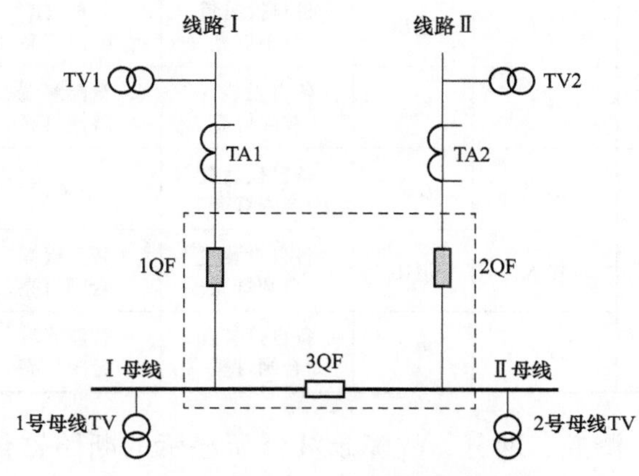

图 11-10 方式三、四的断路器位置示意图

按照表 11-3、表 11-4 记录动作情况。

表 11-3 方式三时备自投动作情况统计表

试验项目	动作逻辑	备自投装置 GOOSE 出口软压板	智能终端出口硬压板	保护装置动作情况	智能终端动作情况	开关动作情况
方式三	跳 1QF	退出	投入	备自投装置跳闸灯亮	不动作	不动作
		投入	退出	备自投装置跳闸灯亮	智能终端跳闸灯亮	不动作
		投入	投入	备自投装置跳闸灯亮	智能终端跳闸灯亮	开关跳闸
	合 3QF（跳 1QF 成功后）	退出	投入	备自投装置合闸灯亮	不动作	不动作
		投入	退出	备自投装置合闸灯亮	智能终端合闸灯亮	不动作
		投入	投入	备自投装置合闸灯亮	智能终端合闸灯亮	开关合闸

表 11-4 方式四时备自投动作情况统计表

试验项目	动作逻辑	备自投装置 GOOSE 出口软压板	智能终端出口硬压板	保护装置动作情况	智能终端动作情况	开关动作情况
方式四	跳 2QF	退出	投入	备自投装置跳闸灯亮	不动作	不动作
		投入	退出	备自投装置跳闸灯亮	智能终端跳闸灯亮	不动作
		投入	投入	备自投装置跳闸灯亮	智能终端跳闸灯亮	开关跳闸
	合 3QF（跳 2QF 成功后）	退出	投入	备自投装置合闸灯亮	不动作	不动作
		投入	退出	备自投装置合闸灯亮	智能终端合闸灯亮	不动作
		投入	投入	备自投装置合闸灯亮	智能终端合闸灯亮	开关合闸

核对后台、测控、网分、故障录波器所显示的断路器位置、保护动作及相关信号是否正确。

任务二 检修机制检查

【任务描述】

本任务主要讲解智能变电站备自投保护检修机制。通过对检修机制原理的全方位理解，熟练掌握备自投保护检修机制验收流程。

【知识要点】

模拟四种备自投方式，通过观察备自投保护装置充、放电的情况，来进行检修机制验收。

【技能要领】

智能站备自投保护检修机制验收流程如下：模拟备自投装置处于充电状态，通过投退合并单元、智能终端、主变压器保护装置的置检修压板，观察备自投装置的开入及充放电情况，来验证备自投保护检修机制的正确性。

分别模拟四种备自投方式进行检查。

（1）方式一：1＃进线运行，2＃进线备用，即1QF、3QF在合位，2QF在分位（见图11-1）。按照表11-5记录动作情况。

表11-5　　方式一时检修机制验收情况统计表

试验项目	动作逻辑	母线合并单元置检修硬压板	智能终端置检修硬压板	1＃进线合并单元置检修压板	保护装置动作情况	试验条件
方式一	跳1QF，合2QF	退出	投入	投入	备自投装置放电（充电灯灭）	备自投装置充电灯亮，置检修压板投入
		投入	退出	投入	备自投装置放电（充电灯灭）	
		投入	投入	退出	备自投装置充电灯亮（1＃进线闭锁电流无效）	
		投入	投入	投入	备自投装置充电灯亮（1＃进线闭锁电流有效）	

（2）方式二：2＃进线运行，1＃进线备用，即 2QF、3QF 在合位，1QF 在分位（见图 11-9），按表 11-6 记录动作情况。

表 11-6　　方式二时检修机制验收情况统计表

<table>
<tr><th>试验项目</th><th>动作逻辑</th><th>母线合并单元置检修硬压板</th><th>智能终端置检修硬压板</th><th>2＃进线合并单元置检修压板</th><th>保护装置动作情况</th><th>试验条件</th></tr>
<tr><td rowspan="4">方式二</td><td rowspan="4">跳 2QF，合 1QF</td><td>退出</td><td>投入</td><td>投入</td><td>备自投装置放电（充电灯灭）</td><td rowspan="4">备自投装置充电灯亮，置检修压板投入</td></tr>
<tr><td>投入</td><td>退出</td><td>投入</td><td>备自投装置放电（充电灯灭）</td></tr>
<tr><td>投入</td><td>投入</td><td>退出</td><td>备自投装置充电灯亮（2＃进线闭锁电流无效）</td></tr>
<tr><td>投入</td><td>投入</td><td>投入</td><td>备自投装置充电灯亮（2＃进线闭锁电流有效）</td></tr>
</table>

（3）方式三：两段母线分列运行，即 1QF、2QF 在合位，3QF 在分位（见图 11-10），按表 11-7 记录动作情况。

表 11-7　　方式三时检修机制验收情况统计表

<table>
<tr><th>试验项目</th><th>动作逻辑</th><th>母线合并单元置检修硬压板</th><th>智能终端置检修硬压板</th><th>1＃进线合并单元置检修压板</th><th>保护装置动作情况</th><th>试验条件</th></tr>
<tr><td rowspan="4">方式三</td><td rowspan="4">跳 3QF，合 1QF</td><td>退出</td><td>投入</td><td>投入</td><td>备自投装置放电（充电灯灭）</td><td rowspan="4">备自投装置充电灯亮，置检修压板投入</td></tr>
<tr><td>投入</td><td>退出</td><td>投入</td><td>备自投装置放电（充电灯灭）</td></tr>
<tr><td>投入</td><td>投入</td><td>退出</td><td>备自投装置充电灯亮（1＃进线闭锁电流无效）</td></tr>
<tr><td>投入</td><td>投入</td><td>投入</td><td>备自投装置充电灯亮（1＃进线闭锁电流有效）</td></tr>
</table>

（4）方式四：两段母线分列运行，即 1QF、2QF 在合位，3QF 在分位（见图 11-10），按表 11-8 记录动作情况。

表 11-8　　　方式四时检修机制验收情况统计表

<table>
<tr><th>试验项目</th><th>动作逻辑</th><th>母线合并单元置检修硬压板</th><th>智能终端置检修硬压板</th><th>1♯进线合并单元置检修压板</th><th>保护装置动作情况</th><th>试验条件</th></tr>
<tr><td rowspan="4">方式四</td><td rowspan="4">跳 3QF，合 2QF</td><td>退出</td><td>投入</td><td>投入</td><td>备自投装置放电（充电灯灭）</td><td rowspan="4">备自投装置充电灯亮，置检修压板投入</td></tr>
<tr><td>投入</td><td>退出</td><td>投入</td><td>备自投装置放电（充电灯灭）</td></tr>
<tr><td>投入</td><td>投入</td><td>退出</td><td>备自投装置充电灯亮（2♯进线闭锁电流无效）</td></tr>
<tr><td>投入</td><td>投入</td><td>投入</td><td>备自投装置充电灯亮（2♯进线闭锁电流有效）</td></tr>
</table>

附　　录

仿真系统与保护装置网络联系

附录 A 220kV 仿真系统

为了提高智能变电站检修人员的继电保护验收与安措执行能力，本附录以 220kV 典型智能变电站仿真系统为依托，结合近年来智能站继电保护技术发展的特点以及安全运行经验，对公共部分、线路保护、主变保护、母线保护、备自投装置、智能终端和合并单元中典型安措任务和验收项目，提出操作方法，供检修人员参考，从而提高智能站继电保护验收和执行安措的快速性、准确性和完整性。

220kV 智能变电站一次系统规模如下：主变 2 台，220kV 采用双母线双分段接线，220kV 出线 2 回；110kV 采用双母线接线，110kV 出线 2 回；35kV 采用单母线分段接线，电容器 2 回，站用变 2 回。电气主接线如图 A-1 所示，其中虚线框中设备为对侧变电站。

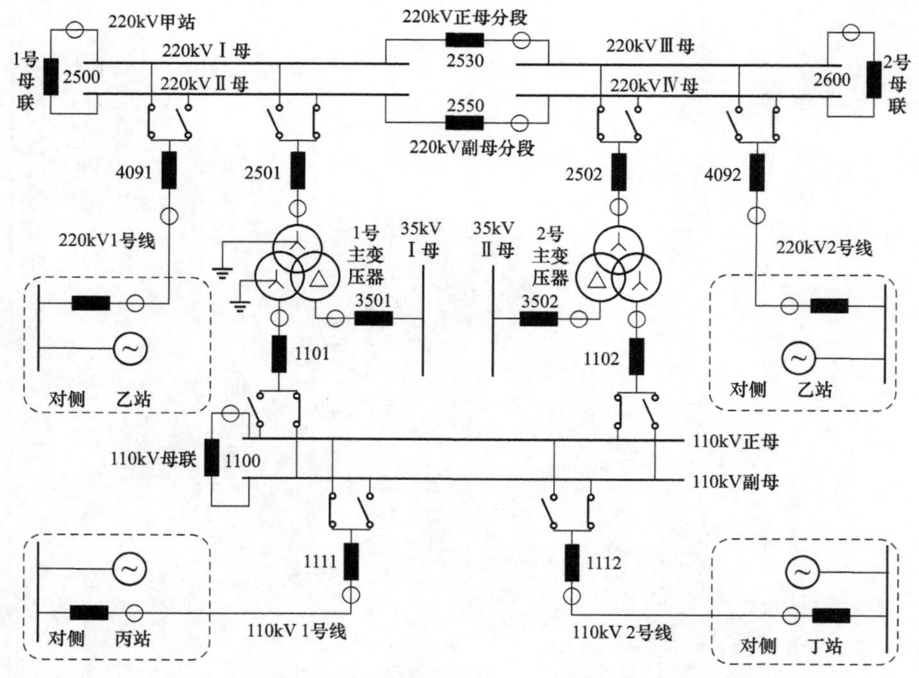

图 A-1 智能变电站电气主接线图

保护设备配置如表 A-1 所示。

表 A-1　　　　保护设备配置表

序号	名称	装置型号	厂商
1	220kV ＃1 线第一套保护（甲站）	CSC-103B	北京四方
2	220kV ＃1 线第二套保护（甲站）	PCS-931A-DA-G	南瑞继保
3	220kV ＃2 线第一套保护（甲站）	NSR-303A-DA-G	南瑞科技
4	220kV ＃2 线第二套保护（甲站）	PSL-603U	国电南自
5	220kV ＃1 母联第一套保护	NSR-322CG-D1	南瑞科技
6	220kV ＃1 母联第二套保护	NSR-322CG-D1	南瑞科技
7	220kV ＃2 母联第一套保护	NSR-322CG-D1	南瑞科技
8	220kV ＃2 母联第二套保护	NSR-322CG-D1	南瑞科技
9	220kV 正母分段第一套保护	NSR-322CG-D1	南瑞科技
10	220kV 正母分段第二套保护	NSR-322CG-D1	南瑞科技
11	220kV 副母分段第一套保护	NSR-322CG-D1	南瑞科技
12	220kV 副母分段第二套保护	NSR-322CG-D1	南瑞科技
13	220kV Ⅰ、Ⅱ母第一套母差保护	NSR-371A-DA-G	南瑞科技
14	220kV Ⅲ、Ⅳ母第一套母差保护	NSR-371A-DA-G	南瑞科技
15	220kV Ⅰ、Ⅱ母第二套母差保护	PCS-915A-DA-G	南瑞继保
16	220kV Ⅲ、Ⅳ母第二套母差保护	PCS-915A-DA-G	南瑞继保
17	＃1 主变第一套保护	NSR-378T2-DA-G	南瑞科技
18	＃1 主变第二套保护	PST-1200U-220	国电南自
19	＃2 主变第一套保护	PST-1200U-220	国电南自
20	＃2 主变第二套保护	PCS-978T2-DA-G	南瑞继保
21	110kV ＃1 线保护	NSR-304DM-D1	南瑞科技
22	110kV ＃2 线保护	NSR-304DM-D1	南瑞科技
23	110kV 母联第一套保护	NSR-322CDM-D1	南瑞科技
24	110kV 母联第二套保护	NSR-322CDM-D1	南瑞科技
25	110kV 第一套母差保护	NSR-371AA-DA-G	南瑞科技
26	110kV 第二套母差保护	PCS-915AL-DA-G	南瑞继保
27	220kV ＃1 线第一套保护（乙站）	CSC-103B	北京四方
28	220kV ＃1 线第二套保护（乙站）	PCS-931A-DA-G	南瑞继保
29	220kV ＃2 线第一套保护（乙站）	NSR-303A-DA-G	南瑞科技
30	220kV ＃2 线第二套保护（乙站）	PSL-603U	国电南自

附录 B　220kV 保护装置网络联系

一、220kV 线路保护

以 220kV 线路间隔第一套线路保护为例，其网络联系如图 B-1 所示。

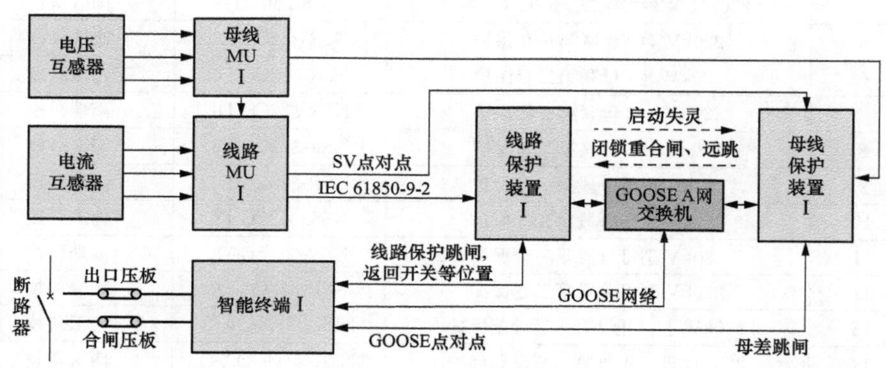

图 B-1　220kV 线路保护网络联系示意图

二、220kV 主变保护

以 220kV 变电站第一套主变保护为例，其网络联系如图 B-2 所示。

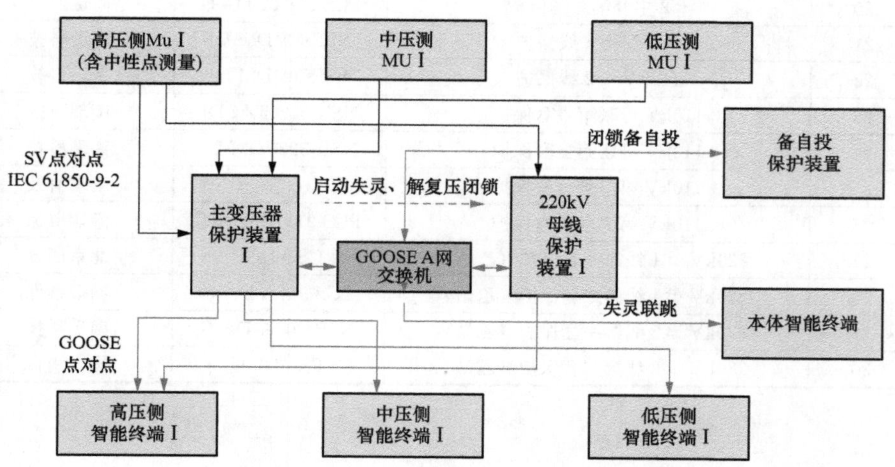

图 B-2　220kV 主变保护网络联系示意图

三、220kV 母线保护

以 220kV 第一套Ⅰ段、Ⅲ段母差保护为例，其网络联系如图 B-3 所示。

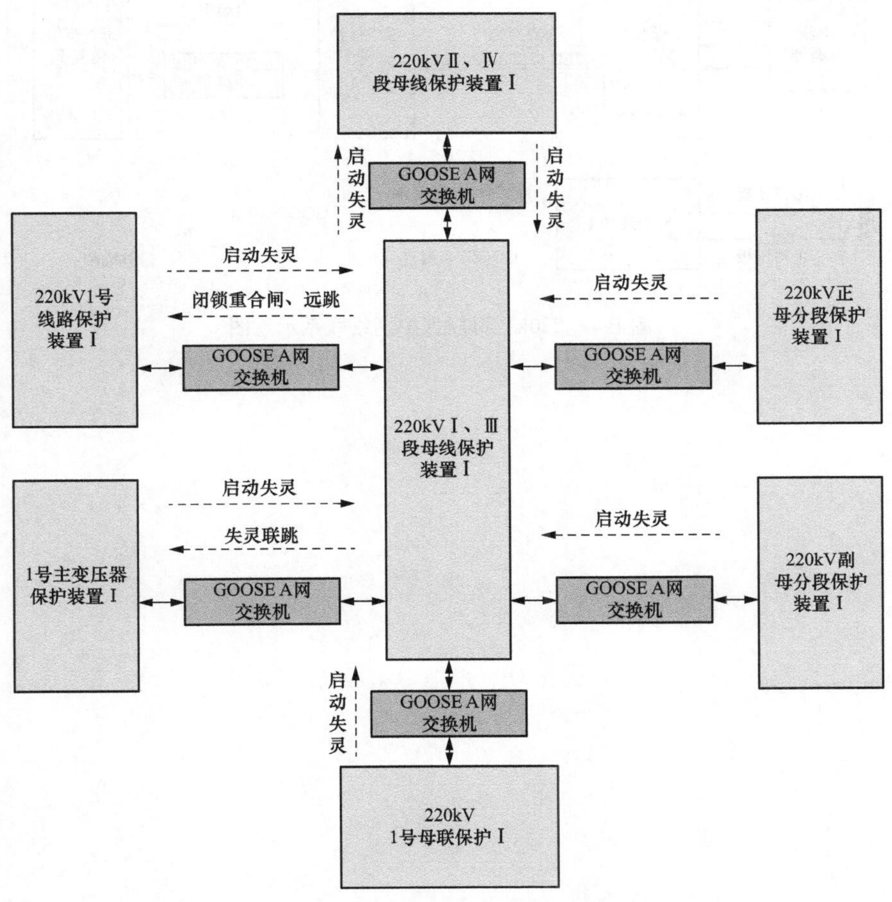

图 B-3　220kV 母差保护网络联系示意图

四、220kV 母联保护

以 220kV 母联间隔第一套母联保护为例，其网络联系示意图如图 B-4 所示。

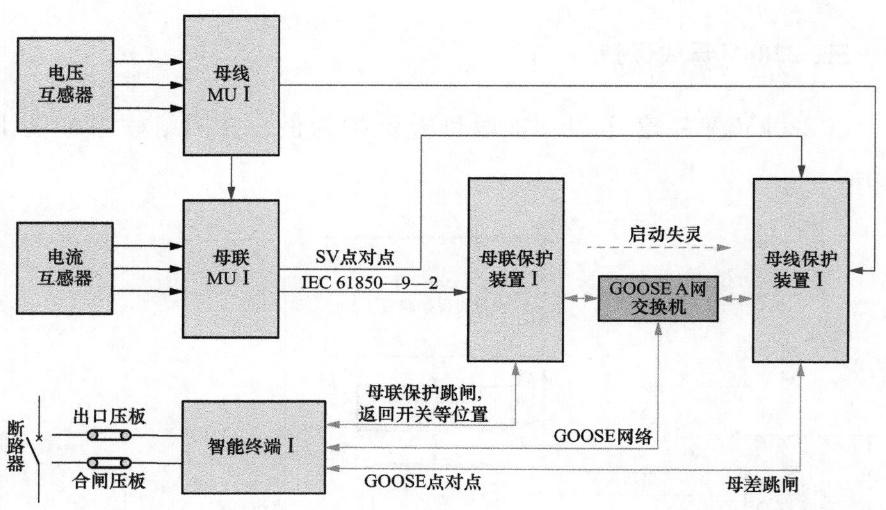

图 B-4 220kV 母联保护网络联系示意图

附录 C　110kV 仿真系统

为了提高智能变电站检修人员的继电保护验收与安措执行能力，本附录以 110kV 典型智能变电站仿真系统为依托，结合近年来智能站继电保护技术发展的特点以及安全运行经验，对公共部分、线路保护、主变保护、母线保护、备自投装置、智能终端和合并单元中典型安措任务和验收项目，提出操作方法，供检修人员参考，从而提高智能站继电保护验收和执行安措的快速性、准确性和完整性。

110kV 智能变电站一次系统规模如下：主变 2 台，且 110kV 采用内桥接线，110kV 进线 2 回。电气主接线如图 C-1 所示。

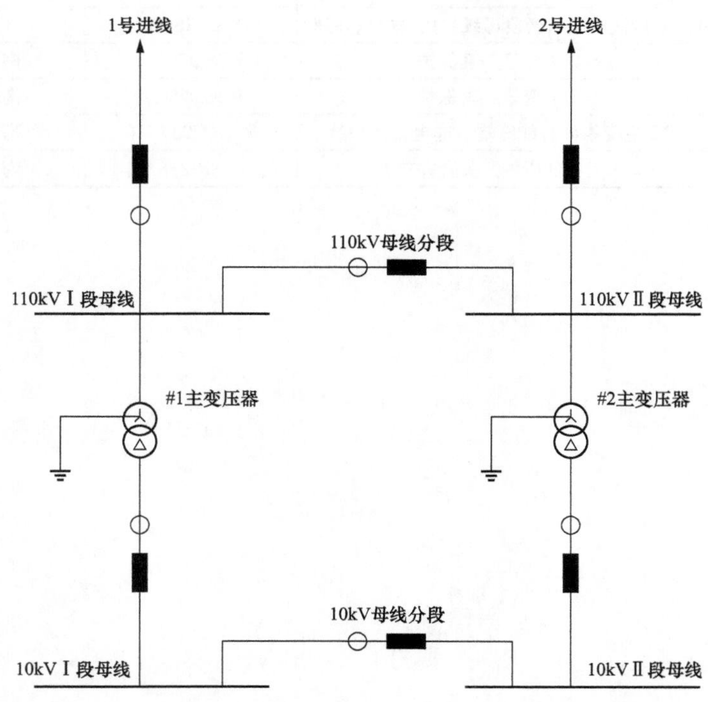

图 C-1　110kV 智能变主接线图

保护设备配置如表 C-1 所示。

表 C-1　　　　110kV 智能变电站保护设备配置

序号	名称	装置型号	厂商
1	＃1 主变第一套保护	PCS-978GA	南瑞继保
2	＃1 主变第二套保护	PCS-978GA	南瑞继保
3	＃1 主变本体智能终端（非电量保护）	PCS-222TU-I	南瑞继保
4	110kV 母分过流解列保护	PCS-923G-D	南瑞继保
5	进线 1 智能终端	PCS-222C	南瑞继保
6	桥开关智能终端	PCS-222C	南瑞继保
7	进线 2 智能终端	PCS-222C	南瑞继保
8	主变低压侧开关智能终端	PCS-222C	南瑞继保
9	110kV 备自投保护	PCS-9651DA-D	南瑞继保
10	进线 1 合并单元	NSR-386AG	南瑞继保
11	＃1 主变低压侧开关合并单元	NSR-386A	南瑞继保
12	桥开关合并单元	NSR-386AG	南瑞继保
13	进线 2 合并单元	NSR-386AG	南瑞继保
14	110kV 母线电压（两段母线共用含电压并列）	NSR-386BG	南瑞继保
15	＃2 主变第一套保护	PCS-978GA	南瑞继保
16	＃2 主变第二套保护	PCS-978GA	南瑞继保
17	＃2 主变本体智能终端（非电量保护）	PCS-222TU-Ⅰ	南瑞继保
18	＃2 主变低压侧开关合并单元	NSR-386A	南瑞继保

附录 D　110kV 保护装置网络联系

一、110kV 主变保护

以 110kV 变电站第一套主变保护为例，其网络联系如图 D-1 所示。

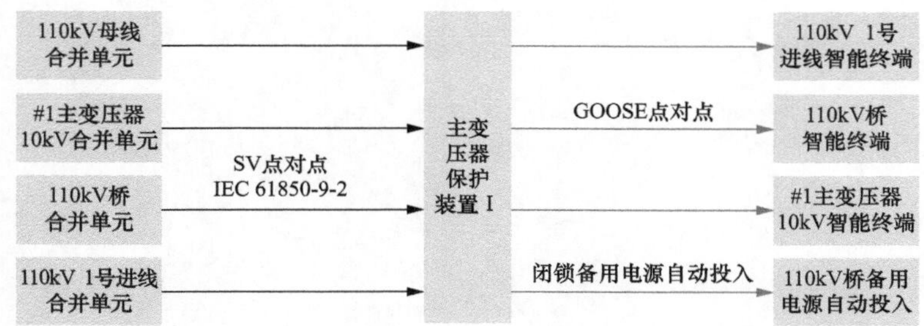

图 D-1　110kV 主变保护网络联系示意图

二、110kV 备自投保护

以 110kV 备自投保护为例，其网络联系如图 D-2 所示。

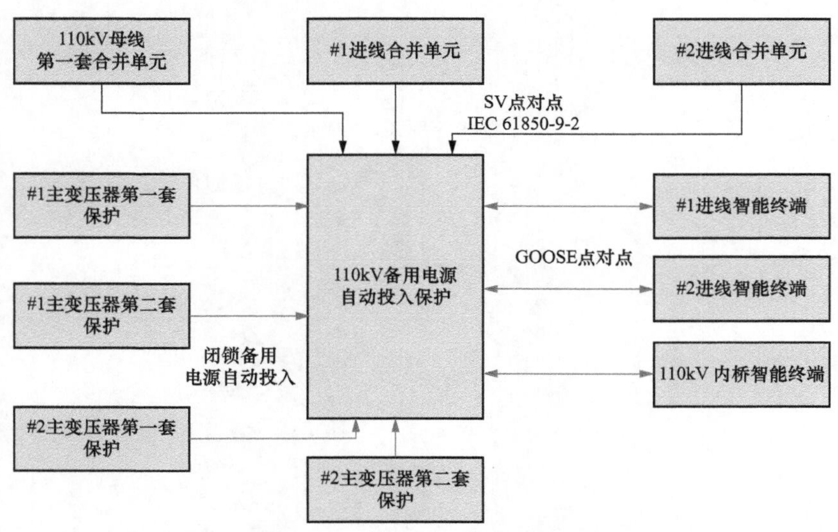

图 D-2　110kV 备自投保护网络联系示意图